"十四五"时期水利类专业重点建设教材

水文统计与应用

主　编　华中科技大学　康　玲
副主编　华中科技大学　陈　璐

中国水利水电出版社
www.waterpub.com.cn

·北京·

内 容 提 要

　　本书全面系统地阐述了水文统计的主要方法及其研究成果，包括概率统计基础、水文数据、统计参数、水文频率计算、假设检验、相关分析、水文随机过程、水文区域频率分析、多变量水文频率分析。结合水文实际问题，书中配有应用实例、每章习题及其参考答案。

　　本书可作为高等学校水文与水资源工程等水利类专业的本科生和研究生教材，也可供土木、环境、海洋、气象、地质、地理、煤炭等专业的研究生和科技人员参考。

图书在版编目（ＣＩＰ）数据

　水文统计与应用 / 康玲主编. -- 北京 ： 中国水利
水电出版社，2022.9
　"十四五"时期水利类专业重点建设教材
　ISBN 978-7-5170-9647-4

　Ⅰ．①水… Ⅱ．①康… Ⅲ．①水文统计－高等学校－
教材 Ⅳ．①P333.6

　中国版本图书馆CIP数据核字(2021)第111075号

书　　名	"十四五"时期水利类专业重点建设教材 **水文统计与应用** SHUIWEN TONGJI YU YINGYONG
作　　者	主　编　华中科技大学　康玲 副主编　华中科技大学　陈璐
出版发行	中国水利水电出版社 （北京市海淀区玉渊潭南路 1 号 D 座　100038） 网址：www.waterpub.com.cn E-mail：sales@mwr.gov.cn 电话：(010) 68545888（营销中心）
经　　售	北京科水图书销售有限公司 电话：(010) 68545874、63202643 全国各地新华书店和相关出版物销售网点
排　　版	中国水利水电出版社微机排版中心
印　　刷	天津嘉恒印务有限公司
规　　格	184mm×260mm　16 开本　13.5 印张　350 千字
版　　次	2022 年 9 月第 1 版　2022 年 9 月第 1 次印刷
印　　数	0001—2000 册
定　　价	**39.00 元**

前　言

秉承高等学校教材"高质量、有特色、重创新"的原则，以培养"研究型、国际化、创新性"水利工程人才为目标，立足于国际学术前沿和工程应用，编者结合多年的教学与研究经验，改革课程体系，更新教学内容，突出实践能力培养，编写成本教材。

全书分为十一章，第一章为绪论；第二章和第三章为概率论与数理统计基础理论，包括概率论的基础理论、随机变量及其分布；第四章～第八章为水文统计部分，包括水文数据简单统计分析、统计参数的数字特征、水文频率分析计算、假设检验、相关和回归分析等；第九章～第十一章为面向工程应用和水文统计领域国际学术前沿的研究成果，第九章水文随机过程模拟，包括随机过程相关概念、解集模型以及径流随机模拟；第十章水文区域频率分析，包括水文同质区域概念和区域频率分析的应用等；第十一章多变量水文频率分析，包括 Copula 函数及其理论等。

本书可作为本科和研究生教材，前八章要求本科生掌握，后三章可为本科生课外知识拓展和研究生学习使用。本书的特色在于减少了复杂的理论公式推演，反映了水文统计领域国际学术前沿的研究成果，增添了具有水文背景的应用算例和数据分析，有利于学生将所学知识应用于工程实践。

本书由华中科技大学多年从事水文统计学教学及其相关研究的老师承担编写，各章编写人员如下：康玲主编负责制定全书大纲，并编写第一章、第二章、第三章、第五章、第六章、第八章；陈璐编写第四章、第七章、第十章、第十一章；周丽伟编写第九章。

本书编写过程中得到许多专家提出的宝贵意见，编者参考了国内外有关教材、专著和论文，在此谨向他们一并表示衷心的感谢！

由于时间和水平有限，书中不足之处，恳请各位读者批评指正。

编者

2021 年 2 月

目 录

第一章 绪 论

第一节 水文现象与统计学

自然界中的现象可以归纳为必然现象（确定性）和偶然现象（随机性）。在水文领域，许多水文过程受不确定性因素的影响呈现出显著的随机性，例如，河流某断面处的年最高水位和年最大洪峰流量等，分析其原因主要反映在三个方面：①水文过程驱动因素（主要指降水）的随机性和水文系统（包括地貌、含水层和土壤特性等下垫面条件）的随机性；②水文工作者开展工作所必需的实测数据仅仅是无限总体中的一个小样本，例如：降水资料一般只是在整个流域中的几个站点上收集的数据，小样本在描述所研究的总体时不可避免地存在抽样误差；③不确定性来源于对水文过程不正确的理解。由于水文现象具有显著的随机性，因此，统计学方法在水文学的各个方面都得到了广泛的应用。

统计学是根据从总体中抽取的样本的性质，对总体性质进行推断的方法。它能够提供关于总体情况不确定性的量度。在实验室中可以认为：统计规律性是在几乎相同的条件下由重复实验得到的。例如抛硬币试验，少数几次试验结果虽然无规律，但是大量的抛硬币试验结果表明，硬币出现正面朝上和反面朝上的概率几乎相等，均为 50%，这就是通过大量重复实验得到的抛硬币的统计规律。然而，水文学中的大量数据是实际观测得到的，而不是由重复实验所得。水文工作者不可能对大洪水或枯水做重复实验。在大多数情况下，水文频率分析计算是根据实际资料的变化规律，依赖于统计方法预测未来的水文数据的期望值及其变化特性。

水文统计方法始于 1880—1890 年，美国的赫斯切尔（Herscher）及富里曼（Freemen）首先在实际工作中应用历时曲线（即经验频率曲线），后来霍顿（Horton）在 1896 年的径流研究中，首先采用了正态分布的概率方法。1921 年，海森（Hysen）介绍了对数分格的正态分布概率格纸图解配线的方法，这是对数正态分布的最早应用。1935 年，苏联学者克里茨基（Krifski）和门克尔（Menbel）首先提出了组合频率的近似分析法。自此，水文统计中有了多元分布的内容。随着水文研究的发展，概率统计方法被运用得越来越多，例如，P-Ⅲ型分布、耿贝尔（Gumbel）分布、克里茨基-门克尔（K-M）分布等都得到了广泛应用，特别是在分布参数的估计方面提出了许多方法，大大推动了水文统计学的发展。从此以后，水文统计的内容慢慢地丰富起来，并逐渐成为水文分析计算中一个独立的体系。

中华人民共和国成立以后，我国水利事业得到蓬勃发展，早期的水利工程设计大多以实测资料或调查洪水为依据。当时，水利措施多以防洪为目的，对于防洪标准的选取，有的采用调查的历史洪水，有的采用实测的最大洪水再加上一个安全系数。但是，这种方法存在许多问题，对关系到人民生命财产安全的防洪工程仅以已出现过的洪水作为设计标准，不够安全。另外，这种方法也不能回答在未来工程运行期间发生各种洪水的可能性，统计学方法正是解决此类问题的有力工具，因此，水文统计方法应运而生并日益得到发展。

我国于1979年、1993年和2006年颁布（包括修订）了《水利水电工程设计洪水计算规范》（SL 44—2006），其中有水文统计分析计算的条款，并在其他规范的有关部分中也加入了这方面的内容，使水文统计分析计算有标准可循。各大河流和各地区的水利机构，在规划设计时均有效地运用了水文统计方法，并在实际工作中丰富和发展了水文统计的内容。随着水利事业的发展，水文统计将会有新的发展。

第二节 水文统计的实际应用

水文统计的实际应用主要包括水文频率分析计算、相关和回归分析、水文随机模拟及水文风险分析等。

一、水文频率分析计算

水文频率分析计算是根据水文现象的统计特性，运用水文学、数理统计方法，以水文变量的样本资料为依据，分析水文变量设计值与其出现频率（或重现期）之间的定量关系，并以此为基础对水文现象未来的长期变化做出概率意义下的定量预估。分析结果可为水利、土木工程规划设计阶段确定工程规模提供依据，为运行期的调度运行管理提供决策支持。

水利工程建设的目的是兴利除害，解决洪涝灾害和干旱缺水等问题。为使水利工程建设做到既经济合理又安全可靠，在规划设计阶段，需要确定一个合理的设计标准或者工程规模。人们根据水文现象的随机性，用概率来描述未来出现各种大小洪水的可能性，用大于某一设计值的概率来表示设计频率，水文频率分析计算的目的就是要确定对应于给定设计频率的设计值。为了推求设计值，首先需要确定水文变量的概率分布模型，水文统计中称为线型选择，其次需要估计所选的线型中的未知参数，也就是参数估计。

水文样本数据一般根据实际需要进行选取，并形成某类特征值序列，如一定时段内的水文极值、枯水值等。根据不同的选取序列，计算得到的频率和重现期也会有所差异。选取水文数据序列必须满足以下条件：①数据序列满足随机简单样本的特性，即数据序列必须服从同一概率分布；②数据序列需要具有足够的长度，可以准确完整地反映水文特性；③形成数据序列的物理机制没有发生任何变化，满足同质性和平稳性。然而，水文频率计算的上述条件在实际中难以满足：①单站和区域的水文概率分布函数是未知的，甚至有多种物理机制形成径流，例如，降雨径流、融雪径流等，显然，在大流域中，选用一个概率分布函数描述径流的统计规律不合理；②人们通过各种水利工程进行水资源调控，这种大规模的活动改变了河川径流的天然状态，同时，土地开发利用也不同程度地改变了流域的下垫面条件，气候变化也改变了河川径流情势；③观测仪器分辨率限制了数据的精度，低于其最小测定的数据不能被观测到，使得数据序列不完整。

水文频率分析计算不是一个崭新的研究领域，涉及水文学、概率论以及数理统计等多学科的交叉和渗透，由于数据序列非一致性和数据序列不完整等问题的存在，其计算复杂度也大大增加，面临着一系列亟待解决的科学问题。

二、相关和回归分析

在水文工程实际中经常遇到两种及以上的随机变量，这些变量间存在着一定的联系，有的比较密切，有的不甚密切。例如：降水与径流之间、上下游洪水之间、水位与流量之间存在着较为密切的联系。

自然界中的各种水文现象，其出现过程受诸多因素影响。例如径流的形成与降雨量的大小、降雨强度、降雨分布、蒸发、下渗、植物覆盖以及地形等多种因素有关，而这些因素对径流形成的影响程度无法具体确定。然而，从多次水文过程中可以发现，径流主要受降雨和各时段土壤含水量的影响。因此，在工程应用中常把握主要因素，忽略次要因素，再通过数理统计中的相关和回归分析研究变量之间的关系。具体为采用相关系数刻画各因素之间关系的密切程度，采用回归方程描述各因素之间的统计关系，常把对前者的研究称为相关分析，而把对后者的研究称为回归分析。两者紧密联系，不能决然分开。

相关和回归分析一般用于插补和延展水文系列及建立水文预报方案。例如，甲站自1950 年以来有完整的降雨记录，而其邻站从1950 年以来缺测数年及有的年份记录不完全。通过相关和回归分析，可以用甲站的年降雨量资料把邻站缺测的年降雨量插补出来。又如，某河仅有短期的径流量记录，但流域上的降雨记录较长，可以建立降雨与径流的回归关系，把缺测时期的径流量补算出来。再如降雨径流的预报，以上游水位预报下游水位等，这是短期水文预报中常用的方法。对于中长期的水文预报，常采用各种气象因素与降雨量建立关系，作出未来降雨量的预报。

三、水文随机模拟

在实际水文问题分析中，由于受到各种气象、人为等因素影响，水文系统十分复杂，常呈现出随机变化。目前掌握的水文实测资料序列较短，不能通过准确的数学表达式来描述水文系统。为了满足水利工程设计中对长系列水文资料的需求，水文随机模拟是当前的主要技术之一。

水文随机模拟是根据水文系统实测资料的统计特性和随机变化规律建立随机模型，再通过蒙特卡罗（Monte Carlo）方法随机生成大量人工水文序列，对生成的人工水文序列进行统计检验，若序列未通过检验则需重新建立模型、生成序列，对经检验合格的序列进行水文频率分析计算，由此预估未来水文情势的变化，为解决水资源系统工程规划设计、运行管理等实际问题提供理论依据。

自 20 世纪 70 年代末以来，我国学者开展了大量水文随机模拟的研究工作。随着专家学者对水文系统认识的不断提高，水文随机模拟技术不断成熟，同时为解决多种实际问题提供了新思路，主要体现在以下几个方面：在防洪安全设计方面，水文随机模拟可在一定程度上克服设计洪水过程线法的缺点，在防洪库容分配上优于常规调度方法；在风险分析方面，采用水文随机模拟评估单库或多库的防洪、供水、发电等风险是可行而有效的；在水利工程规划和调度方面，将随机模拟与水库群优化调度模型结合起来，得到了比常规调度更优的调度结果；在其他方面，水文随机模拟还可应用于分析干旱发生概率及灌区灌溉蓄水等相关问题。

四、水文风险分析

水文风险有多种类型，主要包括自然风险、人为风险及综合风险。自然风险是指在自然力作用下，导致坝体损伤、人员伤亡或社会经济损失的风险，如暴雨、洪水、干旱、雪冻、地震等。人为风险是指人的行为导致水利工程或公民的人身财产安全受到威胁的风险。综合风险是指由两个及两个以上的上述因素一起导致的风险，例如暴雨洪水造成溃堤风险、地震作用下的病险水库溃坝风险等。

导致水文风险的因素有很多，主要分为两类：一是自然界固有的随机性导致的，例如水文气象不确定性、土木工程不确定性、地质因素不确定性；二是由于预测偏差产生的不确定性，例如结构和技术不确定性、施工管理因素不确定性、统计上的不确定性、预测模型不确定性及损失评价不确定性等。其中，自然界本身不确定性引起的风险也可以用统计的方法加以分析描述，但其导致的风险难以避免。

第三节 水文统计中的新方法

一、多变量水文分析计算

在实际中，水文事件中的任一变量都不是独立存在的，变量之间存在着千丝万缕的联系，一个变量发生改变有可能会导致几个变量发生变化。所以，若仅考虑单个水文变量，往往不能正确反映水文变量的变化规律。学者们逐渐意识到水文事件的复杂性，开始着手研究变量之间的联合作用与协同演化规律，多变量水文频率计算的理论研究由此产生。目前常用的构建多维联合分布函数的方法主要可归结为三类：多元概率分布函数方法、Copula 方法和非参数方法。

多维联合分布在水文分析计算中的应用大致经历了三个阶段。初始阶段应用较多的是多维正态分布及随后出现的正态变换方法，由于多维正态分布要求边缘分布为正态分布，在一定程度上限制了其在水文计算领域的应用，因为水文变量大都是偏态分布的，正态变换方法的出现在一定程度上解决了此类难题，大大扩展了多维正态分布的应用范围。随着研究的深入，非正态联合分布开始得到应用，如二维 Gamma 分布、Gumbel 分布等，这类方法在很大程度上解决了边缘分布的偏态化问题。然而对于不同边缘分布水文变量的联合分布，该方法显得无能为力：①多元分布函数的方法大多都要求变量具有相同的分布函数，而在多变量水文分析计算时，不同的水文变量可能服从不同的分布类型；②正态变换过程比较复杂，且变换过程中可能会导致部分信息的失真；③除正态分布外，其他多元分布的应用主要限于二维，二维以上扩展存在困难，计算较为复杂。Copula 函数的出现为多变量水文分析计算带来了曙光，使得多变量水文分析计算再次成为研究热点。

Copula 函数描述的是变量间的相关性结构，是将联合分布和其对应的边缘分布连接起来的函数，因此 Copula 函数也称为连接函数。Copula 函数将多个随机变量的边缘分布连接起来得到它们的联合分布，通过构造变量的联合分布来刻画变量整体的相关性。

二、非一致性水文频率分析

水文频率分析在水利工程规划建设中起着至关重要的作用。现行的水文频率分析方法都是基于物理成因一致、观测样本相互独立的"一致性"水文序列频率计算方法，也就是水文序列必须满足独立和同分布条件。但由于受人类活动和气候变化的影响，流域下垫面情况发生了较大的变化，使得流域径流形成的物理条件也相应地发生了变化，使得径流序列失去了一致性，无法满足独立与同分布的假设。因此，在实际工作中迫切需要从理论上提出一套适应环境变化的水文频率计算方法，非一致性频率分析方法应运而生。

目前水文序列非一致性频率分析方法主要集中在以下两个方面：①基于还原/还现途径，主要方法有还原法/还现法和分解合成法；②基于非一致性极值系列的直接水文频率分析途径，包括混合分布法、时变矩方法和条件概率分布法等。

三、非参数统计方法

近年来非参数理论发展迅速，由于该方法是数据驱动的，不需要知道总体服从何种分布，可以只通过样本数据对需要解决的问题做出一定解答。这个过程中不需要假设总体服从何种分布，从而避开了频率计算中困惑已久的线型选择问题，克服了常规方法中模型选择的主观性，较真实地反映了水文系统的客观规律。非参数统计方法在水文上主要用于随机模拟和频率分析计算，它的思想是直接由观测数据估计总体的密度函数，进而进行相应的分析计算。

非参数统计方法与参数统计方法相互补充，与参数统计方法相比，非参数统计方法具有以下几个特点：

（1）非参数统计方法适用面广。应用非参数统计方法时不需要知道总体服从何种分布，可以只通过样本数据对需要解决的问题做出一定解答。这个过程中不需要假设总体服从何种分布，因此在并不确定总体服从何种分布情况下，能有效减少误差。但如果假定理论分布与实际分布基本一致的话，非参数统计方法就不如参数统计方法估计得精确。因此，非参数统计方法适用范围广泛，而估计和检验问题的精确度在某些情况下有些不足。

（2）非参数统计方法只采用了样本的一般性特征。一般来说，非参数统计方法主要是根据样本数据中一般性特征来构成估计量或检验统计量，用于估计与假设检验，而缺乏对特殊分布情况的适用性。例如，样本均值 $\bar{X}$ 肯定包含了总体期望 μ 的信息，所以可用作 μ 的估计。但若总体分布形状并不规则，则用数据的平均值反映总体分布期望 μ 就不合理了。例如，某些国家不同地区的水资源量差别比较大，少数地区的水资源量非常丰富，大多数地区的水资源量并非如此，若将它们的水资源量混合起来求平均水资源量，并以此作为全国的平均水资源量则是不合理的。

（3）非参数统计具有良好的稳健性。若真实模型与假定模型稍有差异，统计方法就不再适用，则认为此种统计方法不具备稳健性。非参数统计方法一般并不假定总体的分布情况及其形状，仅依据样本中隐含的一般性特征对总体形状、特征进行估计。于是，当总体模型稍有变动时，对这种估计并无太大影响。另外，由于缺乏了总体分布的更进一步信息，这种检验的准确性会相对减弱。

非参数统计方法还有诸多问题需要研究解决，如非参数统计方法的理论还不够完善，未来有望将非参数统计方法尝试于水文水资源系统中包括模拟、预报、洪水频率分析在内的各个领域，使理论与实践相结合，既推动非参数统计理论的发展，又开辟水文统计研究的新天地。

第二章 概率论的基础理论

第一节 随机事件及其运算

水文现象与其他自然现象相似，具有必然性和偶然性，在数学上习惯称前者为确定性，后者为随机性。例如，水在一个标准大气压下，加热到100℃时沸腾，这是必然事件。众所周知，河流每年都会出现洪水期和枯水期的周期性交替，这反映了确定性的变化规律，但是水文测站断面处每年最大流量的大小却具有随机性的特性。

一、随机事件

对随机现象作试验时，人们不能根据试验的条件预测试验将会出现怎样的结果，试验结果具有随机性，这样的试验称为随机试验。

【例 2-1】 掷骰子观察它出现的点数，这是一个随机试验。因为每掷一次骰子前不能确定将会出现"1点""2点"…"6点"这6种情况中哪一种？

在水文工作中，观测河流某断面不同时段的最高洪水位、最大洪峰流量，或者观测某地区一定时间内的降水量、蒸发量等，这些都是随机试验。

在随机试验中，可能发生也可能不发生的事情称为随机事件，简称事件。一般用大写英文字母 A、B、C…表示。试验中，一定会发生的事情称为必然事件，记为 Ω。一定不会发生的事情称为不可能事件，记为 Φ。

二、基本事件

在随机试验中，每一个可能出现的结果（又称样本点）都是一个随机事件，这种简单的随机事件称为基本事件。

每次试验，有且仅有一个基本事件发生，基本事件的全体称为基本空间（又称样本空间）。

（一）事件之间的关系

研究随机现象，常常需要研究几个随机事件之间的关系。例如，研究一次洪水时，不仅要考虑洪峰流量，还要考虑洪水总量；研究区域洪水时，不仅要研究干流洪水，还要研究支流洪水。详细地分析事件之间的关系，不仅能使人们更加深刻地认识事件的本质，而且还能大大简化某些复杂事件的概率计算。

事件之间的关系可归结为以下几种。

1. 包含关系

若在每次试验中事件 A 发生必然导致事件 B 发生，则称事件 B 包含事件 A，或称 A 属于 B，记为 $B \supset A$ 或 $A \subset B$。此时属于 A 的基本事件都属于 B，如图 2-1 所示，图中矩形区域表示基本空间 Ω，圆 A 和圆 B 分别表示事件 A 和事件 B。

2. 互斥关系

若在每次试验中事件 A 与事件 B 不能同时发生，则称事件 A 与事件 B 互斥，或称 A 与 B 互不相容。显然，互不相容事件不含相同的基本事件，如图 2-2 所示。

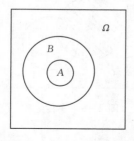

图 2-1 包含关系

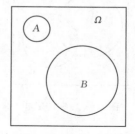

图 2-2 互斥关系

3. 对立事件

若在每次试验中事件 A 与事件 B 不能同时发生，但必有一个发生，则称事件 A 是事件 B 的对立事件（逆事件），或称事件 B 是事件 A 的对立事件（逆事件），或称它们是对立（互逆）的，记为 $A=\bar{B}$ 或 $B=\bar{A}$。通常将 A 的对立事件记为 $\bar{A}$，显然 $\bar{A}$ 的对立事件即为 A，即 $\bar{\bar{A}}=A$。A 的对立事件 $\bar{A}$ 是由基本空间中不属于 A 的基本事件组成的。同理，B 的对立事件 $\bar{B}$ 由基本空间中不属于 B 的基本事件组成，如图 2-3 所示。

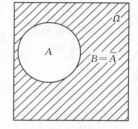

图 2-3 对立事件

这里需要指出，两个事件 A、B 对立与互斥的差别在于后者不要求 A 与 B 中一定有一个发生，而两者共同之处在于 A 与 B 不能同时发生。所以，两个对立的事件一定是互斥的，但两个互斥的事件不一定是对立的。

（二）事件的运算

1. 事件之和

如果定义事件 C 为"事件 A 与事件 B 中至少有一个发生"，则称事件 C 为事件 A 与事件 B 的和（或称并），记作 $C=A+B$ 或 $C=A\bigcup B$。显然事件 C 包含而且只包含 A 与 B 的所有基本事件，如图 2-4 所示，图中阴影部分为事件 C。

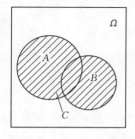

图 2-4 事件之和

【例 2-2】 观测武汉市某年 7 月 1 日的降雨量，如以 A 表示事件"降雨量为 10～30mm"，B 表示事件"降雨量为 20～50mm"，则 $A+B$ 表示事件"降雨量为 10～50mm"。

2. 事件之积

如果定义事件 C 为"事件 A 与事件 B 同时发生"，则称事件 C 为事件 A 与事件 B 的积（或交），记作 $C=AB$ 或 $C=A\bigcap B$。显然事件 C 包含而且只包含事件 A 与事件 B 共同的基本事件，如图 2-5 所示，图中阴影部分为事件 C。

【例 2 - 3】 在［例 2 - 2］中，AB 表示"降雨量为 20～30mm"这一事件。

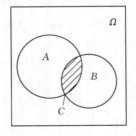

图 2 - 5 事件之积

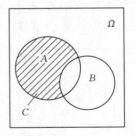

图 2 - 6 事件之差

3. 事件之差

如果定义事件 C 为"事件 A 发生，而事件 B 不发生"，则称事件 C 为事件 A 与事件 B 的差，记作 $C=A-B$。显然事件 C 包含而且只包含属于事件 A，但不属于事件 B 的基本事件，如图 2 - 6 所示，图中阴影部分为事件 C。

【例 2 - 4】 在［例 2 - 2］中，$A-B$ 表示"降雨量为 10～20mm"这一事件。

一般事件的运算满足以下关系：

(1) 交换律。

$$A+B=B+A \tag{2-1}$$

$$AB=BA \tag{2-2}$$

(2) 结合律。

$$(A+B)+C=A+(B+C) \tag{2-3}$$

$$(AB)C=A(BC) \tag{2-4}$$

(3) 分配律。

$$(A+B)C=AC+BC \tag{2-5}$$

$$(A+C)(B+C)=AB+C \tag{2-6}$$

(4) 德·摩根定律。

$$\overline{A+B}=\bar{A}\bar{B} \tag{2-7}$$

$$\overline{AB}=\bar{A}+\bar{B} \tag{2-8}$$

第二节 概率的定义与性质

随机试验虽然可以出现不同的结果，但通过大量的随机试验发现，随机事件表现出一定的规律性，可以定量描述随机事件发生可能性的大小。将这种可能性的大小用数量来表示，这个数量标准就称为事件的概率，事件 A 的概率记为 $P(A)$。

一、概率的定义

对于古典概型，若它的基本空间包含 n 个基本事件，$\Omega=\{\omega_1, \omega_2, \cdots, \omega_n\}$，事件 A 含有 $k(k\leqslant n)$ 个基本事件，定义 A 的概率 $P(A)$ 为

$$P(A) = \frac{k}{n} \tag{2-9}$$

在相同条件下所做的 n 次试验中，当 $n \to \infty$ 时，事件 A 发生的频率 $f_n(A)$ 稳定在某常数 p 附近，则称 p 为事件 A 发生的概率，记作

$$P(A) = p \tag{2-10}$$

蒲丰和皮尔逊进行的投掷硬币试验的统计结果见表 2-1。结果表明，随着试验次数的增多，出现正面的频率稳定在 0.5 附近的很小区域内，也证明了频率的稳定性。

表 2-1　　　　　　　　　　　　　投掷硬币试验的统计结果

试验者	蒲　丰					皮尔逊	
试验次数 n /次	1	5	50	500	4040	12000	24000
出现正面次数 n_A /次	0	3	28	245	2048	6019	12016
出现正面频率 $f_n(A)$ /次	0	0.6	0.56	0.49	0.5069	0.5016	0.5006

在水文现象中，多数事件（如某站日降雨量大于 100mm、洪峰流量超过 10000m^3/s 等）的先验概率未知，可以通过逐年积累资料，用频率来估算概率。

在理论上和实际上给出频率和概率间的有机联系，具有很大的实际意义。当我们无法求得复杂事件的概率时，可以做多次试验，把事件出现的频率作为事件出现的概率的近似值或估计值。

总之，概率是表示随机事件在客观上出现的可能性大小，是一个常量，而频率是个经验值，随着试验次数的增多而趋近于概率值。所以，复杂事件的概率是可以设法估算的。水文事件同上述投掷硬币的简单事件不一样，因为水文资料不可能人为地在短时间内像简单事件那样重复做试验获得，而必须通过水文站上各种水文测验项目年复一年地观测获得。这些实测水文资料是非常宝贵的，可以同其他历史资料一起来估算水文事件的频率。

二、概率的性质

性质 1　对任意事件 A，有 $0 \leqslant P(A) \leqslant 1$；$P(\Omega) = 1$，$P(\Phi) = 0$。

性质 2　概率具有有限可加性，即若 A_1，A_2，$\cdots$，A_m 为两两互斥事件，则

$$P(\bigcup_{i=1}^{n} A_i) = \sum_{i=1}^{n} P(A_i) \tag{2-11}$$

性质 3　对任何事件 A，有

$$P(\bar{A}) = 1 - P(A) \tag{2-12}$$

性质 4　设 A、B 为两个事件，且 $A \supset B$，则

$$P(A - B) = P(A) - P(B)，且 P(A) \geqslant P(B) \tag{2-13}$$

性质 5　对任意两个事件 A、B，有

$$P(A + B) = P(A) + P(B) - P(AB) \tag{2-14}$$

对任意三个事件 A、B、C，有

$$P(A + B + C) = P(A) + P(B) + P(C) - P(AB) - P(AC) - P(BC) + P(ABC) \tag{2-15}$$

第三节　条件概率与独立性

一、条件概率

在实际问题中，往往会遇到在事件 B 已经发生的条件下，计算事件 A 发生的概率的情况，这就是条件概率，记为 $P(A|B)$。例如，在某河流上游站发生洪峰流量大于 $20000\text{m}^3/\text{s}$ 洪水的条件下，预报下游站发生洪峰流量大于 $30000\text{m}^3/\text{s}$ 洪水的可能性，这就是条件概率问题。

设 A、B 为两个随机事件，且 $P(B)>0$，则

$$P(A|B)=\frac{P(AB)}{P(B)} \tag{2-16}$$

式（2-16）为在事件 B 发生的条件下，事件 A 发生的条件概率。

【例 2-5】　一批按同一标准设计的小型水库，建成后能正常运行 30 年的概率为 0.95，能正常运行 40 年的概率为 0.80，问现在已正常运行了 30 年的水库能正常运行到 40 年的概率是多少？

解　设 A 表示事件"水库建成后能正常运行 30 年"，B 表示事件"能正常运行 40 年"，则所求概率为

$$P(B|A)=\frac{P(AB)}{P(A)}=\frac{P(B)}{P(A)}=\frac{0.80}{0.95}\approx0.84$$

二、事件的独立性

定义　设 A、B 为两个事件，如果事件 A 的发生不影响事件 B 出现的概率，则称事件 A 对事件 B 独立；同样，若事件 B 的发生不影响事件 A 出现的概率，则称事件 B 对事件 A 独立，此时有

$$P(B|A)=P(B) \tag{2-17}$$

$$P(A|B)=P(A) \tag{2-18}$$

则称事件 A 与事件 B 相互独立。

第四节　概率的基本定理

一、乘法定理

设 A、B 是两个随机事件，且 $P(B)>0$，则

$$P(AB)=P(A|B)P(B) \tag{2-19}$$

若 $P(A)>0$，则亦有

$$P(AB)=P(B|A)P(A) \tag{2-20}$$

利用此定理可以计算 A、B 两事件同时发生的概率。

对于独立事件有

$$P(AB)=P(A)P(B) \tag{2-21}$$

【例 2-6】　某地区 D 位于甲乙两河汇合处。假设其中任一河流泛滥都将导致该地区

淹没，如果每年甲河泛滥的概率为 0.2，乙河泛滥的概率为 0.4，当甲河泛滥而导致乙河泛滥的概率为 0.3，试求：

（1）任一年甲乙两河都泛滥的概率。

（2）该地区被淹没的概率。

（3）由乙河泛滥导致甲河泛滥的概率。

解 设 A 表示事件"甲河泛滥"，B 表示事件"乙河泛滥"，C 表示事件"地区 D 被淹没"，则 AB 为事件"两河都泛滥"，于是

（1）$P(AB)=P(A)P(B|A)=0.2\times0.3=0.06$

（2）$P(C)=P(A+B)=P(A)+P(B)-P(AB)=0.2+0.4-0.06=0.54$

（3）$P(A|B)=\dfrac{P(AB)}{P(B)}=\dfrac{0.06}{0.4}=0.15$

【例 2－7】 统计浙江浦阳江甲、乙两地在 1964—1966 年 3 年内 6 月共 90 天中的降雨日数。甲地下雨 46 天，乙地下雨 45 天，两地同时下雨 42 天。假定两地 6 月任一天为降雨日的频率稳定，试求：

（1）6 月两地降雨是否相互独立？

（2）6 月任一天至少有一地降雨的概率为多少？

解 （1）设 A、B 分别表示 6 月任一天甲、乙两地降雨的事件，则 $P(A)=\dfrac{46}{90}$，$P(B)=\dfrac{45}{90}$，$P(AB)=\dfrac{42}{90}$（根据假定降雨频率稳定，所以以频率作为概率的近似值），则

$$P(A|B)=\frac{P(AB)}{P(B)}=\frac{42/90}{45/90}\approx0.93$$

而

$$P(A)=\frac{46}{90}\approx0.51$$

$$P(A|B)\neq P(A)$$

所以两地降雨日不相互独立。

（2）$P(A+B)=P(A)+P(B)-P(AB)=\dfrac{46}{90}+\dfrac{45}{90}-\dfrac{42}{90}=\dfrac{49}{90}\approx0.54$

二、全概率定理

计算复杂事件的概率，需要同时应用概率的相乘和相加定理，下面将利用这两个定理来推导计算全概率的公式。

设 k 个互斥事件 A_1，A_2，$\cdots$，A_k 为某一试验的完备事件群（即必然事件），事件 B 只能伴随该完备事件群中的一个事件出现，显然事件 A_1B，A_2B，$\cdots$，A_kB 也是两两互斥的，且 $B=A_1B+A_2B+\cdots+A_kB$。因而有

$$P(B)=\sum_{i=1}^{k}P(A_i)P(B|A_i) \tag{2-22}$$

这就是全概率定理的表达式。

三、贝叶斯定理

设 A_1，A_2，$\cdots$，A_n 为 Ω 中的一个完备事件群，且两两互斥，B 为 Ω 中的任一事件，

若 $P(A_i) > 0(i = 1, 2, \cdots, n)$，$P(B) > 0$，在事件 B 发生的条件下，事件 A_i 发生的条件概率为

$$P(A_i | B) = \frac{P(A_i B)}{P(B)} = \frac{P(A_i) P(B | A_i)}{\sum_{i=1}^{n} P(A_i) P(B | A_i)} \qquad (2-23)$$

第一个等号根据条件概率计算公式，第二个等号根据概率乘法定理和全概率计算公式。式（2-23）称为贝叶斯公式。

假如把事件 A_1，A_2，$\cdots$，A_n 理解为导致事件 B 发生的各种"原因"，则 $P(A_i)$ 表示各种"原因"发生的可能性的大小，一般可以通过总结以往经验，在试验之前已经知道，因此称 $P(A_i)$ 为先验概率。现在，若试验中出现了事件 B，则条件概率 $P(A_i | B)$ 表示出现 B 是由"原因"A_i 引起的可能性大小，它反映了试验之后，即得到事件 B 发生了这个新信息后，对各种"原因"发生可能性大小的新认识，因此称为后验概率。

【例 2-8】 一个无人雨量站用无线电报将观测结果传到接收中心，发报机分别以概率 0.6 和 0.4 发出信号"0"和"1"。由于随机干扰，当发出信号"0"时，收报机未必收到"0"，而是分别以概率 0.8 和 0.2 收到信号"0"和"1"。同样，当发报机发出信号"1"时，收报机分别以概率 0.1 和 0.9 收到信号"0"和"1"，试求当收报机收到信号"0"时，发报机确实是"0"的概率。

解 收报机收到信号"0"时，只能与两种可能之一同时发生，即发报机发的是"0"或"1"。设 A 表示事件"收报机收到信号'0'"，B_0 表示事件"发报机发出信号'0'"，B_1 表示事件"发报机发出信号'1'"，则 $A = AB_0 + AB_1$，所求概率为 $P(B_0 | A)$。由贝叶斯公式得

$$P(B_0 | A) = \frac{P(B_0) P(A | B_0)}{P(B_0) P(A | B_0) + P(B_1) P(A | B_1)}$$

$$= \frac{0.6 \times 0.8}{0.6 \times 0.8 + 0.4 \times 0.1}$$

$$\approx 0.923$$

习 题

2-1 指出下列各题，哪些成立，哪些不成立？

(1) $A \cup B = A \bar{B} \cup B$；

(2) $\overline{AB} = A \cup B$；

(3) $\overline{A \cup BC} = \bar{A} \bar{B} \bar{C}$；

(4) $(AB)(A\bar{B}) = \Phi$；

(5) 若 $B \supset A$，则 $A = AB$；

(6) 若 $AB = \Phi$ 和 $A \supset C$，则 $BC = \Phi$；

(7) 若 $B \supset A$，则 $\bar{A} \supset \bar{B}$；

(8) 若 $A \supset B$，则 $A \cup B = A$；

（9）$A\bar{B}\bar{C}\subset A\cup B$；

（10）$\overline{A\cup BC}=\bar{A}\bar{B}\bar{C}$；

（11）$\overline{A\cup BC}=C-C(A\cup B)$。

2-2　有三个人，每人都以同样的概率（1/4）被分配到四个房间中的任何一间中，求：

（1）三人都分配到同一房间的概率。

（2）三人分配到三个不同房间的概率。

2-3　某人提出一个问题，甲先答，答对的概率为 0.4；如甲答错，由乙答，答对的概率为 0.5，求问题由乙解出的概率。

2-4　炮战中，在距离目标 2500m、2000m、1000m 处射击的概率分别为 0.1、0.7、0.2，而在各处射击时命中目标的概率分别为 0.05、0.1、0.2。求：

（1）目标被击中的概率。

（2）已知目标被击中，求击中目标的炮弹是由距目标 2500 处射出的概率。

第二章习题答案

第三章 随机变量及其分布

第一节 随机变量与分布函数

第二章讨论了事件与概率的概念，为了更加深入地研究随机现象，本章引入随机变量。随机变量概念的建立是概率论发展史上的重要里程碑，使人们能够以微积分为工具，将个别随机事件的研究扩大为随机变量所表征的随机现象的研究，从而使概率论的发展进入了一个新阶段。

一、随机变量

【例3-1】 观测某地年降水量，用 X 表示。这时，X 所取的可能值充满某一个区间 $a \leqslant X \leqslant b$。

有些随机试验的结果并不表现为数量，但常常可以设法使它与数值联系起来。

【例3-2】 抛掷一枚质地均匀的硬币，观察出现正反面的情况。设 $S=0$ 表示"出现正面"，$S=1$ 表示"出现反面"，即

$$S = \begin{cases} 0, & \text{出现正面} \\ 1, & \text{出现反面} \end{cases}$$

上面例子中，遇到两个变量 X、S，在每次试验之前取什么值是不能确定的，因为它们的取值依赖于试验的结果，也就是说它们的取值是随机的，故称为随机变量。

定义　设 Ω 是随机试验的基本空间，若对于试验每种可能结果 $\omega \in \Omega$，都有唯一的实数 $X(\omega)$ 与之对应，则称定义于 Ω 上的单值实函数 $X(\omega)$ 为随机变量，简记为 X。通常用大写字母 X，Y，Z 等表示随机变量。

引入随机变量以后，就可以将随机事件用随机变量的关系式来表达。把对随机事件的研究转化为对随机变量的研究，从而可充分利用数学分析方法进行深入研究。

随机变量按其取值情况，可以分为两大类：一类是随机变量的所有可能取值为有限个（如［例3-2］），这类随机变量称为离散型随机变量；另一类是所有可能取值可以是整个数轴，或至少有一部分取值是某些区间（如［例3-1］），这类称为连续型随机变量。

二、分布函数

在概率论中，设 X 为一随机变量，x 为任意实数，则 $(X \leqslant x)$ 代表了基本空间 Ω 中的一个事件。当 x 为不同值时，$(X \leqslant x)$ 代表不同的事件，从而其概率 $P(X \leqslant x)$ 也不同。一般来说，$P(X \leqslant x)$ 随 x 变化，即 $P(X \leqslant x)$ 为 x 的函数。

$$F(x) = P(X \leqslant x) \tag{3-1}$$

则称 $F(x)$ 为随机变量 X 的分布函数。

如果将 X 看成是数轴上随机点的坐标，那么，分布函数 $F(x)$ 在 x 处的值就表示 X

落在区间 $(-\infty, x)$ 内的概率，即 X 的取值在 $(-\infty, x)$ 内的概率。

需要说明，在水文计算中习惯采用 $P(X \geqslant x)$ 作为分布函数，因此本教材用式（3-2）来定义分布函数。

$$F(x) = P(X \geqslant x) \tag{3-2}$$

当已知一个随机变量 X 的分布函数 $F(x)$ 时，就能知道 X 落在任一区间上的概率。设 x_1、x_2 为两任意实数，$x_2 > x_1$，则

$$P(x_1 \leqslant X \leqslant x_2) = F(x_1) - F(x_2) \tag{3-3}$$

可见，分布函数完整地描述了随机变量的统计规律。如果使 (x_1, x_2) 区间无限缩小，即 $x_2 \to x_1$，则 $F(x_2) \to F(x_1)$，这样落在该区间内的概率趋于 0。由此可见，连续型随机变量取任何固定值的概率从理论上说等于 0。

第二节　离散型随机变量及其分布

一、概率函数

设随机变量 X 为离散型随机变量，则 X 的取值可以一一列举出来。若 X 的所有可能取值为 $x_i (i = 1, 2, \cdots)$，则 X 取 x_i 的概率为

$$P(X = x_i) = P_i, \quad i = 1, 2, \cdots \tag{3-4}$$

式（3-4）称为离散型随机变量的概率函数。

对离散型随机变量，其概率分布一般用分布列表示，即将 X 的所有可能取值 x_i 与其相对应的概率 P_i 列成表 3-1 的形式。

表 3-1　　　　　　　　　　离散型随机变量分布列

X	x_1	x_2	$\cdots$	x_i	$\cdots$
$P(X = x_i)$	P_1	P_2	$\cdots$	P_i	$\cdots$

由概率的性质可知，离散型概率函数具有下列性质：

性质 1　　　　　　　　$P_i \geqslant 0, \quad i = 1, 2, \cdots$ $\tag{3-5}$

性质 2　　　　　　　　$\displaystyle\sum_{i=1}^{\infty} P_i = 1$ $\tag{3-6}$

分布列全面清晰地反映了离散型随机变量的统计规律，在实践中得到了广泛运用。

离散型随机变量的分布列可以用图 3-1 的形式来表示，横坐标表示随机变量所取的值，纵坐标的平行线表示随机变量取该值的概率。

离散型随机变量的分布函数 $F(x)$ 可用图 3-2 来表示，它是左连续的阶梯函数，它在 X 的每个可能取值 x_i 处有一个高度为 P_i 的跳跃。

二、几种重要的离散型随机变量的概率分布

1.（0-1）分布（又称两点分布）

设随机变量 X 只能取 0 和 1 两个值，它的概率分布是

$$P(X = 1) = p, \quad P(X = 0) = 1 - p, \quad 0 < p < 1$$

则称 X 服从（0-1）分布，或称 X 具有（0-1）分布。

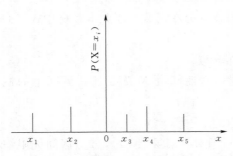

图 3-1 离散型随机变量分布

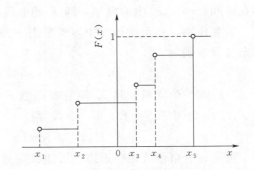

图 3-2 离散型随机变量分布函数

（0-1）分布的分布列可写成表 3-2 的形式。

表 3-2 离散型随机变量分布列

X	0	1
P_i	$1-p$	p

X 的分布函数为

$$F(x)=\begin{cases}0, & x\leqslant 0 \\ 1-p, & 0<x\leqslant 1 \\ 1, & x>1\end{cases}$$

对于一个随机试验，如果它只有两种可能结果，即 $\Omega=\{\omega_1,\ \omega_2\}$，总能在 Ω 上定义一个具有（0-1）分布的随机变量：

$$X=\begin{cases}0, & \text{当发生 } \omega_1 \\ 1, & \text{当发生 } \omega_2\end{cases}$$

用（0-1）分布来描述这个随机试验的结果。例如检验产品的质量是否合格；统计新生婴儿的性别是男还是女；抛硬币观察出现正面还是反面；观测南京市每年 5 月 1 日是有雨还是无雨等，都可以用（0-1）分布的随机变量来描述，（0-1）分布是经常遇到的一种分布。

2. 伯努利概型与二项分布

设试验 E 只有两个可能的结果：A 及 $\bar{A}$，记 $P(A)=p$，$P(\bar{A})=1-p=q(0<p<1)$。将 E 独立地重复进行 n 次，则称这一串重复的独立试验为 n 次伯努利试验，简称伯努利试验。

伯努利试验是一种很重要的数学模型，它可以作为客观世界中一类广泛的随机现象的抽象表达，因此有着广泛的应用，是被研究得最多的模型之一。这种模型有时又被称为重复独立试验概型或伯努利概型。

在伯努利概型中，事件 A 可能发生的次数为 0，1，$\cdots$，n，下面来求事件 A 恰好发生 $k(0\leqslant k\leqslant n)$ 次的概率 $P_n(k)$。先看一个例子：

对同一目标作三次独立射击，每次命中目标的概率为 p，不命中目标的概率是 $q=1-p$，若以 X 表示三次射击中击中目标的次数，则 X 是伯努利概型的随机变量，试求 X 的分布列。

设 A_i 表示"第 i 次射击命中目标"（$i=1$，2，3），则

$(X=0)=\overline{A_1}\ \overline{A_2}\ \overline{A_3}$，含有 $C_3^0=1$ 个基本事件。

$(X=1)=A_1\ \overline{A_2}\ \overline{A_3}+\overline{A_1}A_2\overline{A_3}+\overline{A_1}\ \overline{A_2}A_3$，含有 $C_3^1=3$ 个基本事件。

$(X=2)=A_1A_2\overline{A_3}+A_1\overline{A_2}A_3+\overline{A_1}A_2A_3$，含有 $C_3^2=3$ 个基本事件。

$(X=3)=A_1A_2A_3$，含有 $C_3^3=1$ 个基本事件。

所以由概率的加法公式和乘法公式（注意应用公式时所要求的互斥、独立等条件都是满足的）得

$$P(X=0)=P(\overline{A_1}\ \overline{A_2}\ \overline{A_3})=P(\overline{A_1})P(\overline{A_2})P(\overline{A_3})=q^3=C_3^0p^0q^3$$

$$P(X=1)=P(A_1\ \overline{A_2}\ \overline{A_3}+\overline{A_1}A_2\overline{A_3}+\overline{A_1}\ \overline{A_2}A_3)$$

$$=P(A_1\overline{A_2}\ \overline{A_3})+P(\overline{A_1}A_2\overline{A_3})+P(\overline{A_1}\ \overline{A_2}A_3)$$

$$=P(A_1)P(\overline{A_2})P(\overline{A_3})+P(\overline{A_1})P(A_2)P(\overline{A_3})+P(\overline{A_1})P(\overline{A_2})P(A_3)$$

$$=pqq+qpq+qqp$$

$$=C_3^1pq^2$$

类似，$P(X=2)=C_3^2p^2q$，$P(X=3)=C_3^3p^3q^0$。

所以 X 的分布列见表 3-3。

表 3-3　　　　　　　　　　　　随机变量 X 的分布列

X	0	1	2	3
P_i	$C_3^0p^0q^3$	$C_3^1pq^2$	$C_3^2p^2q$	$C_3^3p^3q^0$

从上述分布列不难看出，三次射击命中目标 k（$k=0$，1，2，3）次的概率为 $P(X=k)=C_3^kp^kq^{3-k}$。其中 C_3^k 为三次射击命中目标 k 次所含的基本事件数。由此，可以引出二项分布的一般公式：

若 X 表示在 n 次伯努利试验中事件 A 发生的次数，则 X 服从二次分布，记为 $X\sim B(n,p)$，X 的可能取值为 0，1，2，$\cdots$，n，其对应的概率为

$$P_n(X=k)=C_n^kp^kq^{n-k},\quad k=0,1,2,\cdots,n \tag{3-7}$$

【例 3-3】　一座小型水库，每年出现超标洪水的概率为 1/50，假定各年是否出现超标洪水是相互独立的，求在建成后 20 年内恰有 2 年出现超标洪水的概率和出现超标洪水的年数在 4 年及以上的概率。

解　将每年观测该年的最大洪水看成一次试验，按题意，为 20 次重复独立试验。令 X 表示出现超标洪水的年数，根据式（3-7）所求概率为

$$P(X=2)=C_{20}^2\left(\frac{1}{50}\right)^2\left(\frac{49}{50}\right)^{20-2}\approx 0.0528$$

$$P(X\geqslant 4)=1-P(X<4)$$

$$=1-[P(X=0)+P(X=1)+P(X=2)+P(X=3)]$$

$$=1-(0.6676+0.2725+0.0528+0.0065)\approx 0.0006$$

3. 泊松分布

若随机变量 X 的可能取值为 0，1，2，…，而 $(X=k)$ 的概率为

$$P(X=k)=\frac{\lambda^k e^{-\lambda}}{k!}, \ k=0,1,2,\cdots \tag{3-8}$$

则称 X 服从泊松分布，其中参数 $\lambda>0$。泊松分布常记为 $P_\lambda(k)$。

泊松分布是一个很重要的分布，计算也较方便，有表可查。很多实际问题可用泊松分布描述。例如电话交换台在某段时间里接到的呼唤次数、公共汽车站单位时间内的乘客数、纺纱机在单位时间内的断头次数、单位面积布面上的疵点数、显微镜下落在某区域中的白血球数等。在水文气象中，也曾有人将泊松分布用于暴雨、冰雹等现象的研究中。

【例 3-4】 据统计，上海夏季 5—9 月任一天出现暴雨的概率（实为频率）为 0.019，假定各日是否出现暴雨相互独立，求任意一年夏季恰有 4 个暴雨日的概率。

解 5—9 月共有 153 天，把观测每天是否出现暴雨看成一次试验，因假定各日是否出现暴雨相互独立，所以这是伯努利试验。于是，夏季恰有 4 个暴雨日的概率为

$$P(X=4)=C_{153}^4(0.019)^4(1-0.019)^{153-4}\approx 0.1641$$

若用泊松分布公式计算，则 $\lambda=np=153\times 0.019=2.907$，于是

$$P(X=4)=\frac{(2.907)^4}{4!}e^{-2.907}\approx 2.97556\times 0.0546\approx 0.1625$$

两种方法的计算结果相近。

第三节　连续型随机变量及其分布

一、连续型随机变量的密度函数

设随机变量 X 的分布函数为 $F(x)$，如果存在非负函数 $f(x)$，使对任意实数 x，有

$$F(x)=\int_{-\infty}^{x} f(x)\,\mathrm{d}x \tag{3-9}$$

则称 $f(x)$ 为连续型随机变量的密度函数。

连续型随机变量的分布函数由其密度函数所确定。因此，在讨论连续型随机变量时，往往使用密度函数作为工具。

密度函数具有如下性质：

（1）密度函数非负性。

$$f(x)\geqslant 0 \tag{3-10}$$

（2）密度函数归一性。

$$\int_{-\infty}^{+\infty} f(x)\,\mathrm{d}x=1 \tag{3-11}$$

密度函数 $f(x)$ 一定具有以上两个性质。反之，满足上述两个条件的任何一个函数 $f(x)$ 都可能为某一连续型随机变量的密度函数。

（3）$F(x)$ 是连续函数，且在 $f(x)$ 的连续点 x 处有

$$F'(x)=f(x) \tag{3-12}$$

在水文工作中，常常关心某种水文变量超过某一数值的概率，为了直观和方便起见，我国水文工作者在描述水文变量的概率分布时，不采用分布函数 $F(x)$，而是采用它的余量：

$$G(x)=P(X\geqslant x)=1-F(x) \qquad (3-13)$$

并称之为超过累积频率。

对连续型水文变量 X 有

$$G(x)=\int_x^{+\infty} f(x)\,\mathrm{d}x \qquad (3-14)$$

它在 x_0 处的值 $G(x_0)$ 是图 3-3 中 x_0 右边 $f(x)$ 曲线下面阴影部分的面积。

按照习惯，我国水文工作者绘制 $G(x)$ 曲线（水文上通常称为频率曲线）时，以纵坐标表示水文变量 x，以横坐标表示频率 $G(x)$。由于大多数水文变量，如径流量、降水量等，其最小值一般都不小于 0，而又不能明确它们的物理上限，所以一般取 $G(0)=1$，而曲线上端无限，如图 3-4 所示。在不造成混淆的情况下，水文工作中有时仍用符号 $F(x)$ 表示超过累积频率。

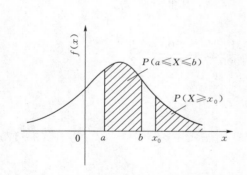

图 3-3 连续型随机变量的密度函数

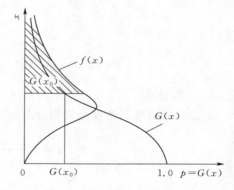

图 3-4 频率曲线

二、几种重要的连续型随机变量的概率分布

1. 均匀分布

如果随机变量 X 的概率密度为

$$f(x)=\begin{cases} \dfrac{1}{b-a}, & a\leqslant x\leqslant b \\ 0, & \text{其他} \end{cases} \qquad (3-15)$$

则称 X 在区间 $[a,b]$ 上服从均匀分布，记作 $X\sim U(a,b)$。

显然，对任意 $a\leqslant c<d\leqslant b$

$$P\{c<X<d\}=\int_c^d \frac{1}{b-a}\mathrm{d}x=\frac{d-c}{b-a} \qquad (3-16)$$

这说明 X 落在区间 $[a,b]$ 中任意等长度子区间内的概率与子区间长度成正比，与子区间位置无关。当子区间长度相等时，X 落在任何子区间上的概率完全相等，这就是均匀分布的含意，即"等可能性"。$f(x)$ 和 $F(x)$ 的图形如图 3-5 所示。

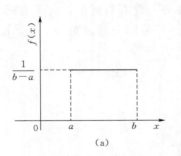 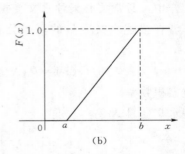

(a)　　　　　　　　　(b)

图 3-5　均匀分布的概率密度函数 $f(x)$ 与分布函数

【例 3-5】 据气象部门预测，某台风即将在我国东南沿海某地海岸线登陆，登陆点的区间范围为 $1000\sim2000$km，如果登陆点 X 是在 $1000\sim2000$km 的区间内服从均匀分布的随机变量，试求该台风在 $1200\sim1700$km 的区间内登陆的概率。

解　根据题意，X 的分布密度 $f(x)$ 为

$$f(x)=\begin{cases}\dfrac{1}{2000-1000}=\dfrac{1}{1000}, & 1000\leqslant x\leqslant2000\\[2mm]0, & \text{其他}\end{cases}$$

所以

$$P(1200\leqslant X\leqslant1700)=\int_{1200}^{1700}\frac{1}{1000}\mathrm{d}x=\frac{500}{1000}=\frac{1}{2}$$

2. 正态分布

正态分布的概率密度函数和分布函数分别为

$$f(x)=\frac{1}{\sqrt{2\pi}\sigma}\mathrm{e}^{-\frac{(x-a)^2}{2\sigma^2}}, \quad-\infty<x<+\infty \tag{3-17}$$

$$F(x)=\frac{1}{\sqrt{2\pi}\sigma}\int_{-\infty}^{x}\mathrm{e}^{-\frac{(x-a)^2}{2\sigma^2}}, \quad-\infty<x<+\infty \tag{3-18}$$

此时称随机变量 X 服从参数为 a、σ 的正态分布，记作 $X\sim N(a,\sigma^2)$。

正态分布的密度函数 $f(x)$ 具有如下性质：

(1) $f(x)$ 的图形关于 $x=a$ 对称。

(2) $f(x)$ 在 $x=a$ 处达到最大，最大值为 $\dfrac{1}{\sqrt{2\pi}\sigma}$。

(3) x 离 a 越远，$f(x)$ 值越小，当 x 趋向正负无穷大时，$f(x)$ 趋于 0，即 $f(x)$ 以 x 轴为渐近线。

(4) 当 a 固定，σ 越大，则 $f(x)$ 最大值越小，即曲线越矮胖；σ 越小，则 $f(x)$ 最大值越大，即曲线越尖瘦，如图 3-6 所示。

(5) 当 σ 固定，而改变 a 时，则 $f(x)$ 的图形沿 x 轴平移，如图 3-7 所示。

正态分布是概率论中最重要的一个分布，高斯（Gauss）在研究误差理论时曾推导出这一分布，所以又称为高斯分布。许多实际问题中的变量，如测量误差、人体身长、作物产量、林中树高、零件尺寸、射击偏差等，都服从或近似服从正态分布。进一步的理论研

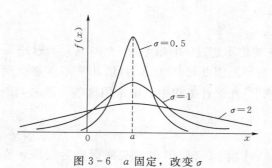

图 3-6　a 固定,改变 σ

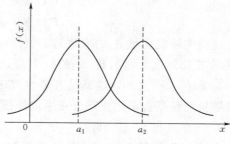

图 3-7　σ 固定,改变 a

究表明,一个变量如果受到大量微小的、独立的随机因素的扰动影响,那么这个变量一般是服从正态分布的变量。

若正态概率密度中 $a=0$,$\sigma=1$,则称这样的正态分布为标准化正态分布,相应的随机变量为标准化正态变量。

标准化正态分布的概率密度和分布函数分别用 $\varphi(x)$ 和 $\Phi(x)$ 表示。即

$$\varphi(x)=\frac{1}{\sqrt{2\pi}}e^{-\frac{x^2}{2}},\quad -\infty < x < +\infty \tag{3-19}$$

$$\Phi(x)=\frac{1}{\sqrt{2\pi}}\int_{-\infty}^{x}e^{-\frac{x^2}{2}}dx,\quad -\infty < x < +\infty \tag{3-20}$$

$\varphi(x)$ 是偶函数,即

$$\varphi(-x)=\varphi(x) \tag{3-21}$$

容易证明

$$\Phi(-x)=1-\Phi(x) \tag{3-22}$$

设 $Q(x)$ 为标准化正态随机变量 X 的超过累积频率,则

$$Q(x)=P(X\geqslant x)=1-P(X < x)=1-\Phi(x) \tag{3-23}$$

将式(3-22)和式(3-23)比较,得

$$\Phi(-x)=Q(x) \tag{3-24}$$

【例 3-6】 设 $X\sim N(a,\sigma^2)$,试求 $P(|X-a|<\sigma)$,$P(|X-a|<2\sigma)$ 和 $P(|X-a|<3\sigma)$。

解
$$
\begin{aligned}
P(|x-a|<\sigma) &= P(a-\sigma < X < a+\sigma)\\
&= F(a+\sigma)-F(a-\sigma)\\
&= \Phi\left(\frac{a+\sigma-a}{\sigma}\right)-\Phi\left(\frac{a-\sigma-a}{\sigma}\right)\\
&= \Phi(1)-\Phi(-1)\\
&= 1-Q(1)-Q(1)\\
&= 1-2Q(1)\\
&= 1-2\times 0.15866\\
&= 0.68268
\end{aligned}
$$

同理可求得

$$P(|X-a|<2\sigma)=0.9545$$
$$P(|X-a|<3\sigma)=0.9973$$

这说明随机变量 X 的取值与 a 值的离差绝对值不超过 σ 的概率为 68.27%，不超过 2σ 的概率在 95% 以上，不超 3σ 的概率高达 99.73%。因此可认为 X 的值几乎不落在区间 $(a-3\sigma, a+3\sigma)$ 之外，这就是著名的"3σ 原则"。在统计工作中，也常用这些关系来判断一种随机变量是否可用正态分布来近似描述。

3. 皮尔逊Ⅲ型（P-Ⅲ型）分布

英国生物统计学家 K. 皮尔逊于 1895—1916 年间研究了大量实测资料后发现，许多随机变量的频率分布图形都呈单峰铃形，峰值两边的频率逐渐减少，最后趋于与横轴相切，如图 3-8 所示。于是，他把这种形状的概率密度曲线的微分方程概括为下列形式：

$$\frac{\mathrm{d}y}{\mathrm{d}x}=\frac{(x+d)y}{b_0+b_1x+b_2x^2} \tag{3-25}$$

式中：$y=f(x)$ 为概率密度函数，坐标原点位于变量的平均值 $\bar{x}$ 处；b_0, b_1, b_2 为参数。

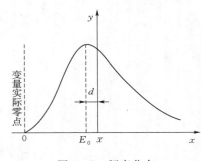

图 3-8　频率分布

将上述微分方程积分，可以得到概率密度函数 $y=f(x)$。根据式（3-25）中参数 b_0、b_1、b_2 的数值及二次方程 $b_0+b_1x+b_2x^2=0$ 的根的情况，积分后可得到不同的密度函数，共有 13 种形式，组成皮尔逊曲线簇，正态分布为其中的一种形式。

皮尔逊曲线簇适应性很强，计算又很简便，水文学者对其中的Ⅰ型、Ⅲ型、Ⅴ型三种进行了比较深入的研究。特别是第Ⅲ型（简记为 P-Ⅲ型），1924 年福斯特（Foster）首先将它用于水文现象，以后得到各国水文学者的广泛研究，也是我国《水利水电工程水文计算规范》（SL/T 278—2020）中推荐采用的概率分布密度函数（水文学中常称之为分布线型）。但这并不意味着 P-Ⅲ型分布与水文现象之间有内在的物理联系，只不过因为它与我国大部分河流水文资料拟合得较好而已。

应当注意，皮尔逊曲线簇的来源是纯经验性的，它与概率论理论并没有直接联系。

P-Ⅲ型分布的概率密度函数为

$$f(x)=\frac{\beta^\alpha}{\Gamma(\alpha)}(x-a_0)^{\alpha-1}\mathrm{e}^{-\beta(x-a_0)}, \ \alpha>0, \ x>a_0 \tag{3-26}$$

P-Ⅲ型分布的概率密度图形一般如图 3-9 所示。P-Ⅲ型分布密度函数的 a_0，α，β 为三个参数，a_0 为变量的最小值。$\Gamma(\alpha)$ 为 Gamma 函数，定义为

$$\Gamma(\alpha)=\int_0^{+\infty}x^{\alpha-1}\mathrm{e}^{-x}\mathrm{d}x \tag{3-27}$$

Γ 函数具有如下的性质：

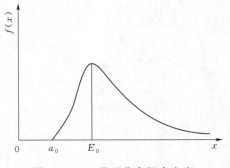

图 3-9　P-Ⅲ型分布概率密度

$$\Gamma(\alpha+1)=\alpha\Gamma(\alpha) \tag{3-28}$$

当 α 是正整数时，

$$\Gamma(\alpha+1)=\alpha! \tag{3-29}$$

$$\Gamma(1)=1, \ \Gamma\left(\frac{1}{2}\right)=\sqrt{\pi} \tag{3-30}$$

$a_0=0$ 的 P-Ⅲ型分布称为 Gamma 分布或 Γ 分布，简记为 $\Gamma(\alpha, \beta)$，其密度函数为

$$f(x)=\frac{\beta^{\alpha}}{\Gamma(\alpha)}x^{\alpha-1}\mathrm{e}^{-\beta x}, \ \alpha>0, \ x>0 \tag{3-31}$$

$\alpha=1(\beta>0)$ 的 Γ 分布称为指数分布，其密度函数为

$$f(x)=\beta\mathrm{e}^{-\beta(x-a_0)}, \ x>a_0 \tag{3-32}$$

第四节 多元随机变量及其分布

一、多元随机变量

前面讨论了用一个随机变量来描述随机试验的结果。然而，在实际问题中，有些随机试验的结果仅用一个随机变量来描述往往是不够的，需用两个或两个以上的随机变量来共同描述。例如在水文工作中，观测某河流断面洪水的洪峰流量和洪量，记录某地每年的年降水量、降水天数等，都需要由多个随机变量来共同描述，并且这些随机变量之间又有某种联系，因而需要把这些随机变量当作一个整体（即向量）来研究。

定义 设 Ω 是随机试验的基本空间，若对于试验的每一个可能结果 $\omega\in\Omega$，$X_1=X_1(\omega)$，$X_2=X_2(\omega)$，…，$X_n=X_n(\omega)$ 是定义在 Ω 上的随机变量，则由它们构成的整体 $(X_1, X_2, \cdots, X_n)$ 称为 n 元（维）随机变量（或称随机向量）。当 $n\geqslant2$ 时，称 $(X_1, X_2, \cdots, X_n)$ 为多元随机变量或多维随机变量。

二、联合分布

分布函数 $F(x)$ 描述了一元随机变量的统计规律，类似地，用联合分布来刻画多元随机变量的统计规律。

定义 设 $(X_1, X_2, \cdots, X_n)$ 为 n 元随机变量，$x_1, x_2, \cdots, x_n$ 是 n 个任意实数，则称

$$F(x_1, x_2, \cdots, x_n)=P(X_1<x_1, X_2<x_2, \cdots, X_n<x_n) \tag{3-33}$$

为 n 元随机变量 $(X_1, X_2, \cdots, X_n)$ 的联合分布函数，简称联合分布或分布函数。

下面主要讨论二元随机变量，也可推广到 n（$n>2$）元随机变量的情况。

对于二元随机变量 (X, Y)，分布函数可写为

$$F(x, y)=P(X<x, Y<y) \tag{3-34}$$

三、边缘分布

定义 设 $F(x, y)$ 是二元随机变量 (X, Y) 的分布函数，则分别称

$$F_X(x)=P(X<x)=P(X<x, Y<+\infty)=F(x, +\infty) \tag{3-35}$$

$$F_Y(y)=P(Y<y)=P(X<+\infty, Y<y)=F(+\infty, y) \tag{3-36}$$

为 $F(x, y)$ 关于 X 和 Y 的边缘分布函数。$F_X(x)$ 简称为 X 的边缘分布，$F_Y(y)$ 简称为 Y

的边缘分布。有时为了简便，常用 $F_1(x)$、$F_2(y)$ 分别表示 X 与 Y 的边缘分布。边缘分布又称为边际分布。

四、Copula 联合分布

Copula 函数描述的是变量间的相关性结构，是将联合分布和其对应的边缘分布连接起来的函数，因此 Copula 函数也称为连接函数。

Copula 函数通过构造变量的联合分布来刻画变量整体的相关性。假设 N 个随机变量记作 X_1，X_2，$\cdots$，X_n，其边缘分布函数分别为 $F_{X_i}(x) = P_{X_i}(X_i \leqslant x_i)$，$x_i$ 为随机变量 X_i 的取值，则随机变量 X_1，X_2，$\cdots$，X_n 的联合分布函数为

$$H_{X_1, \cdots, X_N}(x_1, x_2, \cdots, x_N) = P[X_1 \leqslant x_1, X_2 \leqslant x_2, \cdots, X_N \leqslant x_N]，简记为 H。$$

Copula 函数将多个随机变量的边缘分布连接起来得到它们的联合分布。多变量分布函数 H 可写为 $C(F_{X_1}(x_1), F_{X_2}(x_2), \cdots, F_{X_N}(x_N)) = H_{X_1, X_2, \cdots, X_N}(x_1, x_2, \cdots, x_N)$，其中 C 称为 Copula 函数。通过确定 Copula 函数可以确定联合分布函数 H，这为求得联合分布函数提供了一种崭新的思路和方法。

Nelsen（1999）定义二维的 Copula 函数 C 为 $[0, 1] \times [0, 1] \to [0, 1]$ 上的一个映射，它满足以下性质：

（1）对于 $\forall u, v \in I$：

$$C(u, 0) = 0；C(0, v) = 0 \tag{3-37a}$$

$$C(u, 1) = u；C(1, v) = v \tag{3-37b}$$

由式（3-37a）可知，二维 Copula 函数中，只要其中一个边缘分布函数是 0，则联合分布也为 0。

由式（3-37b）可知，二维 Copula 函数中，当其中一个边缘分布函数为 1 时，其联合分布等于另一个的边缘分布。

（2）$\forall u_1, u_2, v_1, v_2 \in I$，且满足 $u_1 \leqslant u_2$，$v_1 \leqslant v_2$，则

$$C(u_2, v_2) - C(u_2, v_1) - C(u_1, v_2) + C(u_1, v_1) \geqslant 0 \tag{3-38}$$

（3）令 $M(u, v) = \min(u, v)$，$W(u, v) = \max(u + v - 1, 0)$，则对于 $\forall (u, v) \in I^2$，Copula C 满足以下不等式：

$$W(u, v) \leqslant C(u, v) \leqslant M(u, v) \tag{3-39}$$

不等式（3-39）为 Copula C 的 Fréchet - Hoeffding 边界不等式，M 表示 Fréchet - Hoeffding 的上界，W 表示 Fréchet - Hoeffding 的下界。$W(u, v)$、$M(u, v)$ 和 $C(u, v)$ 都为 Copula 函数。

定理 1　[Sklar 定理（二元形式）]：若 $H(x, y)$ 为联合分布函数，$F(x)$ 和 $G(y)$ 为其边缘分布，则存在唯一的 Copula 函数 C，使得对于 $\forall x, y \in \bar{R}$，有

$$H(x, y) = C(F(x), G(y)) \tag{3-40}$$

如果 F 和 G 是连续的，那么 C 是唯一的。反之，如果 C 是一个 Copula 函数，而 F 和 G 是两个任意的概率分布函数，那么由式（3-40）定义的 H 函数一定是一个联合分布函数，且对应的边缘分布刚好就是 F 和 G。

Sklar 定理是 Copula 函数理论的核心，由 Sklar 定理可知，Copula 函数可以独立于随机变量的边缘分布反映随机变量的相关性结构，从而可将联合分布分为两个独立的部分来

分别处理：变量的相关性结构和变量的边缘分布。也就是说，一个联合分布关于相关性的性质，完全由它的 Copula 函数决定，与其边缘分布无关。

定理 2　令 H、F、G 和 C 如定理 1 中所定义，$F^{(-1)}$ 和 $G^{(-1)}$ 分别为 F 和 G 的反函数，则对于 $\forall (u, v) \in \mathrm{Dom}\, C'$，使得

$$C(u, v) = H(F^{(-1)}(u), G^{(-1)}(v)) \tag{3-41}$$

由式（3-41）可知，在 H、F 和 G 已知的情况下，可以算出其 Copula 函数。

定理 3　令 X 和 Y 分别为分布函数 F 和 G 的随机变量，其联合分布函数为 H，那么存在一个函数 C 使得式（3-40）成立。若 F 和 G 是连续的，那么 C 是唯一确定的。否则，C 在 $\mathrm{Ran}F \times \mathrm{Ran}G$ 上唯一确定。其中的函数 C 称为变量 X 和 Y 的 Copula 函数，由式（3-39）可知：

$$\max[F(x) + G(y) - 1, 0] \leqslant H(x, y) \leqslant \min[F(x), G(y)] \tag{3-42}$$

由二维的 Copula 函数的性质（3）可知，$\max[F(x) + G(y) - 1, 0]$ 和 $\min[F(x), G(y)]$ 也是联合分布函数，称为联合分布函数 H 的 Fréchet - Hoeffding 边界。关于 Copula 函数的具体应用详见第十一章。

习　题

3-1　在相同条件下对目标独立地射击 5 次，若每次射击命中概率为 $p = 0.6$，求：

（1）目标被命中 2 次的概率。

（2）目标至少被命中 4 次的概率。

（3）目标至多被命中 3 次的概率。

（4）目标至少被命中 1 次的概率。

3-2　设测量某一距离时的偶然误差 $X \sim N(0, 4^2)$ 分布，求：

（1）误差绝对值不超过 3 的概率。

（2）反复 3 次独立测量中，至少有一次误差绝对值不超过 3 的概率。

3-3　某工厂生产的晶体管的寿命 X（小时）服从 $N(160, \sigma^2)$ 分布，若要求 $P(120 \leqslant X < 200) = 0.8$，问允许的标准差 σ 最大为多少？

3-4　设二元随机变量 (X, Y) 的概率密度为

$$f(x, y) = \begin{cases} 4.8y(2-x), & 0 \leqslant x \leqslant 1, 0 \leqslant y \leqslant x \\ 0, & 其他 \end{cases}$$

问 X 与 Y 是否相互独立？

3-5　简述 Copula 函数的定义和二元形式的 Sklar 定理。

第三章习题答案

第四章 水文数据简单统计分析

第一节 水文过程与变量

在自然界中，水汽运动的具体过程为从陆地或海洋经地表蒸发、植物蒸腾，聚集形成云，云凝结形成降水，而后经植物截留、下渗等过程，形成径流，在土壤或水体中储存，最后又蒸发回到大气中。而与这些自然现象相关的流量和水量的连续序列被称为水文过程，水文过程存在时空变异性特征。全球和（或）区域气候的季节性、年际和准周期波动都可导致这种变异性。植被、地形和地貌特征、地质、土壤性质、土地利用、前土壤湿度、降水的时间和面积分布都是水文过程变异性显著增加的主要因素。

水文过程通常把水的物质和能量流动与其发生时间相联系。一般来说，这种对应关系可能只体现在空间尺度，也可能同时体现在时间和空间两种尺度。用于研究水文过程的地理空间尺度也是多样的，包括从全球尺度到最常用的流域尺度。例如，流经出口断面的流量在连续时间内的演变过程是一个水文过程，在这种情况下，它代表了在特定集水区域内复杂和相互影响的许多水文现象的时空组合。水文过程可以根据一定的测量标准，开展离散时间的监测，形成水文数据样本。这些数据是水文分析和水资源管理决策的关键和依据。

水文过程在本质上是随机的。例如，不能绝对准确地预测下周某一地点的降雨量。降雨作为水循环中的一个关键过程，其任何衍生过程（如径流过程）不仅会受降雨不确定性的影响，而且也会受其他中间过程不确定性的影响。另一个表明水文过程中存在随机性的事实是水文过程的相关变量之间不可能建立起非常明确的因果函数关系。例如，在一个给定的流域中，洪峰流量是洪水事件中最明显的一个特征，它受到许多因素的综合影响。如降雨过程受降雨时空分布、暴雨持续时间及其在集水区的路径、初期损失、渗透速率和前期土壤湿度等的共同影响。这些因素相互依赖且具有时空变化性，任何通过洪峰流量与其有限影响因素之间的关系预测下一个洪峰流量的方式都会存在误差，这些误差往往很难解释。

虽然水文过程本质上具有随机性，但它确实也包含季节性和周期性的规律以及其他可识别的确定性信息和约束。显然，水文过程可以用质量守恒定律、能量守恒定律、动量守恒定律及热力学定律来研究，也可以用现代物理水文学中广泛使用的其他概念和经验关系来模拟。应将确定性和随机性建模方法结合起来利用，从而为水资源系统分析决策提供最有效的工具。

若某一水文过程随着时间 t 的变化而改变，则可将整个过程看成一个基本水文变量，定义为 $x(t)$。如河流某断面瞬时流量、瞬时含沙量以及气象站瞬时降雨强度均可认为是基本水文变量。水文过程 $x(t)$ 与 $x(t+\Delta t)$ 间的统计相关性很大程度上取决于间隔时间 Δt。对于较短的时间间隔，例如 3h 或者 1d，两变量时间相依性较强，但随着 Δt 增加，这种相关性会逐渐减少。当以年为时间间隔时，$x(t)$ 与 $x(t+\Delta t)$ 在多数情况下看作是相互独立的随机变量。

事实上，水文学中选择水文变量 $x(t)$ 通常为在特定时段内（例如 1 天、1 季度或 1 年）的总量、均值、最大值和最小值等。例如，选择水文变量可为年内连续无降水天数、年局部 30min 最大降雨强度、流域日平均流量以及湖泊日蒸发量（或深度）。选择水文变量的时间尺度（例如 1 天、1 个月或 1 年）不仅会影响水文变量的时间间隔，也会影响变量之间的统计相关性。如小时变量或日变量与时间密切相关；相反地，年尺度的水文变量在大多数情况下是相互独立的。

第二节　水文数据与序列

在水文统计的发展进程中，水文数据的采集与处理至关重要，数据质量直接影响到水文分析计算的精度。常用水文数据包括：水位、流量、降水量、蒸发量、水温、水质和泥沙含量等。目前，我国主要采用水文测站与站网获取此类数据。根据观测对象不同，水文测站可分为水位站、流量站、雨量站和蒸发站等。单个水文站点记录的数据只能代表该站址处的水文情况，适用范围较小，对于面积较大的流域，需要布设一系列水文站点，形成水文站网，从而获取流域内各点的水文资料。

由于各水文站点记录数据的方法和格式不尽相同，原始数据常常无法直接使用，需要按照统一的标准进行整理、分析、挑选，从而形成系统、完整、具有一定精度的水文资料。这种数据加工处理的过程称为水文数据处理。水文数据处理主要包括：收集校核原始数据，编制实测成果表，确定关系曲线，推求逐时、逐日值，合理性检验及编写处理说明书等。

在实际观测中，常常通过水文时间序列记录水文数据的变化。水文时间序列是指按照时间顺序组成的观测值序列。这种时间上的组织形式也可以用空间（距离或长度）代替，在某些特殊情况下，甚至可以扩展到包含时间和空间的形式。对于水文数据记录的时间间隔，不同地区也各不相同。例如，对于几千平方千米的流域，采用日平均流量组成的时间序列，即可反映河流流量的变化过程。然而，对于几十平方千米的流域，流域的汇流时间常为几小时，日尺度的流量序列不足以反映河流流量的变化过程，特别是在一天中有洪水事件发生时，无法反映完整的洪水过程。在这种情况下，由连续小时平均流量组成的小时尺度时间序列更具有代表性和研究价值。

一定时间间隔内所有观测值组成的水文时间序列称为历史序列，如日平均流量或小时平均流量。水文数据按照时间先后进行连续排列，具有时间相依性。从历史序列中抽取特征值所构成的特征序列，在统计水文学中有着更广泛的应用。例如，从历史日平均流量序列中抽取出一系列年最大值，则称为年最大日平均流量序列。

包含极端水文事件（如一段时间内出现的最大值和最小值）的特定水文序列称为极值序列。如果研究的时间以年为单位，则极值序列为年尺度；否则为非年尺度。大部分情况下，极值序列可直接从水文观测记录中统计得到，在缺乏实测记录资料时，需要进行历史考证。

流域往往会连续多年发生干旱、洪涝等持续性异常天气现象。例如，某城市的平均气象特征值（如气温、降水量等）连续高于或低于正常值；河道的水位在一段时间内持续高于或低于正常通航水位；河道的天然来水量连续低于水库的下泄流量等。研究和掌握这种极端现象所对应的水文时间序列的统计规律，制定相应的调控措施，对水利工程的建设管理具有重要的现实意义。

第三节　水文数据样本与总体

在统计学中，一个研究对象的全体称为总体。对于水文领域而言，由于水文现象是无限连续序列，其从古至今再延长至未来的所有水文数据，称为水文数据的总体。例如三峡大坝从建坝以来到未来无限长时间内的水位、流量系列，某蒸发站点记录的所有历史蒸发数据以及未来该站点的蒸发情况等，均为水文数据的总体。

样本是指在总体中抽取的一个包含有限数量的随机变量观测值或数据点的子集。总体中可以抽取很多不同的样本，每个样本系列的长短（即样本容量）都可以不同。在水文领域中，常用的实测水文资料都是样本。例如宜昌水位站记录了该地区 60 年的水位变化数据序列，金沙江的屏山水文站记录了 80 年的径流资料，均为样本容量较大的水文数据样本；梅州雨量站记录了该地区 3 天的降雨情况，可作为一个样本容量较小的水文数据样本。

总体与样本既有一定的区别，也有一定的联系。样本为总体的一部分，因此样本的分布特征在一定程度上可以反映出总体的分布特征，总体的规律可依据样本的规律得到。但因样本仅仅为总体的一部分，所以用抽样得到的样本来分析总体特征时必然会出现一定的误差，这种误差称为抽样误差。水文统计的主要目的就是通过各种方法来减小抽样误差，提高由样本数据分析总体分布规律的精度。在水文领域中，由于大部分水文现象都是无限序列，其水文数据也是无限连续的，所以在水文统计中，只能用有限的样本实测资料来分析水文现象。

水文统计的主要任务是将有限的样本合理地审查、运用，尽可能减小抽样误差，并提出一个合理的模型来代表总体概率分布。采用样本数据估计模型中的参数，确定分布的具体形式，当模型可以较好地拟合样本数据时，即可分析出总体的概率统计规律，并预测随机变量未来的情势，从而为水文模拟和水文分析计算等研究提供基础。

第四节　水 文 数 据 三 性 审 查

从目前的水文研究的主要方法来看，各种水文计算的程序大致包括两个过程：①由实测样本推论总体；②由推论的总体预估未来，即提出工程运用期间的样本。因此，水文资料的数量和质量对水文计算的成果优劣起着决定性作用。在应用水文资料之前，首先要对原始的水文资料进行审查。实际工作中对于所使用的水文资料必须进行仔细的"三性"审查，即资料的可靠性、一致性和代表性的审查。

1. 资料可靠性的审查

水文资料的可靠性至关重要，首先要审查水文资料的可靠性。应对原始资料进行去伪存真的分析，由于各级测站在精度方面不一致，在审查的过程中要注意分析审查结果。依据不同的数据类别，可从以下几方面审查水文数据的可靠性：

（1）水位资料。主要审查基准面和水准点、水尺零点高程的变化情况，分析水位过程线的形状，从而了解当时的观测情况，分析水位资料的可靠性。

（2）流量资料。主要审查水位-流量关系曲线的绘制和延长方法以及是否符合测站的特性。

（3）水量平衡。根据水量平衡的原理，下游站的径流量应该等于上游站的径流量加上区间径流量。通过对上下（或干支流）测站的年、月径流量进行平衡分析，从而确定其可靠性。

例如，在1959年以前刊印的乌江乌江渡站的资料中，有些年、月径流量比上游站的小。经检查，发现在1959年前，乌江渡站采用浮标法测流，所采用的浮标系数偏小，所以产生了上述反常现象。

特别需要注意的是，《水文年鉴》发布的资料是经过水文资料整编机构审查后刊布的，多数是可信的，然而也不能排除某些非常因素而导致资料的失真或带有较大误差，尤其是中华人民共和国成立初期的水文资料质量较差，应重点审查。

2. 资料一致性的审查

应用数理统计法进行年径流的分析计算时，前提是要求年径流系列具有一致性，即每个资料具有相同的成因才可以组成系列，不同成因的资料不可以作为一个统计序列。对于年径流量系列而言，它的一致性是指组成该系列的流量资料都是在同样的气候条件、同样的下垫面条件和同一测流断面上获得的。一致性分析应考虑以下内容：

（1）一般认为气候条件变化极为缓慢，可不考虑。

（2）人类活动会影响下垫面条件，有时影响很显著，这是影响资料一致性的主要因素，需要重点进行考虑。

（3）测量断面的位置有时会发生变动，当这种变动对径流量产生影响时，需要更正至原来（无人类影响）的同一断面的数值。如在测流断面的上游修建了饮水工程或水库，则在工程完成之后，下游水文站点实测水文资料的一致性遭到了破坏，这时需要对实测水文资料进行一定的修正，将其还原到修建工程前的同一基础上。

例如，黄河花园口以上流域的农业灌溉水量在1949年为40亿 m^3，至1974年达164亿 m^3，占多年平均天然径流量的28%。对于这种情况，各年实测流量必须进行还原计算。

还原计算的主要工作是确定还原水量 $W_{还}$，这样可以修正实测水量 $W_{测}$ 得到天然的年径流量 $W_{天}$：

$$W_天 = W_测 + W_还 \tag{4-1}$$

还原水量一般包括各用水部门的用水量，如工业、农灌、城市用水量 $W_工$、$W_灌$、$W_城$。如果有引水工程，则这部分水量 $W_引$ 可有正负值，即从外流域引入水量取负值，向外流域引出则取正值。如河段上有调节水库，应计及各年库容的变化量 $\Delta W_库$，在枯水年，水库补给河流水量较多，则还原修正的 $\Delta W_\text{库}$ 取负值；丰水年，水库蓄水较多，则 $\Delta W_\text{库}$ 取正值。如果有调节水库还要计算水库水面蒸发量 $W_\text{蒸}$ 和水库渗漏量 $W_\text{渗}$。考虑上述情况组合出现的还原水量为

$$W_\text{还} = W_\text{工} + W_\text{灌} + W_\text{城} \pm W_\text{引} \pm W_\text{库} + W_\text{蒸} + W_\text{渗} \qquad (4-2)$$

3. 资料代表性的审查

在进行水文计算时，样本对总体的代表性直接决定了计算成果的精度。年径流系列的代表性是指该样本对年径流总体的接近程度，如接近程度高，则系列的代表性较好，频率分析的成果的精度也就较高，反之则较低。

代表性分析的目的如下：

(1) 评价实测年径流系列偏丰、偏枯的程度。

(2) 分析不同步长系列统计参数的稳定性。

(3) 了解多年系列的丰枯周期变化情况，为以后的插补延长做参考。

代表性分析方法的理论基础如下：

(1) 样本分布和总体分布应该是一致的，称为样本可以代表总体。

(2) 样本的系列越长，抽样误差就会越小，样本也就越能代表总体。

(3) 通过对样本和总体统计参数进行比较可判断样本对总体代表性的高低。

代表性分析常用的方法如下：

(1) 进行年径流的周期性分析。对于一个较长的年径流系列，应着重检验它是否包括了一个比较完整的水文周期，即包括了丰水段（年组）、平水段和枯水段，而且丰、枯水段又大致是对称分布的。

(2) 与更长系列参证变量比较。参证变量系指与设计断面径流关系密切的水文气象要素，如水文相似区内其他测站观测期更长，并被论证有较好代表性的年径流或年降水系列。

水文系列的总体是不可能得到的，而年限不长的系列无法检验其本身的代表性。因此，工程中常采用下述方法检验较短系列资料的代表性。通过流域特性分析，找出和研究站点（n 年资料）邻近、自然地理条件相似且具有长系列观测资料的参证站点，将该站点 N 年"长系列"资料作为参证系列，计算研究站点短系列和参证站点长系列的统计参数（如均值、C_V、C_S 等），若短系列的统计参数与长系列接近（相对误差在 10% 以内），则认为研究站点的短系列资料具有代表性。例如，某流域有相邻且自然地理条件相似的 A、B、C 三个水文站，由表 4-1 中长、短系列的均值和 C_V 相对误差得出，B 站短系列资料的代表性尚佳，C 站短系列资料的代表性不佳。

表 4-1　　　　　A、B、C 站年降水量（mm）的长、短系列比较表

站名	资料年份	年数	均值/mm	变差系数 C_V	长、短系列的均值相对误差	长、短系列的 C_V 相对误差
A	1958—2007	50	682.8	0.47	0	0
B	1980—1999	20	649.3	0.51	4.9%	8.5%
C	1980—1999	20	769.3	0.56	12.7%	19.1%

经过以上的审查和分析，可得到符合实际计算标准的水文资料。

第五节　水文分析常用图表

图表能生动形象地反映数据分布特征，是水文分析与计算中常用的工具之一。图表的形式有多种，一般选用直方图、累积相对频率图、历时曲线、箱形图、散点图以及经验分位图等对水文数据进行分析。本节将依次对各类图表的应用与绘制方法进行简单的介绍。

1. 直方图

直方图是一种能呈现数据分布特征的图形表现形式，适用于所有数值型样本。当样本过大时，通常需要将样本进行简化，如采用计算平均值等形式；一般认为样本容量 $N \leqslant 30$ 为小样本，$30 < N \leqslant 70$ 为中样本，$N > 70$ 为大样本。表 4-2 给出了三峡宜昌站 1958—2017 年 60 年的年平均流量数据，样本容量为 $N = 60$，可认为是中等容量样本。

表 4-2　　　　　　　三峡年平均流量（1958—2017 年）

年份	年平均流量 /(m³/s)	年份	年平均流量 /(m³/s)
1958	13124.15	1979	13406.49
1959	13595.89	1980	12381.95
1960	13144.63	1981	12618.30
1961	11624.55	1982	14643.74
1962	12790.98	1983	14018.19
1963	13952.49	1984	14208.79
1964	14722.19	1985	15088.30
1965	14356.63	1986	14284.81
1966	16453.36	1987	14459.32
1967	15613.32	1988	12095.34
1968	13625.07	1989	13664.60
1969	14265.21	1990	13354.02
1970	16295.63	1991	15153.92
1971	11622.41	1992	14164.30
1972	13319.67	1993	13775.01
1973	12334.82	1994	12980.41
1974	11288.66	1995	14573.29
1975	13573.75	1996	11019.37
1976	15862.19	1997	13402.82
1977	13657.92	1998	13341.15
1978	12925.44	1999	11514.30

续表

年份	年平均流量 /(m³/s)	年份	年平均流量 /(m³/s)
2000	16592.22	2009	12696.16
2001	15277.04	2010	13237.54
2002	14899.64	2011	12118.66
2003	13175.78	2012	12835.64
2004	12454.25	2013	10760.55
2005	12991.84	2014	14701.50
2006	13095.82	2015	11909.12
2007	14560.99	2016	14535.75
2008	9030.822	2017	12513.97

通常，绘制直方图一般包括以下步骤：

（1）将样本数据进行分组，每一组称为一类，这些类可由固定或变宽度的数值间隔定义。

（2）计算样本数据在各类中出现的次数（即绝对频率）或相对频率，绘制频率表。

（3）以类的间隔为横轴，绝对（或相对）频率为纵轴绘制直方图。

如何确定分类的数量是绘制直方图的关键，分类过少将无法详细观察样本特征，而分类过多将导致频率的较大波动。类的数量取决于样本容量 N，通常，以 NC 来表示类的数量。Kottegoda 和 Rosso 的研究指出，当样本容量 $N > 25$ 时，直方图才可能提供有效的信息，因此 NC 可近似等于最接近 $\sqrt{N}$ 的整数值。此外，NC 的另一种常用的确定方法是 Sturges 提出的 Sturges 规则，其计算公式为

$$NC = 1 + 3.3 \lg N \tag{4-3}$$

Sturges 规则是在数据分布近似对称的假设上推导而来的，然而水文样本常常不满足该假设，且对于 $N < 30$ 的样本或（且）不对称数据，式（4-3）通常不能得到最佳结果。

【例 4-1】 以表 4-2 中给出的流量为例，详细介绍直方图的用法。

因表 4-2 中数据样本容量 $N = 60$，由于 NC 应为最接近 $\sqrt{N}$ 的整数，故 $NC = 8$。且第 1 类的下限必须小于或等于样本的最小值 9030.82m³/s，第 7 类的上限必须大于样本的最大值 16592.22m³/s。由于样本最大值和最小值之间的范围 $R = 7561.4$，$NC = 8$，R 和 NC 之比为 945.175，故设组距 $CW = 1000$m³/s。表 4-3 中给出了三峡年平均流量分类后，各组的绝对频率、相对频率以及累积相对频率。

表 4-3 三峡年平均流量频率分布表（1958—2017 年）

分　　组	绝对频率/次	相对频率	累积相对频率
(9000，10000]	1	0.017	0.017
(10000，11000]	1	0.017	0.033

分　　组	绝对频率/次	相对频率	累积相对频率
(11000，12000]	6	0.100	0.133
(12000，13000]	13	0.217	0.350
(13000，14000]	17	0.283	0.633
(14000，15000]	14	0.233	0.867
(15000，16000]	5	0.083	0.950
(16000，17000]	3	0.050	1.000

　　根据表 4-3 的结果，可绘制直方图如图 4-1 所示。图 4-1 所示的直方图有如下特征：①样本数据在第 5 类区间上的集中度最大，说明该区间可能包含了样本数据的中位数；②频率分布较为不对称；③第 1 类和第 2 类区间中仅包含一个样本数据。

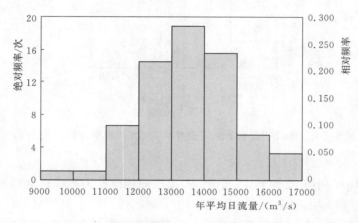

图 4-1　三峡年平均日流量绝对频率与相对频率分布直方图（1958—2017 年）

　　由于类的数量、类的宽度以及类的起点和终点对直方图绘制有显著的影响，故类的合理划分是绘制直方图的关键。以图 4-1 为例，样本数据出现在第 1 类和第 2 类中的频次分别为 1 和 1，由于两者出现频次较少，故可合并为一个间隔宽度为 2000m³/s 的类，则样本数据在该类中出现的频次为 2，该类的起点和终点分别为 9000m³/s 和 11000m³/s，据此得到的直方图整体形状会较为对称。

　　直方图的适用性很强，不同变量的频率分布直方图往往存在着较大差异。以图 4-2 为例，图 4-2 (a) ～ (c) 三图分别为 1958—2017 年三峡年平均、最小和最大日流量直方图。

　　三峡年平均日流量频率分布直方图向左呈现轻微的不对称，相较之下三峡年最小日流量频率分布直方图最为不对称。如图 4-2 (c) 所示，三峡年最大日流量频率分布直方图呈现轻微右偏，体现了特大流量的频率分布特征：即普通的洪水发生的频率更高，通常聚集在直方图的中心；而罕见的特大洪水，比如 1998 年三峡遭遇的特大洪水，增加了远离中心类的极端情况，给出了最大日流量频率分布直方图通常的总体形状。

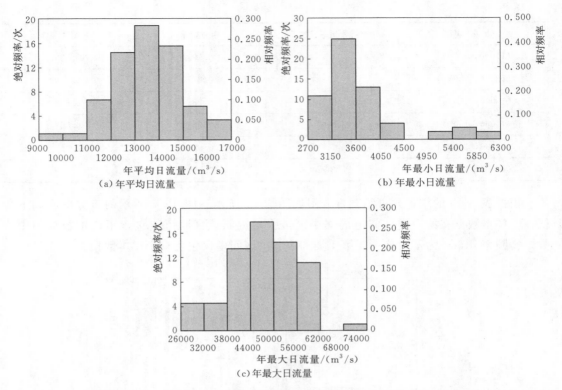

图 4-2 三峡年平均、最小、最大日流量绝对频率与相对频率分布直方图（1958—2017 年）

2. 累积相对频率图

在样本资料中，小于或等于某一数值 M 出现的频率称为累积相对频率，以 M 为横坐标，以累积相对频率为纵坐标，绘制成累积相对频率图。在水文领域中，累积相对频率图用途十分广泛。例如，某地的年降水量是一个随机变量，各年的降水量较为随机，若要了解该地年降水量概况，可用年降水量累计相对频率图来反应。其计算步骤为：①将经审核的实测水文资料按数值由小到大的次序排列；②将排序后的数据序号记为 m，其中 $1 \leqslant m \leqslant N$；③求出 m/N 的比值，即为各水文数据的累积相对频率；④将计算数据按照一一对应关系绘制成图。

累积相对频率图可直接计算第一四分位数 Q_1、第二四分位数 Q_2 和第三四分位数 Q_3，分别对应于 0.25、0.5 和 0.75 的累积频率。四分位间距（IQR）由 Q_3 和 Q_1 之差给出，通常用作判别离群值的标准，离群值为与样本中其他元素相差较大的元素。按此标准，高离群值是大于（$Q_3 + 1.5IQR$）的样本元素，低离群值是小于（$Q_1 - 1.5IQR$）的样本元素。

【例 4-2】 以表 4-3 为例，绘制了 1958—2017 年三峡地区年平均日流量累积相对频率图。

由图 4-3 可以看出，$Q_1 = 12676.7\text{m}^3/\text{s}$，$Q_2 = 13404.7\text{m}^3/\text{s}$，$Q_3 = 14478.4\text{m}^3/\text{s}$，根据 IQR 标准，2008 年的年平均日流量（9030.8m³/s）是一个很低的离群值（9030.8m³/s $< Q_1 - 1.5IQR = 9974.2\text{m}^3/\text{s}$）。

随着样本数量的增加，累积相对频率曲线将变得平滑，并逐步变成累积频率分布曲

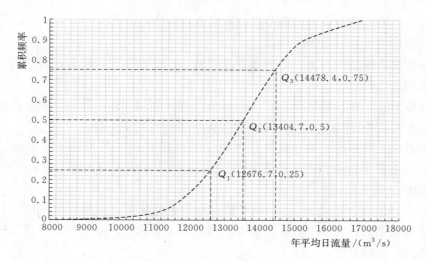

图 4-3 三峡地区年平均日流量的累积相对频率图（1958—2017 年）

线。当无限样本时，累积相对频率曲线为总体的累积频率分布曲线。

3. 历时曲线

历时曲线是反映流量在某一时段内（或年内某一季节、一年）超过某一数值持续天数的一种统计特性曲线。其纵坐标为日平均流量，横坐标为超过该流量的累计天数，即历时。如果横坐标用历时相对百分数来表示，则称为相对历时曲线，或称为保证率曲线。流量历时曲线的绘制步骤如下：

（1）将典型年的日平均流量从大到小递减排列，分组统计各组流量出现的天数，以及大于等于各组下限流量的累计天数。

（2）计算大于等于各组下限流量的累计天数占全年天数的百分比。

（3）以纵坐标表示流量，横坐标表示百分比，将各组下限流量值及相对应的百分比绘制于坐标中，过点群画一条曲线，即可得流量历时曲线。

【例 4-3】 以三峡宜昌站为例，根据表 4-2 中的数据，以 1959—1960 年典型年，绘制其相对历时曲线（图 4-4）。

从图 4-4 可以看出，1959—1960 年中最大日平均流量为 53500m³/s，最小日平均流量为 3720m³/s，其中有一半的天数中日平均流量都大于 9460m³/s。

4. 箱形图

箱形图又称为盒须图、盒式图或箱线图，是一种用于显示一组水文数据分散情况资料的统计图。它主要包含六种特征数据，按照数据从大到小排列，分

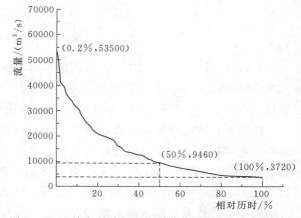

图 4-4 三峡宜昌站相对历时曲线图（1959—1960 年）

别为上边缘、第三四分位数 Q_3、第二四分位数 Q_2、第一四分位数 Q_1、下边缘和离群值。

上、下边缘分别对应于非离群值的最高点和最低点。

绘制箱形图主要包括以下步骤：

（1）画数轴。度量单位大小应和数据序列的单位保持一致，起点比最小值稍小，长度比该数据集的全距稍长。

（2）画矩形盒。数据集的第一、第三四分位数（Q_3 和 Q_1）分别对应矩形盒上下两端边的位置，在内部第二四分位数（Q_2）位置画一条线段为中位线。

（3）画晶须。从矩形盒两端边向外各画一条线段直到上下边缘，这些延长线称为晶须。其中，箱形图上边缘（非离群最大值）$= Q_3 + 1.5IQR$，下边缘（非离群最小值）$= Q_1 - 1.5IQR$。

（4）标离群值点。用"○"标出离群值，相同值的数据点并列标出在同一数据线位置上，不同值的数据点标在不同数据线位置上。值得注意的是，晶须外的任何数据都是离群值，都需要进行精确标记。

【例 4-4】　以表 4-2 为例，绘制 1958—2017 年三峡地区年平均日流量箱形图（图 4-5）。

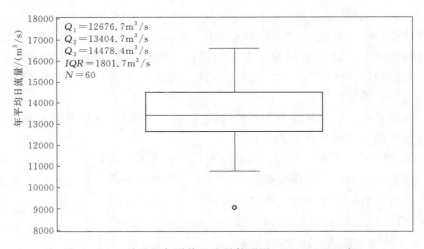

图 4-5　三峡地区年平均日流量箱形图（1958—2017 年）

从图 4-5 中可以看出，$Q_1 = 12676.7 \text{m}^3/\text{s}$、$Q_2 = 13404.7 \text{m}^3/\text{s}$、$Q_3 = 14478.4 \text{m}^3/\text{s}$、$IQR = 1801.7 \text{m}^3/\text{s}$，上、下边缘分别为 $10760.5 \text{m}^3/\text{s}$ 和 $16592.2 \text{m}^3/\text{s}$。2008 年年平均日流量 $9030.8 \text{m}^3/\text{s}$ 位于晶须外，为离群值，在图中被标记为"o"。

箱形图在数据分析中的作用很大，除了能够精确地指出异常值以及提供偏度的图形轮廓外，还可以在单个图表上显示集中和分散的趋势。例如，在图 4-5 中，矩形盒上下两端边距离（IQR）反映了中间 50% 数据的离散程度，数值越小，说明中间的数据越集中；数值越大，说明中间的数据越分散。此外，箱形图对分析数据集的离群值十分便利。在进行水文分析计算时，忽视离群值的存在是十分危险的，不加剔除地把离群值算入数据的计算分析过程也会对结果带来不良影响。

5. 散点图

前面的内容主要介绍了描述单一水文变量的图表。然而，若要分析两个或多个变量之间的联系，上述图表则无法直观地体现。散点图通过寻找变量之间潜在的统计依赖性，直观地体现变量间的联系，从而进一步分析变量间的关系。

散点图是一个笛卡儿坐标图，将变量 X 和 Y 的数据 $\{(x_1, y_1), (x_2, y_2), \cdots, (x_N, y_N)\}$ 绘制于坐标系中，可观察到两个变量间的线性相关关系。线性相关关系可用相关系数 $r_{x,y}$ 进行衡量，$r_{x,y}$ 的表达式为

$$r_{x,y} = \frac{\sum\limits_{i=1}^{N}(x_i - \bar{x})(y_i - \bar{y})}{\sqrt{\sum\limits_{i=1}^{N}(x_i - \bar{x})^2(y_i - \bar{y})^2}} \tag{4-4}$$

相关系数反映了两变量间的线性相关程度，且需满足 $-1 \leqslant r_{x,y} \leqslant 1$。当 $r_{x,y} = -1$ 时，变量 x、y 呈完全线性负相关，即变量 y 的值随 x 的增加而减小；当 $r_{x,y} = 1$ 时，变量 x、y 呈完全线性正相关，即变量 y 的值随 x 的增加而增加；当 $r_{x,y} = 0$ 时，变量 x、y 线性无关，即变量 x、y 间不存在线性关系；当 $-1 < r_{x,y} < 1$ 时，变量 x、y 间相关程度与相关系数 $r_{x,y}$ 的大小有关，当 $r_{x,y}^2$ 越接近 1，其相关程度越密切，且 $r_{x,y}$ 为正值时表示正相关，$r_{x,y}$ 为负值时表示负相关。两种变量间不同相关类型如图 4-6 所示。

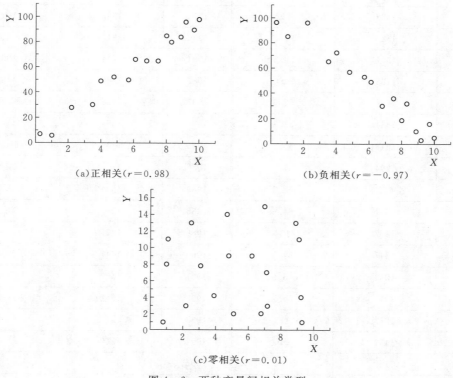

图 4-6 两种变量间相关类型

在水文领域中，通常用散点图来探明降雨和径流、水位与流量、上下游水位等之间的联系，值得注意的是，研究两变量间的相关关系，同时需要分析两变量在物理成因上

是否有联系。若两变量在成因上毫无关联，则通过散点图来研究其线性相关程度是无意义的。

【例4-5】 以表4-4中某流域年降雨量与年平均日流量资料为例绘制散点图，并分析降雨与径流之间的相关关系。

表4-4 某站年降雨量和年平均日流量资料

年份	年降雨量 /mm	年平均日流量 /(m³/s)	年份	年降雨量 /mm	年平均日流量 /(m³/s)
1941	1249	91.9	1970	1013	34.5
1942	1319	145	1971	1531	80.0
1943	1191	90.6	1972	1487	97.3
1944	1440	89.9	1973	1395	86.8
1945	1251	79.0	1974	1090	67.6
1946	1507	90.0	1975	1311	54.6
1947	1363	72.6	1976	1291	88.1
1948	1814	135	1977	1273	73.6
1949	1322	82.7	1978	2027	134
1950	1338	112	1979	1697	104
1951	1327	95.3	1980	1341	80.7
1952	1301	59.5	1981	1764	109
1953	1138	53.0	1982	1786	148
1954	1121	52.6	1983	1728	92.9
1955	1454	62.3	1984	1880	134
1956	1648	85.6	1985	1429	88.2
1957	1294	67.8	1986	1412	79.4
1958	883	52.5	1989	1606	79.5
1959	1601	64.6	1988	1290	58.3
1960	1487	122	1989	1451	64.7
1961	1347	64.8	1990	1447	105
1962	1250	63.5	1991	1587	99.5
1963	1298	54.2	1992	1642	95.7
1964	1673	113	1993	1341	86.1
1965	1452	110	1994	1359	71.8
1966	1169	102	1995	1503	86.2
1967	1189	74.2	1996	1927	127
1968	1220	56.4	1997	1236	66.3
1969	1306	72.6	1998	1163	59.0

从图 4-7 中可清晰看出，该流域内年平均日流量随着年降雨量的增加而增大，表明该流域内年降雨量与年平均日流量呈正相关，且相关系数 $r=0.70$。散点图的绘制可以更直观地发现随机变量间的联系，还可以进一步通过相关分析建立变量间的相关方程，从而为插补延长水文资料等问题的研究提供帮助。

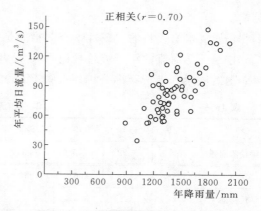

图 4-7　某站年降雨量与年平均日流量
散点图（1941—1998 年）

6. 经验分位图

经验分位图（又称经验 Q-Q 图）是通过比较两个变量的分位数来分析它们之间可能存在的相关关系的图表。与散点图不同，经验分位图需要假设两个样本 X、Y 具有相同的大小，然后通过集合 $\{x_1, x_2, \cdots, x_N\}$ 中的分位数与集合 $\{y_1, y_2, \cdots, y_N\}$ 的分位数将变量 X 和 Y 重新联系起来，再将 X 和 Y 的配对数据点绘至图上并进行相关性分析。因此，经验 Q-Q 图可以很容易地适应经验数据，并使得两个变量具有较强的相关性。

绘制经验 Q-Q 图一般包括以下几个步骤：

（1）将变量 X 和 Y 中的数据分别从大到小排列。

（2）分别为 X 和 Y 排序后的数据赋予一个序号 $m(1 \leqslant m \leqslant N)$。

（3）将 X 和 Y 数据中相同序号 m 的数据重新组成一个新的数据点 $[x_{(m)}, y_{(m)}]$。

（4）在笛卡儿坐标图上逐点绘制数据点 $[x_{(m)}, y_{(m)}]$。

【例 4-6】　以表 4-4 为例，绘制某站自 1941—1998 年各水文年度年降雨量和年平均流量的经验 Q-Q 图。

从图 4-8 中不难看出，图中的数据点几乎落在一条直线上，证明年降雨量和年平均日流量两个样本的频率分布非常相似，且两者关系呈正相关。特别地，若将两个样本的均值和标准差任意放缩，其频率分布不变，那么经验 Q-Q 图上的所有数据点将精确地位于直线 $y=x$ 上。

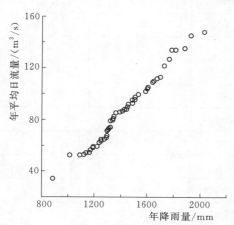

图 4-8　某站点年降雨量和年平均流量的
经验 Q-Q 图（1941—1998 年）

习　题

4-1　常用的水文数据有哪些？什么是水文站网？什么是历史水文序列？

4-2　什么是水文总体？什么是样本？总体与样本的关系是什么？什么是抽样

误差？

4-3　水文资料的"三性审查"指的是什么？如何审查水文资料的代表性？

4-4　某河流的年径流总量记录共20年（1949—1968年）（表4-5），使用累计相对频率图对该系列进行频率分析，求频率为95%和99%的年径流总量。

表4-5				年 径 流 总 量 W				单位：亿 m³	
年份	1949	1950	1951	1952	1953	1954	1955	1956	1957	1958
年径流总量	4.8	3.29	5.7	6.3	7.1	9.39	7.3	6.74	12.7	11.6
年份	1959	1960	1961	1962	1963	1964	1965	1966	1967	1968
年径流总量	7.62	8.1	9.39	7.4	8.3	9.9	9.9	7.8	1.47	10.5

4-5　某站1967—2000年（共34年）的年降雨量与年径流量资料见表4-6，根据表中资料绘制：

（1）该站年降雨量的箱型图。

（2）该站年降雨量与年径流量的散点图，并判断变量间的相关性。

（3）该站年降雨量与年径流量的经验Q-Q图。

表4-6			某站1967—2000年年降雨量与年径流量资料		
年份	年降雨量 /mm	年径流量 /mm	年份	年降雨量 /mm	年径流量 /mm
1967	1053	384	1984	1019	479
1968	1360	836	1985	1736	1249
1969	1060	534	1986	1238	743
1970	1270	798	1987	1316	861
1971	1355	929	1988	1472	921
1972	1160	634	1989	2014	1327
1973	1259	738	1990	993	452
1974	1327	813	1991	1150	627
1975	885	342	1992	880	344
1976	1021	531	1993	1330	809
1977	1380	810	1994	1192	665
1978	1029	501	1995	1239	754
1979	921	386	1996	1195	668
1980	1033	530	1997	1320	873
1981	1269	724	1998	922	394
1982	1130	619	1999	993	471
1983	881	334	2000	1053	533

4-6　简述散点图与经验 Q-Q 图的区别。

4-7　根据表 4-4 中的径流资料，尝试应用本章介绍的方法确定类的数量，观察当类的数量和组距发生改变时直方图的变化。

第四章习题答案

第五章　统计参数的数字特征

前面介绍了随机变量与分布函数，知道分布函数能全面描述随机变量的统计特性，但是对一个具体的随机变量，通常很难通过物理分析或数学推导获得其分布函数。因此，在实际问题中，常常用几个代表性的数字特征来描述随机变量的统计特性。

例如，某河流断面的年径流量各年是不同的，是一个随机变量。若想了解该河流断面径流的概况，可以用多年平均径流量来反映，这种能表达随机变量统计规律的重要数字特征称为随机变量的统计参数。

此外，对于很多分布，如泊松分布、正态分布、P-Ⅲ分布等，含有一个或几个参数，这些参数往往是由某些特征值所决定的。这些特征值在概率论中称为数字特征，主要有反映随机变量取值集中位置的数字特征，如数学期望、众数、中位数；反映随机变量取值相对于分布中心的集中程度的数字特征，如方差、均方差、离差系数等；反映随机变量概率分布形态特性的数字特征，如偏态系数、峰度系数等；反映多元随机变量各分量之间相关密切程度的数字特征，如协方差、相关系数等。

第一节　数　学　期　望

一、离散型随机变量的数学期望

定义　设 X 为离散型随机变量，它的概率分布为

$$P(X=x_i)=p_i, \ i=1, \ 2, \ \cdots$$

如果级数 $\sum\limits_{i=1}^{\infty} x_i p_i$ 绝对收敛（即 $\sum\limits_{i=1}^{\infty} |x_i| p_i < +\infty$），则称 $\sum\limits_{i=1}^{\infty} x_i p_i$ 为随机变量 X 的数学期望，记为 $E(X)$ 或 EX，即

$$E(X)=\sum_{i=1}^{\infty} x_i p_i \tag{5-1}$$

当 $p_i=\dfrac{1}{n}(i=1, \ 2, \ \cdots, \ n)$ 时，$E(X)=\dfrac{1}{n}\sum\limits_{i=1}^{n} x_i$，即 $E(X)$ 为 $x_1, \ x_2, \ \cdots, \ x_n$ 的算术平均值，因此数学期望值是算术平均值的推广。

【例 5-1】 设某城市感染新冠肺炎的患者比例约为 1%，为开展疫情防控工作，对全城居民开展核酸检测，现有以下两种检测方案：

（1）逐个样本检测。

（2）将四个人的采样合为一组，混合检测，如果检测结果为阴性，说明这四个人都没

有感染新冠肺炎，则只需检测一次。但如果检测结果为阳性，则需要对此组四人再进行逐个检测，这种情况需要检测 5 次。

试比较两种检测方案，哪个更优？

解 任取四人，第一种方案需检测四次。

设采用第二种方案需要检测的次数为 X，则 X 为离散型随机变量，分布列见表 5-1。

表 5-1　　　　　　　　　　　　　离散型随机变量的分布列

X	1	5
p_i	0.99^4	$1-0.99^4$

X 可能取值为 1 和 5。"$X=1$" 表示只需检测一次，说明四人的核酸检测结果都为阴性。由于该市患病率为 1%，所以任意一人为阴性的概率为 0.99。由于四人是任意选取的，因此四人都正常的概率为 0.99^4。"$X=5$" 表示需要检测 5 次，说明四人中至少有一人是患病者（检测结果为阳性），其概率为 $1-0.99^4$。所以 X 的数学期望为

$$E(X)=1\times0.99^4+5\times(1-0.99^4)\approx1.16$$

计算结果表明第二种方案更优，这种方法也是我国在新冠肺炎疫情期间采用的检测方法，有效地提高了检测效率，快速追踪和控制疫情。

二、连续型随机变量的数学期望

定义 设 X 为具有密度函数 $f(x)$ 的连续型随机变量，若积分

$$\int_{-\infty}^{+\infty}xf(x)\mathrm{d}x$$

绝对收敛，即 $\int_{-\infty}^{+\infty}|x|f(x)\mathrm{d}x<+\infty$，则称它为 X 的数学期望（或均值），记为 $E(X)$ 或 EX，即

$$E(X)=\int_{-\infty}^{+\infty}xf(x)\mathrm{d}x \tag{5-2}$$

【例 5-2】 设随机变量 X 服从 P-Ⅲ型分布，求 $E(X)$。

解 X 的密度函数为

$$f(x)=\frac{\beta^\alpha}{\Gamma(\alpha)}(x-a_0)^{\alpha-1}\mathrm{e}^{-\beta(x-a_0)},\ x>a_0$$

则

$$E(X)=\int_{-\infty}^{+\infty}xf(x)\mathrm{d}x=\frac{\beta^\alpha}{\Gamma(\alpha)}\int_{a_0}^{+\infty}x(x-a_0)^{\alpha-1}\mathrm{e}^{-\beta(x-a_0)}\mathrm{d}x$$

令 $x-a_0=t$，则

$$E(X)=\frac{\beta^\alpha}{\Gamma(\alpha)}\int_0^{+\infty}(t+a_0)t^{\alpha-1}\mathrm{e}^{-\beta t}\mathrm{d}t$$

$$=\frac{\beta^\alpha}{\Gamma(\alpha)}\int_0^{+\infty}t^\alpha\mathrm{e}^{-\beta t}\mathrm{d}t+\frac{a_0\beta^\alpha}{\Gamma(\alpha)}\int_0^{+\infty}t^{\alpha-1}\mathrm{e}^{-\beta t}\mathrm{d}t$$

$$=\frac{\beta^\alpha}{\Gamma(\alpha)}\frac{\alpha\Gamma(\alpha)}{\beta^{\alpha+1}}+\frac{a_0\beta^\alpha}{\Gamma(\alpha)}\frac{\Gamma(\alpha)}{\beta^\alpha}$$

$$= \frac{\alpha}{\beta} + a_0$$

三、数学期望的性质

数学期望具有如下性质。

性质 1　设 c 是常数，则

$$E(c) = c \tag{5-3}$$

性质 2　设 X 是随机变量，C 是常数，则

$$E(cX) = cE(X) \tag{5-4}$$

性质 3　设 X，Y 是任意两个随机变量，则

$$E(X \pm Y) = E(X) \pm E(Y) \tag{5-5}$$

性质 4　设 X，Y 是两个相互独立的随机变量，则

$$E(XY) = E(X)E(Y) \tag{5-6}$$

四、众数和中位数

随机变量 X 的众数以 $E_0(X)$ 表示，对离散型随机变量，众数是使概率 $P(X = x_i)$ 为最大的 x_i 值；对连续型随机变量，众数是使密度函数 $f(x)$ 为最大的 x 值，因而可由式（5-7）解出。

$$\frac{\mathrm{d}}{\mathrm{d}x} f(x) = 0 \tag{5-7}$$

【例 5-3】　求正态分布随机变量 X 的众数。

解　正态分布的密度函数为

$$f(x) = \frac{1}{\sqrt{2\pi}\sigma} \mathrm{e}^{-\frac{(x-a)^2}{2\sigma^2}}$$

显然，当 $x = a$ 时，$f(x)$ 达到最大值，因此，正态分布的众数为 a。

随机变量 X 的中位数是满足式（5-8）的 x 值，以 $E_e(x)$ 表示。

$$F(x) = \frac{1}{2} \tag{5-8}$$

对连续型随机变量，中位数满足式（5-9）。

$$\int_{-\infty}^{E_e(x)} f(x)\mathrm{d}x = \int_{E_e(x)}^{+\infty} f(x)\mathrm{d}x = \frac{1}{2} \tag{5-9}$$

当密度函数的图形呈单峰对称时，显然有 $E(X) = E_0(X) = E_e(x)$。

对正态分布 $N(a, \sigma^2)$，$E(X) = E_0(X) = E_e(x) = a$。

第二节　方　　差

数学期望特征说明了随机变量的分布中心。在实际问题中，除了知道分布中心外，还需要研究随机变量取值的分散程度。方差能够描述随机变量与其均值的偏离程度。

一、定义

设 X 是一个随机变量，若 $E[X - E(X)]^2$ 存在，则称它为 X 的方差，记为

$D(X)$ 或 DX，即

$$D(X) = E[X - E(X)]^2 \tag{5-10}$$

由方差的定义可知，方差不会出现负值，称 $\sigma = \sqrt{D(X)}$ 为随机变量 X 的均方差。

由数学期望的性质可得

$$\begin{aligned} D(X) &= E[X - E(X)]^2 = E\{X^2 - 2XE(X) + [E(X)]^2\} \\ &= E(X^2) - 2E(X)E(X) + [E(X)]^2 = E(X^2) - [E(X)]^2 \end{aligned} \tag{5-11}$$

【例 5-4】 设随机变量 X 服从正态分布 $N(a, \sigma^2)$，求 X 的方差。

解 由方差定义可知

$$D(X) = \int_{-\infty}^{+\infty} (x-a)^2 \frac{1}{\sqrt{2\pi}\sigma} e^{-\frac{(x-a)^2}{2\sigma^2}} dx$$

令 $t = \dfrac{x-a}{\sigma}$，得

$$D(X) = \frac{\sigma^2}{\sqrt{2\pi}} \int_{-\infty}^{+\infty} t^2 e^{-\frac{t^2}{2}} dt$$

由分部积分法，有

$$\int_{-\infty}^{+\infty} t^2 e^{-\frac{t^2}{2}} dt = \left(-t e^{-\frac{t^2}{2}} \right) \Big|_{-\infty}^{+\infty} + \int_{-\infty}^{+\infty} e^{-\frac{t^2}{2}} dt = \sqrt{2\pi}$$

由此可见，正态分布参数中的 σ^2 正好是方差。由 [例 5-4] 的结果可知，正态分布 $N(a, \sigma^2)$ 完全由它的数学期望 a 与方差 σ^2 所决定。

二、方差的性质

性质 1 设 c 是常数，则

$$D(c) = 0 \tag{5-12}$$

反之，若 $D(X) = 0$，则存在常数 c，使 $P(X = c) = 1$。

性质 2 设 X 是随机变量，c 是常数，则

$$D(cX) = c^2 D(X) \tag{5-13}$$

性质 3 设 X，Y 是两个随机变量，则

$$D(X \pm Y) = D(X) \pm D(Y) \pm 2\text{Cov}(X, Y) \tag{5-14}$$

其中 $$\text{Cov}(X, Y) = E\{[X - E(X)][Y - E(Y)]\}$$

若 X 与 Y 相互独立，则

$$D(X \pm Y) = D(X) \pm D(Y) \tag{5-15}$$

性质 4 $$D(X) \leqslant E[(X - a)^2] \quad (a \text{ 为任意实数}) \tag{5-16}$$

三、标准化随机变量

设随机变量 X 的数学期望 $E(X)$ 存在，且有限方差 $D(X) = \sigma^2 \neq 0$，则称随机变量 X 的函数

$$\Phi = \frac{X - E(X)}{\sigma} \tag{5-17}$$

为 X 的标准化随机变量，这种函数形式又称标准化变换。

四、无偏估计

设有一个总体，其容量为 N 且很大，那么，这个总体可以分成 k 个样本，每个样本的容量均为 n，计算各个样本的统计参数，将 k 个样本同一统计参数求均值（或数学期望值），如果计算结果与总体的这一统计参数相同，则称此统计参数为无偏估计量；反之，若计算结果与总体的这一统计参数不相同，则称此统计参数为有偏估计量。

现来看看样本的均值 $\bar{x}$ 是否为无偏估计量。总体均值记为 v_1，计算下式：

$$E(\bar{x}) = E\left(\frac{1}{n}\sum_{i=1}^{n}x_i\right) = \frac{1}{n}\sum_{i=1}^{n}E(x_i)$$

式中，$\sum\limits_{i=1}^{n}$ 简写为 $\sum$（下同）。由于 $x_i(i=1,2,\cdots,k)$ 是在同一分布内抽取的，即各 x_i 属于相同分布，故各 $E(x_i)$ 相同并等于 v_1，所以

$$E(\bar{x}) = \frac{1}{n}\sum_{i=1}^{n}E(x_i) = v_1 \tag{5-18}$$

可见样本均值 $\bar{x}$ 的数学期望等于总体均值 v_1，因此均值是无偏估计量。

第三节　水 文 统 计 参 数

一、均值（$\bar{x}$）

均值就是算术平均数，设有一个随机变量系列 $x_1, x_2, \cdots, x_n$，其系列项数为 n，均值 $\bar{x}$ 的计算公式为

$$\bar{x} = \frac{1}{n}(x_1 + x_2 + \cdots + x_n) = \frac{1}{n}\sum_{i=1}^{n}x_i \tag{5-19}$$

如果随机变量系列中的值 x_i 各含有不同的权重 $f_i(i=1,2,\cdots,n)$，则加权均值为

$$\bar{x} = \frac{1}{n}\sum f_i x_i \tag{5-20}$$

上面是离散型随机变量的均值计算公式，下面介绍连续型随机变量均值的计算方法。连续型随机变量 X 有概率密度函数 $f(x)$，如图 5-1 所示。可以看出某个 x 值的权重应为 $f(x)\mathrm{d}x$，即图中的阴影部分。因此，均值为

$$\bar{x} = \frac{\displaystyle\int_{-\infty}^{\infty}xf(x)\,\mathrm{d}x}{\displaystyle\int_{-\infty}^{\infty}f(x)\,\mathrm{d}x} = \int_{-\infty}^{\infty}xf(x)\,\mathrm{d}x \tag{5-21}$$

式（5-21）分母为 1。

在具体事例中，均值代表系列的水平，也就是代表系列的平均情况。例如，湖北省的平均年降雨量：武汉为 1269mm、荆州为 1120mm、咸宁为 1700mm、襄阳为 950mm，由此可知，东南部的雨量要比西北部丰沛，也就是年雨量分布

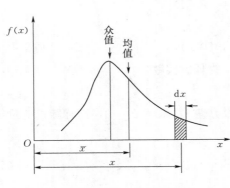

图 5-1　均值、众值位置图

趋势为由西北向东南递增。气象预报上常常把未来的月、旬雨量与平均雨量作比较，以说明预报值较以往是偏多还是偏少。由此可见均值的意义和用处。

目前，把水文系列的均值绘于地理图上的方法被广泛应用。例如，多年平均的年降雨量等值线图及多年平均的年蒸发量等值线图等。这些等值线都有一定的规律。例如，对于多年平均年降雨量来说，离水汽源近的地方年降雨量就多，反之则少；地形对降雨量的影响大，迎风山坡迫使水汽的抬升运动，此处的年降雨量均值比背风山坡处要大等。我国的年降水量均值的分布，一般为沿海比内陆大，山区比平原大以及南方比北方大。径流是降水的产物，故径流与降水有相似的特性。

均值计算简单，并可绘制成等值线图，在缺少观测资料的地区，可用以插补数据。因此均值成为用途最广的统计参数。

1. 中值

对于离散型随机变数，把系列的各个值按从大到小的顺序排列，找出在中间位置上的值，即为中值。当系列的项数 n 为奇数时，中值就是最中间的一项，例如，一系列为 13，9，6，3，1，中值是第三项的 6。当 n 为偶数时，规定中值是最中间两项的均值，例如，一系列为 30，26，22，20，17，13，中值就是第三和第四项的均值，即 $\frac{22+20}{2}=21$。中值用符号 $\breve{x}$ 来表示。

对于连续型随机变数，中值定义为：使等式 $P(x<\breve{x})=P(x>\breve{x})$ 成立（图 5-2），即随机变量小于或大于中值的概率相等。其表达式为

$$\int_{-\infty}^{\breve{x}} f(x)\,\mathrm{d}x = \int_{\breve{x}}^{\infty} f(x)\,\mathrm{d}x = \frac{1}{2} \qquad (5-22)$$

中值的确定比较简单，但对离散型随机变数来说，它仅与项数有关，与系列中除中值以外的各项数值无关。而水文计算中很希望通过随机变量的全部取值来了解系列的情况，中值难以满足这种要求。

2. 众值

众值 $\hat{x}$ 是系列中出现次数最多的那个值。在概率密度曲线上顶峰点对应的横坐标就是众值，如图 5-2 所示。此时，可由 $\frac{\mathrm{d}}{\mathrm{d}x}f(x)=0$ 求解出 $\hat{x}$。

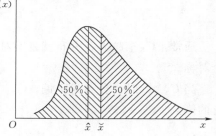

图 5-2　中值与众值的位置图

众值是最常见的数值，例如众值水位就是最常见的水位。日常所说"一般是多少""最普通的是多少"，就是针对众值而言。

二、离差系数（C_V）

方差（或均方差）虽然很好地刻画了随机变量取值对其数学期望的偏离程度，但在比较两个随机变量的离散程度时，由于变量本身量级不同，只比较方差（或均方差）的大小就不合适了，试看下面的例子。

有两个随机变量 X_1，X_2，它们的概率分布见表 5-2 和表 5-3。

表 5-2	X_1 的概率分布		
X_1	8	10	12
p_i	1/3	1/3	1/3

表 5-3	X_2 的概率分布		
X_2	1	3	5
p_i	1/3	1/3	1/3

容易求得 $E(X_1)=10$，$E(X_2)=3$，$D(X_1)=D(X_2)\approx2.7$。尽管 X_1 和 X_2 的方差相同，但从直观上可以看出，X_1 的变化要比 X_2 小，因为 X_1 的均值大，而 X_2 的均值小。虽然两变量的最大值与最小值同样相差 4，但对 X_2 来说变化就显得大些。由此可见，当要比较不同随机变量的离散程度时，仅用方差或均方差是不够的，应该消除均值大小的影响，由此引入离差系数：

$$C_V = \frac{\sigma}{E(X)} \tag{5-23}$$

在水文上，C_V 又称为离势系数，常用它来描述各种水文气象变量的离散程度。上述 X_1 的 $C_{V1}\approx0.164$，X_2 的 $C_{V2}\approx0.55$，$C_{V1}<C_{V2}$ 与直观判断结果一致。由式（5-17）和式（5-23）可得到一个在水文统计中很有用的公式：

$$X = E(X)(C_V\Phi + 1) = \bar{x}\,\overline{(C_V\Phi + 1)} \tag{5-24}$$

三、偏态系数（C_S）

随机变量的概率分布有的是对称的，有的是不对称的，水文上常用偏态系数 C_S 反映随机变量概率分布的对称程度。

$$C_S = \frac{E[X - E(X)]^3}{\sigma^3} \tag{5-25}$$

通常 $|C_S|$ 越大，分布就越不对称；$|C_S|$ 越小，分布越接近对称；$C_S=0$，分布完全对称。

当 $C_S>0$ 时，分布为正偏；$C_S<0$ 时，分布为负偏。图 5-3 反映了 C_S 对分布密度图形的影响。

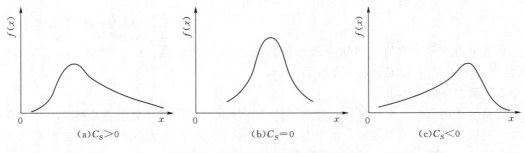

图 5-3　C_S 对分布密度图形的影响

四、矩

定义 1 随机变量 X 对原点离差 k 次幂的数学期望 $E(X^k)$，称为 X 的 k 阶原点矩，记为

$$v_k = E(X^k), \quad k = 1, 2, \cdots \tag{5-26}$$

显然，数学期望是一阶原点矩。

定义 2 随机变量 X 对数学期望离差 k 次幂的数学期望 $E[X-E(X)]^k$，称为 X 的 k 阶中心矩，记为

$$\mu_k = E[X - E(X)]^k, \quad k = 1, 2, \cdots \tag{5-27}$$

显然，方差是二阶中心矩。

定义 3 随机变量 X 对实数 d 离差 k 次幂的数学期望 $E[(X-d)^k]$，称为 X 的 k 阶定点矩，记为

$$\theta_k = E[(X-d)^k], \quad k = 1, 2, \cdots \tag{5-28}$$

显然，$d=0$ 时，$\theta_k = v_k$；$d=E(X)$ 时，$\theta_k = \mu_k$。

习 题

5-1 已知 X 的密度函数为

$$f(x) = \begin{cases} \mathrm{e}^{-x}, & x > 0 \\ 0, & x \leqslant 0 \end{cases}$$

求 $Y_1 = 2X$ 及 $Y_2 = \mathrm{e}^{-2X}$ 的数学期望。

5-2 设随机变量 X_1 与 X_2 相互独立，密度函数分别是

$$f_1(x) = \begin{cases} 2x, & 0 \leqslant x \leqslant 1 \\ 0, & \text{其他} \end{cases}$$

$$f_2(x) = \begin{cases} \mathrm{e}^{5-x}, & x > 5 \\ 0, & x \leqslant 5 \end{cases}$$

求 $E(X_1 + X_2)$ 和 $E(2X_1 - 3X_2^2)$。

5-3 设随机变量 (X, Y) 的密度为

$$f(x, y) = \begin{cases} k, & 0 < x < 1, \ 0 < y < x \\ 0, & \text{其他} \end{cases}$$

试确定常数 k，并求 $E(XY)$。

5-4 随机变量 X 的分布密度如下，求 $E(X)$ 和 $D(X)$。

(1) $f(x) = \begin{cases} \dfrac{1}{2l}, & |x-a| < l \\ 0, & \text{其他} \end{cases}$

(2) $f(x) = \begin{cases} \lambda \mathrm{e}^{-\lambda x}, & x > 0 \\ 0, & \text{其他} \end{cases}$

5-5 随机变量 X 的概率密度为

$$f(x) = \begin{cases} e^{-x}, & x > 0 \\ 0, & x \leqslant 0 \end{cases}$$

求 X 的一阶原点矩及二、三阶中心矩。

5-6 证明 $\mathrm{Cov}(X+Y, X+Y) = \sigma_X^2 + 2\rho\sigma_x\sigma_Y + \sigma_Y^2$。

第五章习题答案

第六章 水文频率分析计算

第一节 概　述

水利、土木、建筑等工程的规划设计和运行管理都需要知道某种水文要素（如洪峰流量、枯水径流等）在工程使用期限内或在今后若干年中可能出现的频率。水文频率分析是提供这种具有概率含义的水文设计数据的计算方法。

一、频率与重现期

频率这个名词具有抽象的数学意义，实际工程中，往往用通俗的"重现期"来替代"频率"。

重现期指在许多次试验中某一事件重复出现的时间间隔的平均数，单位是年。频率与重现期的关系一般有以下两种表示法：

（1）当研究暴雨或洪水流量时（$P < 50\%$），重现期 T 是频率 P 的倒数，即

$$T = \frac{1}{P(X \geqslant x_p)} = \frac{1}{P} \tag{6-1}$$

（2）当研究枯水期流量或水位时（$P > 50\%$），其关系为

$$T = \frac{1}{P(X < x_p)} = \frac{1}{1-P} \tag{6-2}$$

需要特别指出，"重现期"并不是说正好多少年出现一次，它带有统计平均的意义，更确切地说是表示某种水文变量大于或等于某一指定值，每出现一次平均所需的时间间隔数。例如：长江汉口断面"百年一遇"的洪峰流量并不是指大于等于这个流量正好一百年出现一次，事实上也许一百年中这样的值出现好几次，也许一次也不会出现。

二、设计标准

我国水利工程设计时采用的设计标准大都是用频率（或重现期）来表示的，故也称为设计频率（或设计重现期）。设计标准的选取，按工程设施的重要性、建筑物的等级和对工程的要求等条件来确定。设计标准是由国家统一制定的，设计时应根据工程的类型及重要性等选取。例如，我国《水利水电工程等级划分及洪水标准》（SL 252—2017）中永久性水工建筑物的级别及洪水标准分别见表 6-1 和表 6-2。

表 6-1　　　　　　　　　　　　永久性水工建筑物级别

工程等别	主要建筑物	次要建筑物	工程等别	主要建筑物	次要建筑物
Ⅰ	1	3	Ⅳ	4	5
Ⅱ	2	3	Ⅴ	5	5
Ⅲ	3	4			

表 6-2 山区、丘陵区水利水电工程永久性水工建筑物洪水标准［重现期/年］

项 目		水工建筑物级别				
		1	2	3	4	5
设 计		1000~500	500~100	100~50	50~30	30~20
校核	土石坝	可能最大洪水（PMF）或 10000~5000	5000~2000	2000~1000	1000~300	300~200
	混凝土坝、浆砌石坝	5000~2000	2000~1000	1000~500	500~200	200~100

三、水文频率分析计算的基本问题

为了按照水利工程设计标准推求设计值 x_p，通常必须解决线型选择和参数估计这两个基本问题。

1. 线型选择

要得到合理的频率计算成果，除了充分收集和利用现有水文资料外，还要有符合水文现象的概率分布线型。在实际水文工作中，目前大多根据实测经验点据和频率曲线拟合情况选择线型。

陈志恺等在 20 世纪 50—60 年代曾利用我国南北方若干河流的洪水及暴雨资料，分别检验了 P-Ⅲ型分布和 K-M 分布等的适用性，得出的结论是：P-Ⅲ型和 K-M 型曲线适应性都很强，只要参数 C_V 及 C_S 选用适当，都能与洪水资料相适应，差别不大。为了统一设计标准，建议选用 P-Ⅲ型分布。经过多年实践证明，这是合理的。因此，1980 年以来我国制订的不同版本的水利水电工程水文计算或设计洪水计算规范中都规定采用 P-Ⅲ型分布。不过，规范中也指出，当经验点据与频率曲线拟合不好时，经过论证可采用其他线型。

由于洪水成因不同，不同国家选用水文频率计算分布线型不完全相同，下面给出目前一些国家使用的分布线型，见表 6-3。

表 6-3 不同国家使用的分布线型

分 布 线 型	国 家
皮尔逊Ⅲ型分布（P-Ⅲ）	中国、奥地利、保加利亚、匈牙利、波兰、罗马尼亚、瑞士、泰国
对数皮尔逊Ⅲ型分布（P-Ⅲ）	美国、澳大利亚、加拿大、新西兰、墨西哥以及南美洲一些国家
广义极值分布（GEV）	英国、法国、爱尔兰等和非洲一些国家
极值Ⅱ，极值Ⅲ型分布（EV2，EV3）	英国、法国和非洲一些国家
两、三对数正态分布（LN2，LN3）	日本、韩国
极值Ⅰ型分布（EV1）	比利时、德国、瑞典、土耳其
克里茨基-门克尔分布（K-M）	苏联和东欧各国

2. 参数估计

每一种概率分布中都包含若干个参数，例如：正态分布中包含两个参数、P-Ⅲ型分布包含三个参数。选定了线型之后，还必须确定其中的参数，才能进行频率计算。

在水文计算中，频率曲线参数常用的估计方法有矩法、极大似然法和适线法等。由于矩法中三阶矩的估计误差较大，一般不单独使用。极大似然法在应用中的问题较多，除理论分析和同其他方法作比较外，实际采用很少。目前，适线法应用最广，适线法又可分为目估适线法和计算机优化适线法。

必须指出，由于收集的数据和资料有误差，计算方法存在不确定性，一般直接估计而得的参数也含有误差，故需经过合理性分析才能确定。合理性分析主要考虑资料的质量，并在点（本站资料长短系列）、线（河流上下游相同时段的径流）和面（相邻地区或相似地区）上进行合理性分析。因此，用任何方法得到的结果，都需要经过合理分析后才能取用，并且有新增资料时，需重新分析计算以更新成果。

第二节　P-Ⅲ型分布及其频率计算

1．P-Ⅲ型分布

P-Ⅲ型分布的概率密度函数如下：

$$f(x) = \frac{\beta^{\alpha}}{\Gamma(\alpha)}(x - a_0)^{\alpha-1} e^{-\beta(x-a_0)}, \ \alpha > 0, \ x > a_0 \tag{6-3}$$

它的数字特征参数表达如下：

$$\bar{X} = \frac{\alpha}{\beta} + a_0, \ DX = \sigma^2 = \frac{\alpha}{\beta^2} \tag{6-4}$$

$$C_v = \frac{\sqrt{\alpha}}{\alpha + \beta a_0}, \ C_s = \frac{2}{\sqrt{\alpha}} \tag{6-5}$$

由以上各数字特征参数公式可解得

$$\alpha = \frac{4}{C_s^2} \tag{6-6}$$

$$\beta = \frac{\sqrt{\alpha}}{\sigma} = \frac{2}{\bar{X} C_v C_s} \tag{6-7}$$

$$a_0 = \bar{X}\left(1 - \frac{2C_v}{C_s}\right) \tag{6-8}$$

由于水文变量应有有限的下限，所以，水文中一般仅用 $C_s > 0$ 的 P-Ⅲ型分布。

另外，结合水文变量的物理性质，从理论上讲，在水文中应用 P-Ⅲ型分布时，其参数还应满足以下两个关系：

（1）由于水文变量如年降水量、年径流量和年最大洪峰流量等都不能取负值，因此式（6-8）中的 a_0 应满足：

$$a_0 = \bar{X}\left(1 - \frac{2C_v}{C_s}\right) \geqslant 0 \tag{6-9}$$

从而应有

$$C_S \geqslant 2C_V \tag{6-10}$$

当 $C_S = 2C_V$ 时，$a_0 = 0$，P-Ⅲ型密度函数式（6-3）变成 Gamma 分布。

（2）实测资料中的最小值 $x_{\min}$ 应不小于总体的最小值 a_0，即

$$x_{\min} \geqslant a_0 = \bar{X}\left(1 - \frac{2C_V}{C_S}\right) \tag{6-11}$$

从而应有

$$C_S \leqslant \frac{2C_V}{1 - K_{\min}} \tag{6-12}$$

其中

$$K_{\min} = x_{\min}/\bar{X}$$

式中：$K_{\min}$ 为实测最小值的模比系数。

综合式（6-10）和式（6-12），从理论上讲，水文学中应用 P-Ⅲ型分布时，参数 C_S、C_V 应满足

$$2C_V \leqslant C_S \leqslant \frac{2C_V}{1 - K_{\min}} \tag{6-13}$$

2．P-Ⅲ型分布的频率计算

水文频率计算中，需要求出指定频率 P 所对应的随机变量取值 x_p，这就要分析密度曲线，通过对密度函数进行积分，求出大于等于 x_p 的累积频率 P 值，则

$$P = P(X \geqslant x_p) = \frac{\beta^\alpha}{\Gamma(\alpha)} \int_{x_p}^{+\infty} (x - a_0)^{\alpha-1} e^{-\beta(x-a_0)} \, dx \tag{6-14}$$

直接由式（6-14）计算 P 值比较复杂，为了简化，可以对 X 作标准化变换，即取 $\Phi = (X - \bar{X})/\sigma$，此时的变量 Φ 也是随机变量，称为离均系数。显然，Φ 的均值为 0，方差为 1，$C_{S\Phi} = C_S$，Φ 的最小值为

$$\Phi_0 = \frac{a_0 - \bar{X}}{\sigma} = -\frac{\dfrac{2\sigma}{C_S}}{\sigma} = -\frac{2}{C_S} \tag{6-15}$$

当 $C_S \to 0$，$\Phi = -\infty$，此时 Φ 为标准化正态分布。

下面来推求 Φ 的密度函数。由于 $x = \Phi\sigma + \bar{X}$，且 x 与 Φ 是严格单调函数，故

$$f_\Phi(\Phi) = f_X(x)\left|\frac{dx}{d\Phi}\right| = \frac{\beta^\alpha}{\Gamma(\alpha)}(\Phi\sigma + \bar{X} - a_0)^{\alpha-1} e^{-\beta(\Phi\sigma + \bar{X} - a_0)} \sigma \tag{6-16}$$

因为

$$\sigma = \frac{\sqrt{\alpha}}{\beta} \quad \bar{X} = \frac{\alpha}{\beta} + a_0 \tag{6-17}$$

$$f_\Phi(\Phi) = \frac{\beta^\alpha}{\Gamma(\alpha)}\left(\Phi\frac{\sqrt{\alpha}}{\beta} + \frac{\alpha}{\beta}\right)^{\alpha-1} e^{-\beta\left(\Phi\frac{\sqrt{\alpha}}{\beta} + \frac{\alpha}{\beta}\right)} \frac{\sqrt{\alpha}}{\beta}$$

$$= \frac{\alpha^{\frac{\alpha}{2}}}{\Gamma(\alpha)}(\Phi + \sqrt{\alpha})^{\alpha-1} e^{-\sqrt{\alpha}(\Phi + \sqrt{\alpha})} \tag{6-18}$$

从以上离均系数分布曲线可知，该分布曲线仅与 C_S（或 α）有关，那么只要给定 Φ_p

就可通过积分求得 P，即

$$P = P(\Phi \geqslant \Phi_p) = \frac{\alpha^{\frac{\alpha}{2}}}{\Gamma(\alpha)} \int_{\Phi_p}^{+\infty} (\Phi + \sqrt{\alpha})^{\alpha-1} e^{-\sqrt{\alpha}(\Phi+\sqrt{\alpha})} d\Phi \qquad (6-19)$$

故可以利用式（6-19）根据拟定的 C_S 值进行积分，并将成果编制 $C_S \sim P \sim \Phi_p$ 关系数值表，表中 C_S 取值范围为 $0 \sim 5.0$，取 86 个数值，P 取值范围为 $0.01\% \sim 99.9\%$，共 26 个数值。

令 $\Phi = \dfrac{x - \bar{x}}{\bar{x} C_V}$，则有

$$x_p = \bar{X}(C_V \Phi_p + 1) \qquad (6-20)$$

这样只要给定 P、C_S 则可查出 Φ_p，由式（6-20），可以求出 x_p。因此，在 $\bar{X}$、C_V、C_S 给定后，通过查 P-Ⅲ型分布离均系数 Φ 值表（附表2），就可以计算不同 P 所对应的 x_p。接下来讨论如何推求参数 $\bar{X}$、C_V、C_S。

第三节 矩 法

矩是根据概率密度曲线的统计特性计算而得到的，因此能充分代表曲线的形态，且每一阶矩都有其各自的特色，对系列的征状的反映比较敏感，计算简单、使用方便，因而在数理统计中占有重要的地位。但矩法要求系列长（样本容量大），否则易受特大及次大值所含误差的影响。

矩法是先求得所需的各阶矩，一般只算到三阶或四阶矩。然后计算与这些矩有关的统计参数：均值 $\bar{x}$、均方差 σ 或离差系数 C_V、偏态系数 C_S 和峰度系数 C_e，其常用的公式为

$$\bar{x} = \frac{1}{n} \sum x_i \qquad (6-21)$$

$$\sigma = \sqrt{\frac{\sum (x_i - \bar{x})^2}{n-1}} \qquad (6-22)$$

$$C_V = \frac{1}{\bar{x}} \sqrt{\frac{\sum (x_i - \bar{x})^2}{n-1}} \qquad (6-23)$$

$$C_S = \frac{\sum (x_i - \bar{x})^3}{(n-3) s^3} \qquad (6-24)$$

$$C_e = \frac{\sum (x_i - \bar{x})^4}{(n-4) s^4} - 3 \qquad (6-25)$$

式中，$\sum$ 表示 i 自 1 到 n 的总和，有时为了计算方便，也可用模比系数 K_i 来计算，即

$$C_V = \sqrt{\frac{\sum (K_i - 1)^2}{n-1}} \qquad (6-26)$$

$$C_S = \frac{\sum (K_i - 1)^3}{(n-3) C_V^3} \qquad (6-27)$$

$$C_e = \frac{\sum (K_i - 1)^4}{(n-4) C_V^4} - 3 \qquad (6-28)$$

当水文系列的数据较少时，使用矩法有一定的困难。一般认为均值与离差系数的误差较小，常能在水文计算的精度范围内；而偏态系数因含有三阶矩，其误差较大，根据短期资料不可能算出较为可靠的数值；对于峰度系数，由于包含四阶矩，其误差更大。因此，在实际工作中，除了对两参数的线型外，往往不单独使用矩法。

第四节　极大似然法

极大似然法的基本思想是使所研究样本出现的可能性为最大。极大似然（maximum likelihood）即最大可能的含意。

设有一随机变量系列 X，共有 n 项，且相互独立。现令该随机变量服从某一类型的概率分布，其联合密度函数（似然函数）为

$$L = f(x_1, x_2, \cdots, x_n; \theta_1, \theta_2, \cdots, \theta_k) \qquad (6-29)$$

此函数表示了各 $x_i (i=1, 2, \cdots, n)$ 共同出现的概率（密度）值，其中的 $\theta_j (j=1, 2, \cdots, k)$ 表示包含在函数中的 k 个未知参数。

根据概率相乘定理，使上述事件共同出现的概率（密度）为最大，即

$$L = f(\boldsymbol{x}, \boldsymbol{\theta}) = f(x_1, \boldsymbol{\theta}) f(x_2, \boldsymbol{\theta}) \cdots f(x_n, \boldsymbol{\theta}) = 最大 \qquad (6-30)$$

式中，$\boldsymbol{x}$ 为向量 $(x_1, x_2, \cdots, x_n)$；$\boldsymbol{\theta}$ 为向量 $(\theta_1, \theta_2, \cdots, \theta_k)$。

为计算方便，把似然函数取对数，即

$$\ln L = \sum_{i=1}^{n} \ln f(x_i, \boldsymbol{\theta}) \qquad (6-31)$$

欲使 L 为最大，可适当选择待估参数 $\boldsymbol{\theta}$，即取上式对每个参数的一阶偏导数为 0：

$$\frac{\partial \ln L}{\partial \theta_1} = 0, \quad \frac{\partial \ln L}{\partial \theta_2} = 0, \quad \cdots, \quad \frac{\partial \ln L}{\partial \theta_k} = 0 \qquad (6-32)$$

有了这 k 个方程，便可联立求解 k 个未知参数。

【例 6-1】 求下列正态分布中参数（m 和 s）的极大似然估值。

$$f(x; m, s) = \frac{1}{s\sqrt{2\pi}} e^{-\frac{(x-m)^2}{2s^2}}$$

解　对数似然函数为

$$\ln L = -n \ln s - \frac{n}{2} \ln(2\pi) - \frac{1}{2s^2} \sum_{i=1}^{n} (x_i - m)^2$$

上式分别对 m 及 s 求一阶偏导数，并使之为 0，得

$$\frac{\ln L}{\partial m} = \frac{1}{s^2} \sum_{i=1}^{n} (x_i - m) = 0$$

$$\frac{\partial \ln L}{\partial s} = -\frac{n}{s} + \frac{1}{s^3} \sum_{i=1}^{n} (x_i - m)^2 = 0$$

可联立求解，得

$$m = \frac{1}{n} \sum_{i=1}^{n} x_i$$

$$s = \sqrt{\frac{1}{n} \sum_{i=1}^{n} (x_i - m)^2}$$

由此可知，这两个参数的极大似然估值与矩法计算的结果一样，m 即均值 $\bar{x}$，s 是均方差但是有偏的。

第五节 适 线 法

一、目估适线法

根据理论频率曲线与样本经验点据分布配合最佳来优选参数的方法称为适线法，其步骤如下：

（1）计算并点绘经验频率点。把实测数据按由大到小的顺序排列，根据我国规范中的规定采用期望公式（$P = \dfrac{m}{n+1}$，m 为序号，n 为样本容量）计算各项经验频率，并与相应的变量值一起点绘于频率格纸上。

频率格纸是水文计算中绘制频率曲线的一种专用格纸。它的纵坐标为均匀分格，表示随机变量；横坐标表示概率，为不均匀分格。中间部分分格较密，向左右两端分格渐稀，有利于配线工作的进行（图 6-1）。

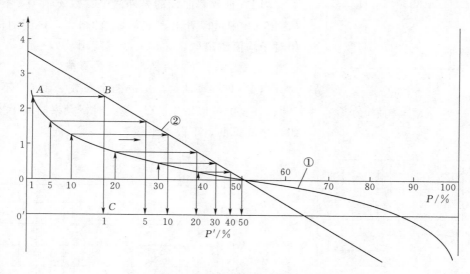

图 6-1　频率格纸横坐标的分划

（2）计算样本系列的统计参数。按式（6-21）和式（6-23）计算 $\bar{x}$ 和 C_V，由于 C_S 的计算误差太大，故不直接采用公式计算，而是根据以往水文计算的经验，年径流 $C_S = (2 \sim 3)C_V$；暴雨和洪水 $C_S = (2.5 \sim 4)C_V$，初选一个 C_S 作为第一次配线时的 C_S 值。

（3）选定线型。我国一般选用 P-Ⅲ 型曲线。

（4）计算理论频率曲线。根据初定的参数 $\bar{x}$，$C_V C_S$，在 P-Ⅲ 型曲线的 Φ 值表中查出各对应频率的 Φ_p 值。按式（6-20）列表计算各频率 p 对应的设计值 x_p。

$$x_p = \bar{x}(C_V \Phi_p + 1) = K_p \bar{x}$$

$$\tag{6-33}$$

（5）目估适线。将理论频率曲线画在绘有经验频率点据的同一频率格纸上，目估与经验点据配合的情况，适当修正统计参数，直至配合最佳为止，从而获得可采用的理论频率曲线。因为矩法估计的均值一般误差较小，C_S 误差较大，在修改参数时应首先考虑改变 C_S，其次考虑改变 C_V，必要时也可适当调整 $\bar{x}$。

（6）推求指定频率的水文变量设计值。按设计频率 P 利用式（6-20）计算或在理论频率曲线上查取设计值。

二、统计参数对频率曲线的影响分析

由式（6-20）可知，P-Ⅲ型理论频率曲线的位置与形状和 $\bar{x}$、C_V、C_S 三个参数有关。为了避免配线时修改参数的盲目性，需要了解统计参数对频率曲线的影响。

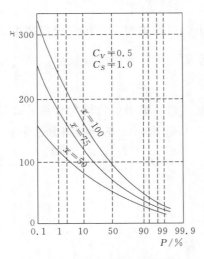

图 6-2　$\bar{x}$ 对频率曲线的影响

1. 均值 $\bar{x}$ 对频率曲线的影响

当 P-Ⅲ频率曲线的另外两个参数 C_V 和 C_S 不变时，由于均值 $\bar{x}$ 的不同，可以使频率曲线发生变化，例如：当 $C_V=0.5$、$C_S=1.0$，而 $\bar{x}$ 分别为 50、75、100 时，从图 6-2 中可以看出，随着 $\bar{x}$ 增大，频率曲线向上移动。

2. 离差系数 C_V 对频率曲线的影响

当 P-Ⅲ频率曲线的另外两个参数 $\bar{x}$ 和 C_S 不变时，从图 6-3 中可以看出，随着 C_V 的增大，说明随机变量相对于均值越离散，频率曲线越陡峭。

3. 偏态系数 C_S 对频率曲线的影响

当 P-Ⅲ频率曲线的另外两个参数 $\bar{x}$ 和 C_V 不变时，从图 6-4 中可以看出，C_S 越大时，频率曲线上段越陡峭，中间下凹，下段越平缓。

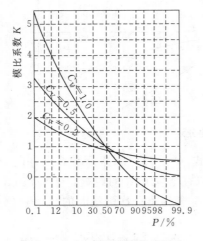

图 6-3　C_V 对频率曲线的影响

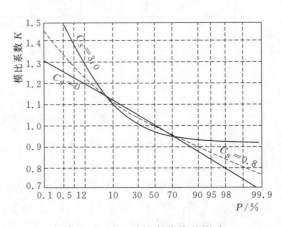

图 6-4　C_S 对频率曲线的影响

【例 6-2】 已知某河流断面 30 年实测年最大洪峰流量资料见表 6-4 中的第（1）栏和

第（2）栏。试用目估适线法，推求百年一遇的洪峰流量。

表 6-4　　　　　　　　某站年最大洪峰流量理论频率曲线计算表

年份	洪峰流量 Q_i /(m³/s)	序号	由大到小排列 Q_i /(m³/s)	模比系数 K_i	K_i-1	$(K_i-1)^2$	$p=\dfrac{m}{n+1}\times100\%$
（1）	（2）	（3）	（4）	（5）	（6）	（7）	（8）
1989	20403	1	28928	2.715	1.715	2.9402	3.2
1990	12358	2	25447	2.388	1.388	1.9266	6.5
1991	8343	3	24340	2.284	1.284	1.6490	9.7
1992	10403	4	24216	2.273	1.273	1.6193	12.9
1993	10400	5	20403	1.915	0.915	0.8367	16.1
1994	6128	6	17275	1.621	0.621	0.3859	19.4
1995	7679	7	15188	1.425	0.425	0.1809	22.6
1996	6492	8	13918	1.306	0.306	0.0937	25.8
1997	3294	9	12793	1.201	0.201	0.0402	29.0
1998	17275	10	12358	1.160	0.160	0.0255	32.3
1999	2093	11	12292	1.154	0.154	0.0236	35.5
2000	13918	12	10403	0.976	-0.024	0.0006	38.7
2001	2602	13	10400	0.976	-0.024	0.0006	41.9
2002	4408	14	8672	0.814	-0.186	0.0347	45.2
2003	24340	15	8343	0.783	-0.217	0.0471	48.4
2004	7613	16	7679	0.721	-0.279	0.0781	51.6
2005	28928	17	7613	0.714	-0.286	0.0816	54.8
2006	3764	18	7504	0.704	-0.296	0.0875	58.1
2007	12793	19	6492	0.609	-0.391	0.1527	61.3
2008	3466	20	6128	0.575	-0.425	0.1806	64.5
2009	5716	21	6009	0.564	-0.436	0.1902	67.7
2010	25447	22	5716	0.536	-0.464	0.2149	71.0
2011	24216	23	5461	0.513	-0.487	0.2376	74.2
2012	8672	24	4408	0.414	-0.586	0.3438	77.4
2013	7504	25	3764	0.353	-0.647	0.4183	80.6
2014	12292	26	3466	0.325	-0.675	0.4553	83.9
2015	6009	27	3294	0.309	-0.691	0.4773	87.1
2016	2476	28	2602	0.244	-0.756	0.5713	90.3
2017	15188	29	2476	0.232	-0.768	0.5893	93.5
2018	5461	30	2093	0.196	-0.804	0.6457	96.8
总计	319682		319682	30.000	0.000	14.5285	

1. 点绘经验频率曲线

将原始资料按由大至小的次序排列，列入表 6-4 第（4）栏，由数学期望公式计算经验频率，列于第（8）栏，由第（4）栏和第（8）栏的对应数据点绘经验频率点据于频率格纸上，如图 6-5 中的实点。

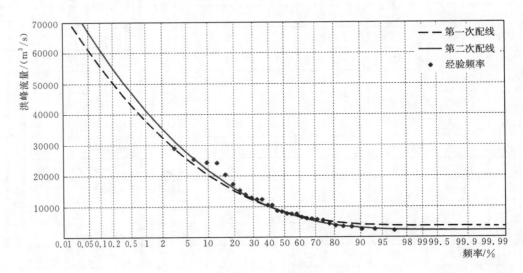

图 6-5　某站年最大洪峰流量频率曲线

2. 计算统计参数

$$\bar{Q} = \frac{1}{n}\sum Q_i = \frac{1}{30} \times 319682 = 10656 \ (\text{m}^3/\text{s})$$

$$C_V = \sqrt{\frac{\sum(K_i-1)^2}{n-1}} = \sqrt{\frac{14.5285}{30-1}} = 0.71$$

其中，$K_i = Q_i/\bar{Q}$ 为各项的模比系数，列于表中第（5）栏，$\sum K_i = n$，$\sum(K_i-1) \approx$ 0，说明计算无误。$\sum(K_i-1)^2 \approx 14.5285$ 为第（7）栏的总和。

3. 绘制理论频率曲线

（1）由 $\bar{Q} = 10656\text{m}^3/\text{s}$，$C_V = 0.70$，并假定 $C_S = 3C_V$，查附表 2 得出相应于不同频率 p 的 Φ_p 值，列于表 6-5 的第（2）栏，按 $K_p = C_V\Phi_p + 1$ 计算 K_p 值，列入第（3）栏，计算 $Q_p = K_p\bar{Q}$，列入第（4）栏。将表 6-5 中的第（1）栏和第（4）栏的对应值点绘曲线（如图 6-5 中的虚线），发现理论频率曲线上段偏低，下段偏高。

（2）修正参数，重新配线。根据统计参数对频率曲线的影响，需增大 C_V。因此，选取 $\bar{Q} = 10656\text{m}^3/\text{s}$，$C_V = 0.80$，$C_S = 2.5C_V$，再次配线（如图 6-5 中的实线），该线与经验频率点据配合良好，即可作为目估适线法最后采用的理论频率曲线。

4. 推求设计洪峰流量

依据配线选定的参数按 $Q_p = \bar{x}(C_V\Phi_p + 1) = K_p\bar{Q}$ 计算百年一遇（$P = 1\%$）设计洪峰流量，得 $Q_{p=1\%} = 41431\text{m}^3/\text{s}$。

表 6-5　　　　　　　　　　　　　　理论频率曲线计算表

频率 P /%	第一次适线 $\bar{Q}=10656\text{m}^3/\text{s}$，$C_V=0.70$，$C_S=3C_V$			第二次适线 $\bar{Q}=10656\text{m}^3/\text{s}$，$C_V=0.80$，$C_S=2.5C_V$		
	Φ_p	K_p	Q_p	Φ_p	K_p	Q_p
(1)	(2)	(3)	(4)	(5)	(6)	(7)
1	3.66	3.56	37957	3.61	3.89	41431
5	2.00	2.40	25574	2.00	2.60	27706
10	1.29	1.90	20278	1.30	2.04	21738
20	0.59	1.41	15057	0.61	1.49	15856
50	−0.32	0.78	8269	−0.31	0.75	8013
75	−0.71	0.50	5360	−0.71	0.43	4603
90	−0.869	0.39	4174	0.90	1.72	18286
95	−0.914	0.36	3838	−0.95	0.24	2566
99	−0.945	0.34	3607	−0.99	0.21	2225

　　如果在上面实测系列中加入百年一遇的特大洪水（即 1935 年发生的洪峰流量 $Q=55800\text{m}^3/\text{s}$）后，年最大洪峰流量频率曲线如图 6-6 所示，图中"×"为加入的特大洪水值，通过适线后得百年一遇设计洪峰流量 $Q_{p=1\%}=48768\text{m}^3/\text{s}$。由此可见，计算系列中加入特大值对设计值的计算结果起着重要的作用。

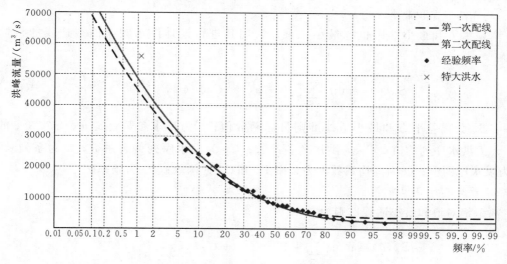

图 6-6　加入特大值后的频率曲线

第六节　计算机优化适线法

　　目估适线法没有一个明确定量的拟合优度标准，因人而异带有一定的不确定性和经验性。计算机优化适线法克服了目估适线法的不足，一经提出便引起了众多学者的关注。优化适线法是在一定的适线准则（即目标函数）下，计算与经验点据拟合最优的频率曲线参数估计方法，该方法具有确定的适线准则，可避免目估适线法的不确定性，能较好地满足水文频率分析的要求。随着计算机的普及应用，带有一定准则的计算机优化适线法被广泛使用。

与此同时，智能优化算法也大幅提高了水文频率参数优化计算的效率，例如遗传算法、粒子群算法、蚁群算法等。遗传算法是模拟生物界而构造出的一种智能算法，是以概率选择为主要手段，遵循适者生存的自然法则，可直接在优化准则的目标函数引导下进行全局自适应寻优，适用范围广、通用性强。粒子群算法是一种新兴的全局随机优化算法，它首先初始化一群随机粒子，然后通过迭代找到最优解。粒子群算法以其独特的搜索机理、优越的收敛性能以及简单的计算机实现，在工程优化领域得到了广泛的应用。蚁群算法的基本思想是模拟蚂蚁群体寻找最优路径的过程，具有较强的鲁棒性、优良的分布式计算机制、易与其他方法结合等优点，在解决许多复杂优化问题方面已经展现出优异的性能和巨大的发展潜力。由于本书篇幅有限，故在此不具体展开以上智能优化算法的具体实现步骤，对此感兴趣的读者，可以查阅相关书籍和文献。

计算机优化适线时采用的主要准则有三种：离差平方和最小准则、离差绝对值和最小准则、相对离差平方和最小准则。优化准则从不同角度对参数估计进行定量描述，优化准则同时也是适线结果优劣的判别准则。适线过程是优化准则协调博弈的过程，在目标函数中综合协调各个参数，使得参数估计结果达到整体最优，以及建立评判标准对参数拟合效果进行评判。

1. 离差平方和最小准则

离差平方和最小准则也称最小二乘法，用其进行设计洪水频率曲线适线的目标函数为

$$S_L(\hat{\theta}) = \min\{ \sum_{i=1}^{n} [x_i - \bar{x}(1 + C_V \Phi(C_S, P_i))]^2 \} \tag{6-34}$$

式中：S_L 为离差平方和最小适线准则目标函数值；$\hat{\theta}$ 为待求参数，是 $\bar{x}$、C_V、C_S 的函数；$\bar{x}$ 为洪水序列均值；C_V 为洪水离差系数；C_S 为洪水序列偏态系数；n 为系列长度；x_i 为洪水序列值；Φ 为离均系数，为频率 P_i 和 C_S 的函数；P_i 为频率。

2. 离差绝对值和最小准则

离差绝对值和最小适线准则为

$$S_A(\hat{\theta}) = \min\{ \sum_{i=1}^{n} | x_i - \bar{x}(1 + C_V \Phi(C_S, P_i)) | \} \tag{6-35}$$

式中：S_A 为离差绝对值和最小适线准则目标函数值；其他变量意义同前。

3. 相对离差平方和最小准则

相对离差平方和最小适线准则为

$$S_w(\hat{\theta}) = \min\left\{ \sum_{i=1}^{n} \left[\frac{x_i - \bar{x}(1 + C_V \Phi(C_S, P_i))}{x_i} \right]^2 \right\} \tag{6-36}$$

式中：S_w 为相对离差平方和最小适线准则目标函数值；其他变量意义同前。

由理论推导可知，均值为无偏估计量，因此通常水文频率计算中主要优选两个参数，即 C_V 和 C_S。

根据上述适线法的计算原理，通过计算机编程语言可以设计开发计算机优化适线法的软件，读者可以选择自己熟悉的编程语言进行实现，如 Java、C♯ 等，主要步骤如下：

（1）文件上传。编写一个从本地上传文件的程序，并设定文件的输入格式，使用户将水文系列数据按照一定的规则输入到文件模板中，便于程序从文件中读取数据用于参数计算。

（2）参数估计。将参数估计的矩法或智能优化算法通过编程转变为计算程序，读取第一步文件上传的水文系列数据，优化计算参数 $\bar{x}$、C_V、C_S，并将计算结果展示到软件界面上。

（3）曲线绘制。首先计算上传数据对应的经验频率值，在频率格纸上点绘经验点据，然后根据第二步中计算出来的 C_S 值查 P-Ⅲ型曲线 Φ 值表（该表存储在数据库中，通过程序直接查询即可），绘制理论频率曲线。

（4）优化适线。这里选择最小二乘估计法，计算经验点据和同频率的频率曲线纵坐标之差的平方和 S_L。采用智能优化算法，获得使 S_L 最小的优化参数 $\bar{x}$、C_V、C_S，从而得到与经验点据配合最佳的理论频率曲线。

（5）设计值计算查询。用户输入一个设计频率标准，可以通过此软件计算其设计值，也可以通过鼠标在绘制的频率曲线上查询对应的设计值。

（6）成果输出。配线的最终结果可以保存下载，成果输出有两种方式：①将水文频率曲线保存为图形格式输出；②导出计算结果，计算结果包含 $\bar{x}$、C_V、C_S、C_S/C_V 以及设计值。计算机优化适线法的界面及其功能示例如图 6-7 所示。

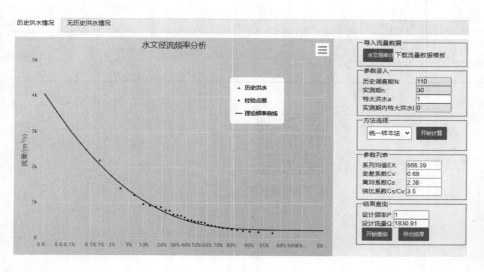

图 6-7　计算机优化适线法

水文频率计算

习　题

6-1　设总体 X 的概率密度为

$$f(x)=\begin{cases}(\theta+1)x^{\theta}, & 0<x<1\\ 0, & \text{其他}\end{cases}$$

其中 $\theta>-1$ 为未知参数，X_1，X_2，$\cdots$，X_n 是来自 X 的样本，求：

（1）θ 的矩估计量。

（2）θ 的极大似然估计量。

6-2　设总体 X 的概率密度为

$$f(x,\lambda)=\begin{cases}\lambda\alpha e^{-\lambda x\alpha}x^{\alpha-1}, & x>0\\ 0, & x\leqslant0\end{cases}$$

其中 α 为已知常数，λ 为未知参数，求 λ 的极大似然估计量。

6-3　某河流断面年最大洪峰流量记录见表6-6，若年最大洪峰流量服从 P-Ⅲ型分布，试用适线法推求50年一遇的设计值 Q_p。

表6-6　　　　　　　　　　　某河流断面年最大洪峰流量记录表

年份	年最大洪峰流量 /(m³/s)	年份	年最大洪峰流量 /(m³/s)	年份	年最大洪峰流量 /(m³/s)	年份	年最大洪峰流量 /(m³/s)
1956	1676	1965	490	1974	493	1983	980
1957	601	1966	990	1975	372	1984	1029
1958	562	1967	597	1976	214	1985	1463
1959	697	1968	214	1977	1117	1986	540
1960	407	1969	196	1978	618	1987	1077
1961	2259	1970	929	1979	820	1988	571
1962	402	1971	1828	1980	715	1989	1995
1963	777	1972	343	1981	1350	1990	1840
1964	614	1973	413	1982	761		

第六章习题答案

第七章 假 设 检 验

假设检验（hypothesis testing），又称统计假设检验，是用来判断样本与样本、样本与总体的差异是否由样本误差引起的统计推断方法。显著性检验是假设检验中最常用的一种方法，也是一种最基本的统计推断形式，其基本原理是先对总体特征做出某种假设，然后通过对样本进行统计研究，进而合理推断该假设是否能被接受。

假设检验主要分为参数假设检验和非参数假设检验两类。参数假设检验主要指对分布的参数进行假设检验，如已知样本$(x_1, x_2, \cdots, x_n)$来自某一个正态总体，如何判断该样本是否来自于均值$E(X)$等于某个已知常量a_0的正态总体，或者说如何根据样本，推断总体均值$E(X)$和已知常量之间是否存在显著差异，这便是参数假设检验所研究的问题。而非参数假设检验，则通常用于判断某个已知样本是否来自某个已知总体；或根据样本资料检验随机变量的独立性等。水文领域中侧重于检验样本序列的随机性、独立性、一致性和平稳性以及分布函数的拟合优度检验。本章重点介绍以上内容。

第一节 概 述

1. 基本概念

假设检验是统计推断的重要方法，它的基本思想是根据实际需要，对所研究的随机现象的某种统计性质做出假设，然后通过实验或者观测获得该现象样本，利用样本对所作的假设做出统计推断，合理则接受假设，否则拒绝假设。

假设检验首先确定原假设（基本假设）H_0和备择假设（对立假设）H_1。至于哪一个作为原假设，哪一个作为备选假设，要根据具体目的和要求而定，同时也要考虑数学处理的方便性。

统计检验（简称检验）指的是根据所提供的样本对假设做出判断的方法，判断的结论或是认为原假设H_0成立，或是认为原假设H_0不成立而备选假设H_1成立，称前者为接受H_0，称后者为拒绝H_0。由于样本$(x_1, x_2, \cdots, x_n)$是样本空间的一个点，因而统计检验的实质是将样本空间划分为两个不相交的集合W_0与W_1，W_0表示检验接受域，W_1表示检验拒绝域，如图7-1所示。也就是说，当$(x_1, x_2, \cdots, x_n) \in W_0$时接受$H_0$，而当$(x_1, x_2, \cdots, x_n) \in W_1$时拒绝$H_0$。

然而由于样本的随机性，当进行假设检验时，作为"接受域W_0"或"拒绝域W_1"的判断并不证明假设H_0一定正确或一定错误，而只是表明检验使用者对假设H_0的一种倾向性意见。因此，假设检验会面临犯两种错误的可能性：一是当H_0实际上成立，但由于检验统计量落在拒绝域W_1内而拒绝H_0；二是当H_0实际上不成立，但由于检验统

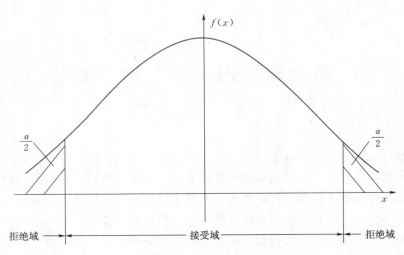

图 7-1 正态分布密度曲线

计量落在拒绝域外而接受 H_0。前者"弃真"的错误称为第一类错误，而后者"取伪"的错误称为第二类错误。为了清楚起见，将假设检验可能产生的各种后果列于表 7-1。

表 7-1 假设检验可能产生的后果

检测带来的后果		根据样本观测值所得的结论	
		当 $(x_1, x_2, \cdots, x_n) \in W_1$ 拒绝 H_0	当 $(x_1, x_2, \cdots, x_n) \in W_0$ 接受 H_0
总体分布的实际情况（未知）	H_0 成立	犯第一类错误	判断正确
	H_0 不成立	判断正确	犯第二类错误

犯两类错误的大小可用概率来度量。犯第一类错误的概率为

$$P\{\text{拒绝 } H_0 \mid H_0 \text{ 成立}\} = P\{(X_1, X_2, \cdots, X_n) \in W_1 \mid H_0 \text{ 成立}\} \qquad (7-1)$$

式（7-1）称为检验的 I 类风险。

犯第二类错误的概率为

$$P\{\text{接受 } H_0 \mid H_0 \text{ 不成立}\} = P\{(X_1, X_2, \cdots, X_n) \in W_0 \mid H_0 \text{ 不成立}\} \qquad (7-2)$$

式（7-2）称为检验的 II 类风险。

当进行假设检验时，希望两类风险都尽可能小，但两者往往不能兼顾。当样本容量 n 固定时，一般情况下，I 类风险变小时，II 类风险会增大；反之，II 类风险变小时，I 类风险会增大。通常是控制 I 类风险不超过某个预先指定的 α 的前提下，使 II 类风险 β 尽可能小。但 II 类风险 β 的计算比较复杂，所以一般只考虑 I 类风险至多为 α 的要求，这样得出的统计检验称为显著性检验，并称 α 为显著性水平。

2. 假设检验的基本原理

小概率原理（实际推断原理）是假设检验理论的重要支撑。如果一事件 A 发生的概率 $P(A)$ 很小且接近于 0，则称事件 A 为小概率事件。而 $P(A)$ 的大小界限没有一个严格的标准，一般根据实际问题的性质和重要性来确定：对于某些重要场合，当事件的发生会

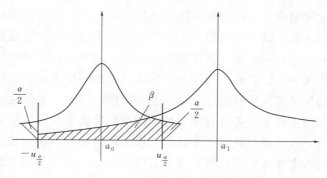

图 7-2　两类错误概率分布图

（其中 a_0、a_1 分别为已知总体统计参数和假设样本统计参数）

导致十分严重的后果（江堤决口，水库溃坝等），α 应选得小一点，反之可以选得相对大一些。在水文上 α 通常采用 0.01、0.05 和 0.1。

很明显，小概率事件不是绝对不可能事件，但实践证明，小概率事件在一次观测或试验中，几乎不可能发生，于是可以看作不可能事件，这就是小概率原理或实际推断原理。所有假设检验都是以其为推断基础的。

3. 假设检验的一般步骤

设要检验的对象是某个未知参数 θ，那么解决一个统计假设检验问题的一般步骤如下：

（1）建立原假设 H_0，必要时指明备择假设 H_1。通常 H_0 与 H_1 是用某个关于 θ 的等式或不等式表示。

（2）求出未知参数 θ 的一个较优的点估计 $\hat{\theta}(X_1, X_2, \cdots, X_n)$，一般用极大似然法估计。

（3）以 $\hat{\theta}$ 为基础选择检验 H_0 的适当统计量 T。

（4）对于给定的显著性水平 α，确定临界值。

（5）根据样本，计算统计量的观测值。

（6）比较统计量的观测值与临界值，对原假设 H_0 作出判断。

第二节　水文中常用的假设检验方法

将统计方法应用于水文数据样本的前提是，该样本是从总体中简单随机抽样得到的。这一基本前提揭示了水文样本具有随机性、独立性、一致性和平稳性等隐含假设。通常对于序列较短的偏态水文样本数据，可采用非参数假设检验来验证这些隐含假设的合理性。非参数假设检验是在总体方差未知或知道甚少的情况下，利用样本数据对总体分布形态等进行推断的方法。非参数假设检验在推断过程中虽不涉及有关总体分布的参数，但在第一节中介绍的假设检验的一般步骤对其仍然适用。下面将依次介绍几种水文中常用的假设检验方法。

1. 随机性假设检验

水文统计学中的基本假设是，从总体中随机抽取一个样本，每个样本数据的抽取都是独立且等概率的，这种抽取方法即为简单随机抽样，由此所产生的相关随机过程称为纯随机过程。但实际上，抽取出的水文数据样本仍可能存在非随机性，这是由样本中元素的相关性、非均匀性和非平稳性导致的。具体原因可归纳为两类：一是自然因素，主要与气候波动、地震和其他灾害有关；二是人为因素，主要与土地利用变化、上游大型水库的建设以及人类活动引起的气候变化等有关。下面简要介绍随机性的一般检验方法。

一般来说，水文变量样本是否具有随机性不能被直接证明，所以需要借助非参数假设检验方法进行间接验证。可通过计算样本数据在该时段内出现的拐点数量检验数据是否具有随机性。拐点是指水文样本数据在时间图上的峰或谷，拐点太多或太少都表明可能存在非随机性。

对于一个由 N 个观测值的时间序列构成的纯随机过程，可将其拐点的个数记为 p，那么拐点个数的期望值可由式（7-3）进行计算：

$$E[p] = \frac{2(N-2)}{3} \tag{7-3}$$

其方差可由式（7-4）进行近似计算：

$$\text{Var}[p] = \frac{16N-29}{90} \tag{7-4}$$

对于大样本（样本容量 $N > 30$）而言，p 的分布可以近似为正态分布。因此，可按如下步骤对其进行随机性假设检验：

（1）提出假设：原假设 H_0：{样本数据是随机的}。

（2）规定显著性水平 α，确定临界值。

（3）计算标准化检验统计量：

$$T = \frac{p - E[p]}{\sqrt{\text{Var}[p]}} \tag{7-5}$$

（4）做出决策。由于这是在显著性水平为 α 上的双边检验，那么当 $|T| > Z_{\alpha/2}$ 时，则要拒绝原假设，即推测样本数据是非随机的。

【例 7-1】 以某测站某月的日径流过程数据样本为例，见表 7-2。对于这个样本，检验其是否具有随机性。

表 7-2　　　　　　　　　　　　　　**某测站某月的日径流过程**

时间/d	流量/(m³/s)	时间/d	流量/(m³/s)
1	198.93	9	203.95
2	204.95	10	207.96
3	201.62	11	206.63
4	205.95	12	211.79
5	202.27	13	207.29
6	199.26	14	204.95
7	201.27	15	207.94
8	200.60	16	202.61

时间 /d	流量 /(m³/s)	时间 /d	流量 /(m³/s)
17	200.28	24	207.62
18	203.61	25	214.98
19	208.96	26	222.33
20	214.64	27	226.31
21	212.97	28	225.20
22	208.29	29	220.45
23	206.62	30	223.62

解：根据表 7 - 2 中给出的流量过程，绘制流量随时间的变化曲线，如图 7 - 3 所示。通过查看图 7 - 3，可以计算出转折点的数量为 $p=16$，有 8 个波谷和 8 个波峰。由于样本容量 $N=30$，根据式（7 - 3）和式（7 - 4）计算出 $E[p]$ 和 $\mathrm{Var}[p]$ 的估计值分别为 18.67 和 5.01。再将这些值代入式（7 - 5）中，可计算出标准化检验统计量的估计值 $\hat{T}=$

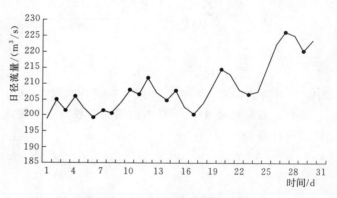

图 7 - 3　流量过程和时间关系图

-1.19。在显著性水平 $\alpha=0.05$ 时，检验统计量的临界值为 $Z_{0.025}=1.96$。由于 $|\hat{T}|<Z_{0.025}$，故不拒绝 H_0，即认为有证据表明该流量过程具有随机性。

2. 独立性假设检验

在水文分析中，常常要考虑随机变量的独立性，一般情况下，可通过分析物理成因和抽样方式做出判断。如果资料充分，也可运用独立性检验做出判断。独立性本质上是指样本中一个观测值的发生或者不发生都不影响样本中的其他元素。例如，在水文变量中，流域的天然蓄水量对流域产流量有影响，可能会导致持续的大流量，与此相反，也可能会导致持续的低流量，形成一系列低流量序列。对于给定流域，相邻时间流量之间的统计相关性在很大程度上依赖于观测数据的时间间隔，如日流量过程表现出较强的相关性，当以季度或者年度为时间间隔时，流量序列的相关性较弱甚至无相关性。水文统计学主要处理年际值，从历史水文数据系列中提取出年均值、最大值或最小值。同时，也需处理月、季和其他时间间隔的流量样本，如非年度的数据样本也用于水文统计中。在任何情况下，必须先检查样本数据之间是否符合独立性假设。Wald 和 Wolfowitz 于 1943 年提出了一种简单的非参数检验方法可用来检验样本数据的独立性。

令 $\{x_1, x_2, \cdots, x_N\}$ 表示来自总体 X 样本容量为 N 的样本，x_i' 表示第 i 个样本值 x_i 与样本均值 $\bar{x}$ 之间的差值，Wald - Wolfowitz 非参数检验的检验统计量为

$$R = \sum_{i=1}^{N-1} x'_i x'_{i+1} + x'_1 x'_N \qquad (7-6)$$

式中，统计量 R 是一个与样本连续数据之间的序列相关系数成比例的量。

对于 N 较大的情况，在原假设 H_0 下，样本数据是独立的，Wald 和 Wolfowitz 证明了 R 服从正态分布，其均值为

$$E[R] = -\frac{s_2}{N-1} \qquad (7-7)$$

式中：s_2 为样本统计量。

方差为

$$\mathrm{Var}[R] = \frac{s_2^2 - s_4}{N-1} + \frac{s_2^2 - 2s_4}{(N-1)(N-2)} - \frac{s_2^2}{(N-1)^2} \qquad (7-8)$$

其中

$$\hat{s}_r = \sum_{i=1}^{N} (x'_i)^r$$

式中：r 为阶数，式（7-7）和式（7-8）中取 2，4。

因此，在原假设 H_0：{样本数据相互独立} 的情况下，Wald - Wolfowitz 检验的标准化检验统计量为

$$T = \frac{R - E[R]}{\sqrt{\mathrm{Var}[R]}} \qquad (7-9)$$

统计量 T 服从标准正态分布。标准化的检验统计量用 $\hat{T}$ 表示。在显著性水平为 α 下，如果 $|\hat{T}| > Z_{\alpha/2}$，则拒绝原假设；反之，则接受原假设。

【例 7 - 2】 某站年降雨量数据见表 7 - 3，在显著性水平 $\alpha = 0.05$ 下，分析数据的独立性。

表 7 - 3 　　　　　　　　　　**某 站 年 降 雨 量 数 据**

年份	1954	1955	1956	1957	1958	1959	平均
年降雨量 x/mm	2014	1217	1728	1157	1257	1027	1400
$x' = x - \bar{x}$	614	-183	328	-243	-143	-373	—

解： 建立原假设 H_0：{样本数据相互独立}，H_1：{样本数据不相互独立}。

表 7 - 3 给出了 $\bar{x}$ 以及全体与样本均值的差值，由式（7-6）可得检验统计量 $R = -393024$，$N = 6$，$s_2 = 736696$，$s_4 = 178083638836$。代入式（7-7）、式（7-8）可得：$E[R] = -147339.2$，$\mathrm{Var}[R] = 60546317596.56$。代入式（7-9）可得标准化统计量 $T = -0.998$。在显著性水平 $\alpha = 0.05$ 下，$Z_{0.025} = 1.96$，因此，$|\hat{T}| < Z_{0.025}$，故接受原假设，即样本数据是相互独立的。

3. 一致性假设检验

一致性是指样本中所有元素都来自于同一个总体。对水文系列进行频率分析时，首先要求实测资料具有可靠性、代表性和一致性。例如，一组洪水数据样本中可能同时包含了

由雨强和雨量中等的普通降雨产生的洪水和由极端水文气象条件（例如飓风或台风等）导致的强度高、大量级的降雨产生的洪水。由于洪水产生机制不同，导致了这组样本中的数据实际上来自于两类不同总体，最终出现非一致性的洪水数据样本。上游大型水库建设前后在某些测站观测到的流量数据样本也可能存在非一致性，因为与天然流量相比，经调度后的流量必然具有较大的均值和较小的方差。

在极端数据样本中，例如最大降雨量数据，其变异性在某些情况下较高，以至于很难确定其是否具有一致性特征。一般来说，在年总量或年平均值的样本中比在极端数据样本中更容易发现一致性。水文分析中常用 Mann-Whitney U 检验方法来检验数据样本是否具有一致性。下面将对 Mann-Whitney U 检验方法进行详细介绍。

Mann-Whitney U 检验是一种非参数检验方法。对于一个给定的样本容量为 N 的数据样本 $\{x_1, x_2, \cdots, x_N\}$，可按如下步骤进行 Mann-Whitney U 检验：

（1）将其分为大小为 N_1 的 $\{x_1, x_2, \cdots, x_{N_1}\}$ 和大小为 N_2 的 $\{x_{N_1+1}, x_{N_1+2}, \cdots, x_N\}$ 两个子样本，使 $N_1 + N_2 = N$，N_1 和 N_2 近似相等，且 $N_1 \leqslant N_2$。

（2）对大小为 N 的完整样本按升序排序，记每个样本元素的序号为 m，并注意它是来自第一个子样本还是第二个子样本。

（3）提出假设：提出原假设 H_0：｛样本具有一致性｝。

（4）计算检验统计量：Mann-Whitney U 检验统计量由 U_1 和 U_2 的最小值 U 给出，且 U_1 和 U_2 可表示如下：

$$U_1 = R_1 - \frac{N_1(N_1+1)}{2} \tag{7-10}$$

$$U_2 = R_2 - \frac{N_2(N_2+1)}{2} \tag{7-11}$$

式中：R_1 为第一个子样本中所有元素的排序号之和；R_2 为第一个子样本中所有元素的排序号之和。

（5）规定显著性水平 α，确定临界值。

（6）做出决策。当 $U < Z_\alpha$ 时，拒绝原假设 H_0。

经研究证明，当数据样本可分为 N_1 和 N_2 均大于 20 的两个子样本，且在原假设 H_0：｛样本具有一致性｝的情况下，U 服从正态分布，其均值为

$$E[U] = \frac{N_1 N_2}{2} \tag{7-12}$$

方差为

$$\mathrm{Var}[U] = \frac{N_1 N_2(N_1+N_2+1)}{12} \tag{7-13}$$

因此，Mann-Whitney U 检验的标准化检验统计量可表示如下

$$T = \frac{U - E[U]}{\sqrt{\mathrm{Var}[U]}} \tag{7-14}$$

式中：T 服从标准正态分布。因为这是在显著性水平 α 上的双向检验，那么，当 $|T| > Z_{\alpha/2}$ 时，则需要拒绝原假设 H_0。

然而，采用 Mann – Whitney U 检验确定水文样本数据的一致性存在一个问题，即由于需要将整个样本分为两个子样本，那么需要确定假设的断点，而且需要确定子样本的大小。断点设置不恰当可能会导致将一致的样本错误地判断成具有非一致性的样本。

【例7－3】 以某测站最大60d洪量过程数据样本（表7－4）为例，检验给出的洪量数据是否具有一致性。

表 7 - 4   某测站最大 60d 洪量过程排序信息

时间 /d	洪量 /(m³/s)	排序	子样本类别	时间 /d	洪量 /(m³/s)	排序	子样本类别
1	2080.00	32	1.00	31	1150.00	1	2.00
2	2751.17	47	1.00	32	1190.00	2	2.00
3	3248.40	57	1.00	33	1250.00	7	2.00
4	3300.00	58	1.00	34	1280.00	8	2.00
5	3140.00	56	1.00	35	1400.00	12	2.00
6	2960.00	52	1.00	36	1540.00	18	2.00
7	2970.00	53	1.00	37	1630.00	21	2.00
8	2890.00	50	1.00	38	1620.00	20	2.00
9	2892.56	51	1.00	39	1520.00	17	2.00
10	3080.00	55	1.00	40	1460.00	14	2.00
11	2830.00	48	1.00	41	1515.00	16	2.00
12	2680.00	44	1.00	42	1980.00	29	2.00
13	2870.00	49	1.00	43	2170.00	37	2.00
14	2690.00	45	1.00	44	2480.00	42	2.00
15	2380.00	40	1.00	45	2420.00	41	2.00
16	2150.00	35	1.00	46	2110.00	34	2.00
17	1930.00	26	1.00	47	1950.00	27	2.00
18	1750.00	24	1.00	48	2010.00	30	2.00
19	1670.00	22	1.00	49	2050.00	31	2.00
20	2234.56	38	1.00	50	2082.00	33	2.00
21	1610.00	19	1.00	51	1890.00	25	2.00
22	1510.00	15	1.00	52	1740.00	23	2.00
23	1430.00	13	1.00	53	1960.00	28	2.00
24	1390.00	11	1.00	54	2260.00	39	2.00
25	1340.00	10	1.00	55	2710.54	46	2.00
26	1300.00	9	1.00	56	4310.00	60	2.00
27	1220.00	4	1.00	57	4000.00	59	2.00
28	1200.00	3	1.00	58	2990.00	54	2.00
29	1230.00	5	1.00	59	2490.00	43	2.00
30	1240.00	6	1.00	60	2157.00	36	2.00
	合计	977			合计	853	

解：将洪量数据按时间排序分成两个样本容量为 30 的子样本，并给出每个数据的排序信息，见表 7-4。

表 7-4 的第 3 列和第 7 列列出了每个洪峰流量对应的排序数 m，经计算求得子样本 1 中 30 个点的排序之和 $R_1 = 977$，子样本 2 的排序之和 $R_2 = 853$，再通过式（7-10）和式（7-11）计算的 Mann-Whitney U 检验统计量的基本值。测试统计量是 U_1 和 U_2 之间最小的值，在本例中是 $U_1 = 512$，$U_2 = 388$，$U = \min\{U_1, U_2\} = U_2 = 388$。通过式（7-12）和式（7-13）计算出 $E[U]$ 和 $\text{Var}[U]$ 的估计值分别等于 450 和 4575。将这些值代入式（7-14），则标准化测试统计量估计值为 $\hat{T} = -0.917$。在显著性水平 $\alpha = 0.05$ 时，检验统计量的临界值为 $Z_{0.025} = 1.96$。由于 $|\hat{T}| < Z_{0.025}$，故不拒绝 H_0，即认为有证据表明该组洪量过程样本数据具有一致性。

4. 平稳性假设检验

平稳性是指样本数据的概率分布及其参数等基本统计属性相对于时间是平稳的。非平稳性是指样本数据在时间上呈单调、非单调的趋势，或在某个时间点出现突变（或跳跃）。大型水库调蓄作用会极大地改变天然径流的统计特性，尤其是在水库初蓄水时，会改变雨季平均流量的时间序列。

水文要素时间序列的非单调趋势通常与以年际、十年或数十年尺度的气候波动有关。气候波动常周期性发生，例如太阳活动周期是每 11 年一次，而太阳总辐照度和太阳黑子也会随之发生变化。其他气候振荡以准周期频率发生，例如厄尔尼诺与南方涛动现象，每 2～7 年发生一次，导致大陆、海洋和大气的热流发生重大变化。研究准周期性气候振荡对水文变量的影响并进行建模是一项复杂的工作，需要采用恰当的特定方法。

水文要素时间序列的单调趋势与流域环境变化有关，如城市化进程影响下的小型流域径流时间序列可能出现单调趋势；自然和人类活动影响下引起的区域内温度或降水的逐渐变化，同样可导致水文时间序列的单调趋势。非一致性的概念（特别是应用于时间序列）涵盖了非平稳性的概念：非平稳性序列相对于时间而言是非均的，但是非均序列不一定是非平稳的。对于单调线性或非线性趋势的序列，可以通过 Spearman 秩相关系数的非参数检验来确定数据样本是否平稳。

Spearman 秩相关系数以英国心理学家 Charles Spearman 的名字命名，它是衡量两个随机变量相关性的非参数指标。Spearman 秩相关系数与传统的皮尔逊线性相关系数不同，它的统计相关关系不局限于线性关系。Spearman 秩相关系数假设检验的基本思想是：水文要素时间序列 X_t 中的线性或非线性单调趋势可以通过序列 X_t 的排序 m_t 和其相应时间指标 T_t（$T_t = 1, 2, 3, \cdots, N$）之间的相关程度来确定。Spearman 秩相关系数的计算公式为

$$r_S = 1 - \frac{6 \sum_{t=1}^{N} (m_t - T_t)^2}{N^3 - N} \tag{7-15}$$

基于 Spearman 秩相关系数的时间序列单调趋势检验的统计量为

$$T = r_S \sqrt{\frac{N-2}{1-r_S^2}} \tag{7-16}$$

Siegel 在 1956 年指出，在 $N > 10$ 且假设 m_t 和 T_t 之间没有相关性的情况下，T 的概率分布可以用自由度为 $N - 2$ 的 t 分布来近似。

在计算给定样本的秩相关系数 r_S 之前，有必要检验序列中是否包含两个或多个相等的 X_t 值。如果包括，在计算 r_S 之前需要对序列进行简单的校正，即将平均顺序值分配给每个相同的 X_t 值。例如，对于大小为 20 的样本，如果第 19 位和第 20 位的 X_t 值相等，则需将 19.5 作为两者的排名顺序。此时，检验统计量的样本估计值由 $\hat{T}$ 表示。在显著性水平为 α 下，进行双侧检验，如果 $|\hat{T}| > t_{\alpha/2, N-2}$，则拒绝原假设；反之，则接受原假设。

【例 7 - 4】 某站年降雨量数据见表 7 - 5，在显著性水平 $\alpha = 0.05$ 下，分析样本数据的平稳性。

表 7 - 5   某站年降雨量数据

年 份	1954	1955	1956	1957	1958	1959	平均
年降雨量 x/mm	2014	1217	1728	1157	1257	1027	1400
x'/mm	614	-183	328	-243	-143	-373	—
T_t	1	2	3	4	5	6	
m_t	6	3	5	2	4	1	

注 x' 为样本与均值的差值 $x' = x - \bar{x}$；T_t 为时间指标；m_t 为对序列 X 的排序。

解：建立原假设 H_0：｛样本数据是平稳的｝，H_1：｛样本数据不平稳｝。

样本数据 $N = 6$，将 T_t 和 m_t 代入式 (7 - 15) 得 Spearman 秩相关系数 $r_S = -0.71428$，代入式 (7 - 16) 得单调趋势检验统计量 $\hat{T} = -2.04121$，在显著性水平 $\alpha = 0.05$ 下，检验统计量的临界值为 $t_{0.025, 4} = 2.132$。因此，$|\hat{T}| < t_{0.025, 4}$，故接受原假设 H_0，即观测样本数据是平稳的。

第三节　分布的拟合优度检验

分布拟合优度检验的目的是检验实测样本分布与假定分布之间的一致性，以便判断假定分布是否与实测样本统计特性吻合。利用样本分布和假设分布之间的差异作为检验统计量，以此决定接受或拒绝原假设，从而判断样本是否服从某一特定分布。

在实际水文统计分析中，水文随机变量分布函数形式往往是未知的，水文实测样本也是有限的。为推断所研究随机变量的总体特征，一般假定实测样本服从某种特定分布函数，例如我国水文统计中假定大多数水文特征变量服从 P-Ⅲ型分布。为验证这种假定是否合理，需要采用某种拟合优度检验方法对此进行检验。为此，本节介绍目前统计水文学中主要采用的几种拟合优度检验方法，包括 χ^2 检验、Kolmogorov - Smirnov（K - S）检验、Anderson - Darling（A - D）检验和 PPCC（Probability Plot Correlation Coefficient）检验。

1. χ^2 检验

χ^2 检验是一种常用的对计数资料进行假设检验的非参数检验方法，其根本思想是比较理论频数和实际频数的吻合程度或拟合优度问题，因此 χ^2 检验可用来检验实测样本的分布是否服从正态分布或 P-Ⅲ型分布等假设。因在水文领域内随机变量绝大多数都是连续型随机变量，以下主要介绍 χ^2 检验在连续随机变量情形下的应用。

χ^2 检验是以 χ^2 分布为基础的一种常用的假设检验方法，其检验步骤如下：

（1）建立原假设 H_0 和备择假设 H_1。原假设 H_0：总体 X 的分布函数 $F(x)$ 为某个已知的分布函数 $F_0(x)$，即 $F(x)=F_0(x)$；相反，备择假设 H_1 为 $F(x)\neq F_0(x)$。

（2）计算实际频数和理论频数。在实轴上取 $k-1$ 个点：x_1，x_2，$\cdots$，x_{k-1}，这 $k-1$ 个点将实轴分成 k 个半开区间，统计样本观测值落入各区间的个数，记为实际频数 m_i；若原假设成立，则在 n 次实验中，X 的观测值落在第 i 区间的理论频数应为 np_i。

$$nP(x_{i-1}\leqslant X < x_i)=[F_0(x_i)-F_0(x_{i-1})]n=np_i \tag{7-17}$$

式中：p_i 为 X 在 $[x_{i-1}，x_i)$ 内取值的概率。

（3）根据实际频数和理论频数计算样本 χ^2 值。显然在 n 次实验中，第 i 区间内实际频数 m_i 和理论频数 np_i 是有差异的。若原假设 H_0 为真，n 较大时，这种差异 (m_i-np_i) 应较小。因此用随机变量 χ^2 表示这种差异也应该较小，否则原假设不成立。

$$\chi^2=\sum_{i=1}^{k}\frac{(m_i-np_i)^2}{np_i} \tag{7-18}$$

（4）根据自由度和显著性水平 α 找出对应 χ^2 的临界值 χ_α^2。皮尔逊证明，当 n 趋于无穷，且分布函数 $F_0(x)$ 中有 r 个参数时，χ^2 分布的自由度为 $k-r-1$。由给定的显著性水平以及自由度查 χ^2 分布表（附表3），可以找到对应的 χ^2 临界值 χ_α^2。通过式（7-18）计算样本中的 χ^2 值，若 χ^2 值大于临界值 χ_α^2，则说明原假设不成立，即总体 X 的分布函数 $F(x)\neq F_0(x)$；相反，若 χ^2 小于临界值 χ_α^2，则接受原假设。

需要注意的是，χ^2 检验要求样本容量 n 足够大。同时经验和理论研究表明，区间数 k 和理论频数 np_i 一般要求不小于5。若某区间频数小于5，则将它与相邻区间合并，以使其满足 $np_i\geqslant 5$。

水文统计分析的研究中常用拟合优度检验来判断水文实测样本是否符合某种分布，如判断年最大洪峰或洪量序列是否服从 P-Ⅲ型分布或洪水发生时间序列是否服从混合 von Mises 分布等。

【例7-5】　某流域两个雨量站的雨量记录见表7-6，已知 $\alpha=0.05$、$\chi_{0.05/2,3}^2=7.81$，问两站的降雨情况是否相同？

表7-6　　　　　　　　　　　　**两个雨量站的雨量记录表**　　　　　　　　　　　单位：次

流　域	雨　量　等　级				合计
	小雨	中雨	大雨	暴雨	
雨量站 A	33	6	56	5	100
雨量站 B	54	14	52	5	125
合计	87	20	108	10	225

解: H_0:两站的降雨情况相同;H_1:两站的降雨情况不同。

计算卡方值:

$$\chi^2 = 225 \times \left(\frac{33^2}{100 \times 87} + \frac{6^2}{100 \times 20} + \frac{56^2}{100 \times 108} + \frac{5^2}{100 \times 10} + \frac{54^2}{125 \times 87} + \frac{14^2}{125 \times 20} + \frac{52^2}{125 \times 108} + \frac{5^2}{125 \times 10} - 1 \right) = 5.710$$

自由度:$v = (4-1) \times (2-1) = 3$,因为 $\chi^2_{0.05/2,3} = 7.81 > \chi^2 = 5.710$,接受原假设,即两站的降雨情况无显著差异。

2. K-S 检验

Kolmogorov - Smirnov 检验(K-S 检验)基于累积分布函数,用于检验一个分布是否符合某种理论分布或比较两个经验分布是否有显著差异。单样本 K-S 检验是用来检验一个数据的观测经验分布是否符合已知的理论分布;两样本 K-S 检验由于对两样本的经验分布函数的位置和形状参数都敏感,是用于比较两样本差异性最常用的非参数检验方法之一。

随机变量 X 的分布函数为 $F(x)$,x 为 X 的一个样本,于是 x 确定了样本的分布函数 $|F(x) - S_n(x)|$,其中 $S_n(x)$ 为样本序列的观测值。

设 $F(x)$ 已知,则可对任意 x 求出 $|F(x) - S_n(x)|$,从而求出其中的最大值为

$$D_n = \max_{-\infty < x < \infty} |F(x) - S_n(x)| \tag{7-19}$$

容易证明 D_n 的分布与 $F(x)$ 无关而只与 n 有关,可以得到 D_n 的临界数值,见表 7-7。

表 7-7　　　　　　　　　　K-S 检验中的临界值 D_α

n	α			
	0.20	0.10	0.05	0.01
5	0.45	0.51	0.56	0.67
10	0.32	0.37	0.41	0.49
15	0.27	0.30	0.34	0.40
20	0.23	0.26	0.29	0.36
25	0.21	0.24	0.27	0.32
30	0.19	0.22	0.24	0.29
35	0.18	0.20	0.23	0.27
40	0.17	0.19	0.21	0.25
45	0.16	0.18	0.20	0.24
50	0.15	0.17	0.19	0.23
>50	$1.07\sqrt{n}$	$1.22\sqrt{n}$	$1.36\sqrt{n}$	$1.63\sqrt{n}$

表 7-7 中的 D_α 为满足以下关系的值:

$$P\{D_n \geqslant D_\alpha\} = \alpha \tag{7-20}$$

基于表 7-7 查得临界值,可利用统计量 D_n 进行假设检验。给定原假设 H_0:随机变量 X 的分布函数为 $F_0(x)$。根据 $F_0(x)$ 与 $S_n(x)$,先求出 D_n,再由表 7-7 查得给定 n 及指定显著性水平 α 时的 D_α,如果 $D_n < D_\alpha$,接受 H_0,否则拒绝 H_0。

关于 K-S 检验需要指出以下几点:

（1）K-S 的临界数值表（表7-7）是基于 D_n 的精确分布得出的，因此可用于小样本，这和 χ^2 检验只能用于大样本的情形不同，是 K-S 检验的一个主要优点。

（2）当 $F_0(x)$ 中的参数由样本估计得到时，使用 K-S 检验得到的是近似结果。由样本估计参数得到的 D_n，可能比正常情形 $[F_0(x)$ 中的参数不是由样本估得的$]$ 偏小。因而，从理论上说，应将临界值 D_α 适当减少，否则接受 H_0 的概率将偏大。另外，对于 $F_0(x)$ 为正态分布，两个参数由样本估计时，应用蒙特卡罗（Monte Carlo）方法，得到了 D_n（在 H_0 下）的数值表（表7-8）。

表7-8　　　　　　　　　　　　D_n（在 H_0 下）的数值表

n	10	11	12	13	14	15
$D_{0.05}$	0.258	0.249	0.242	0.234	0.227	0.220
n	16	17	18	19	20	25	>25
$D_{0.05}$	0.213	0.206	0.200	0.195	0.190	0.173	$0.886/\sqrt{n}$

（3）K-S 检验是属于非参数检验的范畴，主要是根据直观提出的：当 X 的总体分布为 $F_0(x)$ 时，则 $F_0(x)$ 与 $S_n(x)$ 的最大离差应该比较小；反之，则应较大。

【例7-6】　35 场降雨形成的地表径流量见表7-9，给定显著性水平 $\alpha=0.05$，试检验这组数据是否服从均值 $\mu=80$、标准差 $\sigma=6$ 的正态分布。

表7-9　　　　　　　　　　35 场降雨形成的地表径流量数据　　　　　　　　单位：m^3/s

序号	1	2	3	4	5	6	7
地表径流量	87	88	92	68	80	78	84
序号	8	9	10	11	12	13	14
地表径流量	81	80	80	77	92	86	76
序号	15	16	17	18	19	20	21
地表径流量	81	75	77	72	81	90	84
序号	22	23	24	25	26	27	28
地表径流量	80	68	77	87	76	77	78
序号	29	30	31	32	33	34	35
地表径流量	75	80	78	77	80	86	92

解：建立假设检验。

H_0：35 场降雨形成的地表径流量服从正态分布。

根据35 场降雨形成的地表径流量，列出地表径流量观测频数与理论分布表，见表7-10。

表7-10　　　　　　　　　　地表径流量观测频数与理论分布表

径流量/（m^3/s）	次数/次	累积次数/次	经验分布函数	理论分布	D_n
x	f	F	$F_n(x)=F/n$	$F_0(x)$	$F_0(x_i)-F_n(x_i)$
68	2	2	0.0571	0.0228	−0.0343
72	2	4	0.1143	0.0918	−0.0250

径流量/(m³/s)	次数/次	累积次数/次	经验分布函数	理论分布	D_n
75	2	6	0.1714	0.2033	0.0319
76	2	8	0.2286	0.2514	-0.0228
77	6	14	0.4000	0.3085	-0.0915
78	3	17	0.4857	0.3707	-0.1150
80	6	23	0.6571	0.5000	-0.1571
81	3	26	0.7429	0.5675	-0.1754
84	2	28	0.8000	0.7486	-0.0514
86	2	30	0.8571	0.8413	-0.0158
87	2	32	0.9143	0.8790	-0.0353
92	3	35	1.0000	0.9772	-0.0228

在给定显著性水平 $\alpha = 0.05$ 下，查表 7－8 得 $D_{35}(0.05) = 0.23$，而 $D = 0.1754 < D_{35}$ $(0.05) = 0.23$。故接受 H_0，35 场降雨形成的地表径流量服从均值 $\mu = 80$、标准差 $\sigma = 6$ 的正态分布。

3. A－D 检验

χ^2 检验和 K－S 检验对识别分布尾部错误的能力相对较弱，为此，Anderson 和 Darling 于 1954 年引入了 Anderson－Darling 检验（A－D 检验）。A－D 检验赋予分布尾部更大的权重，其中最大和最小的数据点可以对曲线拟合产生强烈的影响。与 K－S 检验相类似，两者都是基于经验分布函数的方法，区别在于所用统计量不同，A－D 检验通过将经验分布函数 $F_N(x)$ 和理论分布函数 $F_X(x)$ 的差的平方除以 $\sqrt{F_X(x)[1-F_X(x)]}$ 来赋予尾部更大权重，其统计量可表示为

$$A^2 = \int_{-\infty}^{\infty} \frac{[F_N(x) - F_X(x)]^2}{F_X(x)[1-F_X(x)]} \mathrm{d}F_X(x) \tag{7-21}$$

其离散形式可由式（7－22）估计：

$$A_N^2 = -N - \sum_{m=1}^{N} \frac{(2m-1)\{\ln F_X(x_m) + \ln[1-F_X(x_{N-m+1})]\}}{N} \tag{7-22}$$

其中，$\{x_1, x_2, \cdots, x_m, \cdots, x_N\}$ 表示按升序排列的样本数据。

A－D 检验通过判断统计量 A_N^2 是否小于临界值，从而判断原假设 H_0 是否为真。且统计量 A_N^2 越大，经验分布 $F_N(x)$ 和理论分布 $F_X(x)$ 偏差越大，原假设 H_0 更易被拒绝。具体检验步骤如下：

（1）建立原假设 H_0 和备择假设 H_1。原假设 H_0：样本的分布函数 $F_N(x)$ 为某个已知的分布函数 $F_X(x)$，即 $F_N(x) = F_X(x)$；相反，备择假设 H_1 为 $F_N(x) \neq F_X(x)$。

（2）估计参数值。将样本序列根据假设分布的参数估计表达式，采用极大似然估计或矩估计等方法估计分布函数参数。

（3）计算概率积分变换函数 $z_i = F_X(x_i)$。需要注意的是，这里用到的 $F_X(x)$ 为基于假设分布的分布函数值。

（4）根据式（7-22）计算 A-D 检验的离散形式统计量 A_N^2，然后与假设分布对应的临界值比较，若 A_N^2 大于临界值则拒绝原假设 H_0，否则在显著度水平 α 下接受原假设 H_0。

临界值作为比较时所用的参考值，需要根据假设分布来得到。若 $F_X(x)$ 假设为正态分布，则 A^2 的临界值见表 7-11。需要注意的是，若使用表中的临界值进行检验时，则通过式（7-22）计算得到的检验统计量必须乘以校正系数 $(1+0.75/N+2.25/N^2)$，且满足 $N>8$。

表 7-11　　　　　　　假设 $F_X(x)$ 为正态分布时 A-D 检验统计量的临界值

α	0.1	0.05	0.025	0.01
A_α^2	0.631	0.752	0.873	1.035

4. PPCC 检验

Filliben（1975）引入了概率图相关系数拟合优度检验方法，用来检验原假设为正态分布的数据。Filliben 进一步检验了该方法对原假设为其他理论分布的适用性。给定数据样本 $\{x_1,x_2,\cdots,x_n\}$，并假定原假设是样本数据服从概率分布 $F_X(x)$，则基于线性相关系数 r 来构建线性相关图拟合优度检验统计量，将样本数据按升序排列，得序列 $\{x_1,x_2,\cdots,x_m,\cdots,x_N\}$，并计算其理论分位数 $\{w_1,w_2,\cdots,w_m,\cdots,w_N\}$，计算公式为

$$w_m=F_X^{-1}(1-q_m)$$

式中：q_m 为与排名顺序 m 对应的经验概率。

概率相关图的统计量计算公式为

$$r=\frac{\sum_{m=1}^{N}(x_m-\bar{x})(w_m-\bar{w})}{\sqrt{\sum_{m=1}^{N}(x_m-\bar{x})^2\sum_{m=1}^{N}(w_m-\bar{w})^2}} \tag{7-23}$$

其中

$$\bar{x}=\frac{1}{N}\sum_{i=1}^{N}x_i,\quad \bar{w}=\frac{1}{N}\sum_{i=1}^{N}w_i$$

概率相关图拟合检验的直观想法是，如果 $F_X(x)$ 是 X 总体的合理分布模型，则 x_m 和 w_m 之间具有较强线性相关性。原假设 H_0 为 $\{r=1,X\sim F_X(x)\}$，备择假设 H_1 为 $\{r<1,X\neq F_X(x)\}$。因此，概率线性相关图为一个单边的左尾检验。显著水平为 α 时的 H_0 的临界区域开始于 $r_{crit,\alpha}$，在该阈值以下，如果 $r<r_{crit,\alpha}$，则必须拒绝原假设，接受备择假设 H_1。

在概率相关图检验公式（7-23）中，$F_X(x)$ 的具体形式 $w_m=F_X^{-1}(1-q_m)$ 是隐式的。经验频率与顺序统计量 m 相对应，决定了点矩在图形中的位置，并随着 $F_X(x)$ 具体形式的变化而变化。通常，采用不同的经验频率计算可获得相对于目标分布 $F_X(x)$ 的无偏分位数或无偏概率。这些公式可以用以下一般形式表示：

$$q_m=\frac{m-a}{N+1-2a} \tag{7-24}$$

式中，a 随 $F_X(x)$ 具体形式的变化而变化。

表 7-12 总结了用于计算经验频率点矩的不同公式，根据不同公式分别计算 a 的取值，并将其代入式 (7-24)，可得到具体的 $F_X(x)$ 形式。

表 7-12　　　　　　　　　　　经验点据 q_m 计算表

公式名称	经验点据公式	a	统计依据
Weibull	$q_m = \dfrac{m}{N+1}$	0	所有分布的无偏超越概率
Blom	$q_m = \dfrac{m-0.375}{N+0.25}$	0.375	无偏正态分位数
Cunnane	$q_m = \dfrac{m-0.40}{N+0.2}$	0.40	近似无偏分位数
Gringorten	$q_m = \dfrac{m-0.44}{N+0.12}$	0.44	Gumbel 优化
Median	$q_m = \dfrac{m-0.3175}{N+0.365}$	0.3175	所有分布的中值超越概率
Hazen	$q_m = \dfrac{m-0.50}{N}$	0.5	无

由于分位数 w_m 随 $F_X(x)$ 的变化而变化，因此很明显，在 H_0 下，检验统计量的概率分布也将随 $F_X(x)$ 的具体形式变化而变化。表 7-13 列出了在将 $F_X(x)$ 指定为正态分布的情况下的临界值 $r_{crit,a}$，可利用表 7-12 中的 Blom 公式计算 q_m 对应的经验频率。对于对数正态变量，表 7-13 中的临界值对原始变量的对数仍然有效。

表 7-13　　　　　　　　　　　正态分布的临界值 $r_{crit,a}$

N	$\alpha = 0.10$	$\alpha = 0.05$	$\alpha = 0.01$
10	0.9347	0.918	0.8804
15	0.9506	0.9383	0.911
20	0.96	0.9503	0.929
30	0.9707	0.9639	0.949
40	0.9767	0.9715	0.9597
50	0.9807	0.9764	0.9664
60	0.9835	0.9799	0.971
75	0.9865	0.9835	0.9757
100	0.9893	0.987	0.9812

5. 几种拟合优度检验的比较

上述介绍的几种常用假设检验方法中，χ^2 检验是最常用、最简单的拟合优度检验方法，但该方法需要对足够多的样本进行分组，而且至今为止还没有一个合适的分组准则来保证较高的准确性。K-S 检验与 A-D 检验都是基于经验分布函数的方法，区别就在于所用统计量的不同：K-S 检验属于基于上界确定统计量的检验方法，A-D 检验则属于平方差型统计量。K-S 检验的性能还有待提高，但 A-D 检验能够在相对较小的样本数目条件下保持良好的检验性能。

一般来说，传统的拟合优度检验（如 χ^2 检验和 K-S 检验）无法识别尾部经验概率和理论概率之间的差异性。这种缺陷对水文频率分析有至关重要的影响，因为通常短样本序列可能只包含几个极端数据点，而且水文频率分析主要目的是准确地推断分布尾部特征。例如，应用于连续随机变量的 χ^2 拟合优度检验，需要预先指定区间数量和区间宽度，这可能会严重影响检验统计量的估计值，特别是对尾部的检验。此外，K-S 拟合优度检验的缺点是尚没有适用于水文统计的所有概率分布的临界值表。

因此与 χ^2 检验和 K-S 检验相比，A-D 拟合优度检验是一种有效的替代方法，其特别之处在于赋予了分布尾部更大的权重，使其在水文频率分析中更具优势。然而该方法的缺点是依赖于尺度和位置参数的参数估计方法。对于三参数分布，A-D 拟合优度检验需要假定形状参数真值。就水文极大值频率分析而言，改进的 A-D 拟合优度检验是一种更有效的假设检验方法。

PPCC 拟合优度检验与其他拟合优度检验方法相比，具有检验统计量直观、计算简单等优点。与 A-D 检验方法不同，PPCC 拟合优度检验的另一优点是不依赖于参数的估计方法。通过比较分析可知，效果较好的拟合优度检验方法包括 PPCC 检验，当样本容量较小时，检验效果会大大降低。

拟合优度检验和其他假设检验一样，假设样本服从某种既定的分布函数，目的是检验实测样本分布与假定分布之间是否有显著差异，以便判断假设的分布是否与实测样本的统计特性相吻合。原则上，样本数据服从什么分布函数是未知的，可能是备选的许多分布中的任何一个。因此，拟合优度检验只能在给定的显著性水平下，决定接受或拒绝原假设，从而判断样本是否服从某一特定分布。

第四节　零　相　关　检　验

设 X 与 Y 为服从正态分布的两个随机变量，p 为它们的相关系数。$(X_1, X_2, \cdots, X_n)$ 和 $(Y_1, Y_2, \cdots, Y_n)$ 分别为随机变量 X 和 Y 的样本，R 为样本相关系数，也是随机变量。

一般情况下，随机变量 X 与 Y 的线性相关的程度越高，则 R 的绝对值越大；反之，R 的绝对值越小。但是，有时即使 X 与 Y 不相关，甚至相互独立，由于抽样随机性的存在，仍可能有较大的样本相关系数。因此，需要对相关系数是否为零进行检验，这种检验称为零相关检验。

提出原假设：

$$H_0: p = 0, \quad H_1: p \neq 0$$

令

$$T = \frac{R\sqrt{n-2}}{\sqrt{1-R^2}} \tag{7-25}$$

若 H_0 成立，则 T 服从自由度为 $n-2$ 的 t 分布。

由给定的 α，查 t 分布表（附表 4）得 $t_{\alpha/2}$，根据样本求得 r，代入式（7-21），算出 t，若 $|t| > t_{\alpha/2}$，则否定 H_0，反之，则接受 H_0。

在实际工作中，常采用另一种等价的检验方法。

由

$$|t| = \left| \frac{r\sqrt{n-2}}{\sqrt{1-r^2}} \right| > t_{\alpha/2}$$

得

$$r^2(n-2) > t_{\alpha/2}^2(1-r^2)$$

$$r^2 > \frac{t_{\alpha/2}^2}{n-2+t_{\alpha/2}^2} \qquad |r| > \frac{t_{\alpha/2}}{\sqrt{n-2+t_{\alpha/2}^2}}$$

令

$$r_{\alpha} = \frac{t_{\alpha/2}}{\sqrt{n-2+t_{\alpha/2}^2}} \tag{7-26}$$

可得否定域为 $|r| > r_{\alpha}$。零相关检验临界值 r_{α} 表见相关系数检验表（附表 6），检验时，根据自由度 $n-2$，由给定的 α 值查表得临界值 r_{α}，若计算结果在否定域内，即 $|r| > r_{\alpha}$，则拒绝原假设；否则，接受原假设。

【例 7-7】 根据 12 年资料，算得某流域年径流量与年降水量的相关系数 $r=0.88$，检验该流域的年径流量和年降水量是否显著相关（$\alpha=0.05$）。

解

$$H_0: p=0, \quad H_1: p \neq 0$$

由 $\alpha=0.05$，根据自由度 $n-2=10$，查相关系数检验表（附表 6）得 $r_{\alpha}=0.576$。

因为 $|r|=0.88 > 0.576$，所以拒绝原假设 $p=0$，即该流域的年径流量与年降水量是显著相关的。

第五节　识别异常值的假设检验

数据准确性评估是当前统计工作中普遍关心的问题，也是统计学研究中的一个重要课题。在实际统计工作中，由于抽样调查技术问题或疏忽大意导致错报，常常会产生异常数据，这直接影响统计数据的质量，进而导致统计结果不准确，甚至错误。因此有必要寻找合适的方法来发现和处理这些异常数据。统计学界为解决这一问题已进行了许多积极探讨，已有许多较好的检验方法。通常，假设检验识别异常值基于标准差已知与标准差未知两种规则。

总体标准差 σ 为已知的正态样本，《数据的统计处理和解释 正态样本离群值的判断与处理》（GB/T 4883—2008）只给出唯一一种奈尔（Nair）检验法判断它的异常值。未知总体标准差 σ，至少有 7 种检验法。其中拉依达检验法（3s 法）只适宜于样本容量（实验次数）$n > 10$ 的情况；肖维勒（Cauvenet）检验法虽然曾独步一时，但它的显著水平 α 不固定，难于和其他方法作比较，并且它假定 n 较小时也为正态分布，这不合理。格拉布斯（Grubbs）检验法、狄克逊（Dixon）检验法、偏度检验法和峰度检验法收入国家标准 GB/T 4883—2008。本节对奈尔（Nair）检验法、格拉布斯（Grubbs）检验法和狄克逊（Dixon）检测方法做出介绍。

1. 奈尔（Nair）检验法

对样本数据按从小到大顺序排序，若异常值出现在高端，则检验 $x_{(n)}$ 是否为异常值，

计算统计量 R_n 为

$$R_n = \frac{x_{(n)} - \bar{x}}{\sigma} \tag{7-27}$$

式中：σ 为总体标准差；$\bar{x}$ 为样本均值。

确定检出水平 α，查奈尔系数表得出临界值，当 $R_n > R_{1-\alpha(n)}$ 时，判定 $x_{(n)}$ 为离群值，否则不能判定。确定剔除水平 α^*，查奈尔系数表得出临界值，当 $R_n > R_{1-\alpha^*(n)}$ 时，判定 $x_{(n)}$ 为统计离群值，否则不能判定。

若异常值出现在低端，则检验 $x_{(1)}$ 是否为异常值，计算统计量 R_n' 为

$$R_n' = \frac{\bar{x} - x_{(1)}}{\sigma} \tag{7-28}$$

确定检出水平 α，查奈尔系数表得出临界值，当 $R_n' > R_{1-\alpha(n)}$ 时，判定 $x_{(1)}$ 为离群值，否则不能判定。确定剔除水平 α^*，查奈尔系数表得出临界值，当 $R_n' > R_{1-\alpha^*(n)}$ 时，判定 $x_{(1)}$ 为统计离群值，否则不能判定。

2. 格拉布斯（Grubbs）检验法

格拉布斯检验法假定测量结果服从正态分布，根据顺序统计量来确定异常数据的取舍。做 n 次重复试验，测得结果为 $x_1, x_2, \cdots, x_i, \cdots, x_n$，服从正态分布。

为了检验 $x_i (i = 1, 2, \cdots, n)$ 中是否有异常数据，可将 x_i 按其值由小到大的顺序重新排列，得 $x_{(1)} \leqslant x_{(2)} \leqslant \cdots \leqslant x_{(n)}$，根据顺序统计原则，给出标准化顺序统计量 g：

当最小可疑值 $x_{(1)}$ 时，则 $g_{(1)} = \dfrac{\bar{x} - x_{(1)}}{S}$；

当最大可疑值 $x_{(n)}$ 时，则 $g_{(n)} = \dfrac{x_{(n)} - \bar{x}}{S}$；

式中：$\bar{x}$ 为测量值的算术平均值；S 为测量值的标准偏差。

根据格拉布斯统计量的分布，在指定的显著水平 β（一般 $\beta = 0.05$）下，求得判别可疑值的临界值 $g_{0(\beta, n)}$，格拉布斯的判别标准为

$$g \geqslant g_{0(\beta, n)} \tag{7-29}$$

若满足式（7-29）判别标准，则可疑值 $x_{(i)}$ 是异常的，应予舍去。

利用格拉布斯检验法每次只能舍去一个可疑值，若有两个以上的可疑数据，应该一个一个地舍弃，舍弃第一个数据后，检测次数由 n 变为 $n-1$，以此为基础再判别第二个可疑数据是否应该舍弃。每次均值和标准偏差要重新计算，再决定取舍。

3. 狄克逊（Dixon）检验法

首先，将 x_i 按其值由小到大的顺序重新排列，得 $x_{(1)} \leqslant x_{(2)} \leqslant \cdots \leqslant x_{(n)}$，然后按以下步骤进行判断：

（1）判断 $x_{(n)}$ 是否异常。

1）计算统计量 r_i（$i = 1, 2, 3, 4$）的值 $r_1 = \dfrac{x_{(n)} - x_{(n-1)}}{x_{(n)} - x_{(1)}}$，$r_2 = \dfrac{x_{(n)} - x_{(n-1)}}{x_{(n)} - x_{(2)}}$，$r_3 = \dfrac{x_{(n)} - x_{(n-2)}}{x_{(n)} - x_{(2)}}$，$r_4 = \dfrac{x_{(n)} - x_{(n-2)}}{x_{(n)} - x_{(3)}}$，若 $3 \leqslant n \leqslant 7$，使用 r_1；若 $8 \leqslant n \leqslant 10$，使用 r_2；若 $11 \leqslant n$

$\leqslant 13$，使用 r_3；若 $14\leqslant n\leqslant 30$，使用 r_4。

2）对于给定的显著性水平 α，用 n、α 查附表 6 得 r_α 的值。

3）$r_i > r_\alpha$（$i=1$，2，3，4），则拒绝 H_0，认为 $x_{(n)}$ 为异常值，应予以剔除，否则保留。

（2）判断 $x_{(1)}$ 是否异常。把步骤（1）中的检验统计量换为：$r_1' = \dfrac{x_{(2)} - x_{(1)}}{x_{(n)} - x_{(1)}}$，$r_2' = \dfrac{x_{(2)} - x_{(1)}}{x_{(n-1)} - x_{(1)}}$，$r_3' = \dfrac{x_{(3)} - x_{(1)}}{x_{(n-1)} - x_{(1)}}$，$r_4' = \dfrac{x_{(3)} - x_{(1)}}{x_{(n-2)} - x_{(1)}}$。其他步骤同步骤（1），就可以用来检验 $x_{(1)}$ 是否为异常值。

习 题

7-1 简述为什么需要对水文数据样本进行随机性假设检验。

7-2 简述一致性假设检验中两种统计量的应用条件。

7-3 在原假设 H_0：{样本数据相互独立} 的情况下，Wald-Wolfowitz 检验的标准化检验统计量表达式是什么？

7-4 Spearman 秩相关系数检验的基本思想是什么？

7-5 简述 χ^2 检验的检验步骤。

7-6 简述 K-S 检验的三个主要优点。

7-7 根据 15 年资料，算得某流域年径流量与年降水量的相关系数 $r=0.63$，检验该流域的年径流量和年降水量是否显著相关（$\alpha=0.05$）。

7-8 表 7-14 中（1）、（2）、（3）三列为某随机变量 X 的容量 $n=200$ 的样本频数分布（$\bar{x}=1.230$，$s=0.232$）。试用 χ^2 检验 X 是否服从正态分布 $N(0.05,\sigma^2)$。

表 7-14 　　　　　　　随机变量 X 的样本频数分布表

组序	分组	实测频数	$p_i = \phi(u_i) - \phi(u_{i-1})$	理论频数 np_i	$\dfrac{(m_i - np_i)^2}{np_i}$
(1)	(2)	(3)	(4)	(5)	(6)
1	<0.7	4	0.0113	2.26	1.339646
2	$0.7\sim0.8$	4	0.0209	4.18	0.007751
3	$0.8\sim0.9$	9	0.0456	9.12	0.001579
4	$0.9\sim1.0$	12	0.0833	16.66	1.303457
5	$1.0\sim1.1$	24	0.1266	25.32	0.068815
6	$1.1\sim1.2$	37	0.1606	32.12	0.74142
7	$1.2\sim1.3$	34	0.1696	33.92	0.000189
8	$1.3\sim1.4$	32	0.1494	29.88	0.150415
9	$1.4\sim1.5$	18	0.1097	21.94	0.707548
10	$1.5\sim1.6$	13	0.0671	13.42	0.013145
11	>1.6	13	0.0559	11.18	0.296279

7－9　以斯托达特斯维尔的里海河 1941/1942 到 2013/2014 年间的洪峰数据样本为例（表 7－15），其年峰值流量与年份关系图如图 7－4 所示。对于这个样本，检验以下假设：（a）随机性；（b）独立性；（c）一致性；（d）平稳性（对于不存在线性或非线性单调趋势）。显著性水平 $\alpha = 0.05$。

表 7－15　　斯托达特斯维尔河年峰值流量及进行 Wald－Wolfowitz、Mann－Whitney
和 Spearman's p 非参数检验的计算量

年　份	T_t	X_t /(m³/s)	m_t	子样本类别	$x_i' = X_t - \bar{x}$ /(m³/s)	Ranked X_t
1941/1942	1	445	72	1	341.9	14.0
1942/1943	2	70.0	36	1	−32.7	15.9
1943/1944	3	79.3	43.5	1	−23.4	27.2
1944/1945	4	87.5	47	1	−15.2	27.6
1945/1946	5	74.8	42	1	−27.9	28.1
1946/1947	6	159	63	1	55.8	28.3
1947/1948	7	55.2	26	1	−47.5	29.5
1948/1949	8	70.5	37	1	−32.2	29.5
1949/1950	9	53.0	25	1	−49.7	31.7
1950/1951	10	205	66	1	102.6	32.3
1951/1952	11	65.4	31	1	−37.3	33.1
1952/1953	12	103	56	1	0.38	33.4
1953/1954	13	34.0	13	1	−68.7	34.0
1954/1955	14	903	73	1	800.6	38.2
1955/1956	15	132	61	1	28.9	38.2
1956/1957	16	38.5	16	1	−64.2	38.5
1957/1958	17	101	55	1	−2.17	41.1
1958/1959	18	52.4	24	1	−50.3	42.8
1959/1960	19	97.4	53.5	1	−5.28	45.6
1960/1961	20	46.4	21	1	−56.3	45.6
1961/1962	21	31.7	9	1	−71.0	46.4
1962/1963	22	62.9	29	1	−39.8	47.0
1963/1964	23	64.3	30	1	−38.4	51.8
1964/1965	24	14.0	1	1	−88.7	52.4
1965/1966	25	15.9	2	1	−86.8	53.0
1966/1967	26	28.3	6	1	−74.4	55.2
1967/1968	27	27.2	3	1	−75.5	56.4
1968/1969	28	47.0	22	1	−55.7	60.9
1969/1970	29	51.8	23	1	−50.9	62.9

年 份	T_t	X_t /(m³/s)	m_t	子样本类别	$x'_i = X_t - \bar{x}$ /(m³/s)	Ranked X_t
1970/1971	30	33.4	12	1	−69.3	64.3
1971/1972	31	90.9	49	1	−11.8	65.4
1972/1973	32	218	67	1	115.4	66.0
1973/1974	33	80.4	45	1	−22.3	68.5
1974/1975	34	60.9	28	1	−41.8	68.5
1975/1976	35	68.5	33.5	1	−34.2	69.9
1976/1977	36	56.4	27	1	−46.3	70.0
1977/1978	37	84.7	46	2	−18.0	70.5
1978/1979	38	69.9	35	2	−32.8	72.5
1979/1980	39	66.0	32	2	−36.7	73.1
1980/1981	40	38.2	14.5	2	−64.5	73.1
1981/1982	41	32.3	10	2	−70.4	74.2
1982/1983	42	119	60	2	16.0	74.8
1983/1984	43	105	58	2	2.08	79.3
1984/1985	44	237	68	2	134.6	79.3
1985/1986	45	117	59	2	14.0	80.4
1986/1987	46	95.7	51	2	−6.98	84.7
1987/1988	47	41.1	17	2	−61.0	87.5
1988/1989	48	88.6	48	2	−14.1	88.6
1989/1990	49	29.5	7.5	2	−73.2	90.9
1990/1991	50	45.6	19.5	2	−57.1	95.4
1991/1992	51	28.1	5	2	−74.6	95.7
1992/1993	52	104	57	2	1.52	96.6
1993/1994	53	68.5	33.5	2	−34.2	97.4
1994/1995	54	29.5	7.5	2	−73.2	97.4
1995/1996	55	204	65	2	100.9	101
1996/1997	56	97.4	53.5	2	−5.28	103
1997/1998	57	38.2	14.5	2	−64.5	104
1998/1999	58	72.5	38	2	−30.2	105
1999/2000	59	33.1	11	2	−69.6	117
2000/2001	60	45.6	19.5	2	−57.1	119
2001/2002	61	154	62	2	51.4	132
2002/2003	62	79.3	43.5	2	−23.4	154
2003/2004	63	289	69	2	186.1	159
2004/2005	64	184	64	2	81.4	184

年　份	T_t	X_t /(m³/s)	m_t	子样本类别	$x_i' = X_t - \bar{x}$ /(m³/s)	Ranked X_t
2005/2006	65	297	70.5	2	194.6	204
2006/2007	66	73.1	39.5	2	−29.6	205
2007/2008	67	96.6	52	2	−6.13	218
2008/2009	68	73.1	39.5	2	−29.6	237
2009/2010	69	74.2	41	2	−28.5	289
2010/2011	70	297	70.5	2	194.6	297
2011/2012	71	27.6	4	2	−75.1	297
2012/2013	72	42.8	18	2	−60.0	445
2013/2014	73	95.4	50	2	−7.26	903

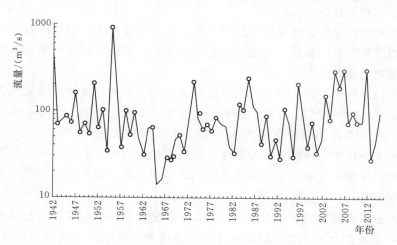

图 7-4　年峰值流量与年份关系图

第七章习题答案

第八章　相关和回归分析

第一节　概　　述

自然界中的许多现象并不是各自独立的，而是相互之间有着一定的联系。用相关系数来表示各因素之间的密切程度，用回归方程来表达各因素之间的统计关系。前者的研究称为相关分析，后者的研究称为回归分析。实际上，这两者是紧密联系的，在水文计算中，常把它们合称为相关分析。

相关分析和回归分析是研究变量间相关关系的主要方法，它们之间既有相似之处，也有区别。相似之处是它们都是研究变量间的相关关系，都要用到相关系数、回归方程等概念。它们的差别主要有以下 3 点：

（1）在回归分析中，一个变量称为因变量，其他一个变量或多个变量称为自变量，因变量处在被解释的特殊地位。在相关分析中，变量与变量之间处于平等地位，即研究变量 Y 与变量 X 的密切程度与研究变量 X 与变量 Y 的密切程度是一回事。

（2）在相关分析中，所涉及的变量全是随机变量。而在回归分析中，因变量是随机变量，自变量可以是随机变量，也可以是非随机的确定变量，通常的回归模型中，总是假定自变量是确定变量。

（3）相关分析主要研究的是变量间线性相关的密切程度，而回归分析研究的则是一个随机变量与一个或多个变量之间的依赖关系，不仅可以揭示自变量对因变量的影响大小，还可以由回归方程对因变量进行预测和插补延长。

在水文分析计算中，常常遇到某水文变量的实测资料较少或短缺，但与其相关的某变量具有较长的观测资料，这样就可以通过回归方程对短系列进行插补延长。例如，某河仅有短期的径流记录，而流域上的降雨记录较长，则可以建立降雨与径流的相关关系，把缺测时期的径流量补算出来。又如，某些水文观测项目往往由于时间和环境的限制，不可能做到连续观测，而只能借助于另一水文观测项目来插补，比如流量的观测只能定时进行，而水位可以连续观测，所以水文计算中常用水位-流量关系曲线由水位推算流量。

相关分析这一工具只有在正确使用时才有效，所以在计算之前，必须分析所研究现象之间是否存在物理联系，不能把毫无关系的现象仅凭其数字上的偶然巧合而硬凑出它们的关系，这属于假相关，是没有意义的。

回归分析的主要任务，就是根据因变量和自变量的观测数据，确定它们之间的趋势函数并对其进行统计分析。

第二节 相 关 分 析

一、相关的种类

1. 按关系密切程度分类

（1）完全相关。两个变量 x 与 y 之间，若 y 严格随着 x 的变化而变化，则这两个变量之间的关系就是完全相关（或称函数关系），其函数关系的形式可以是直线，也可以是曲线，如图 8-1 所示。完全相关时的点都落在直线或曲线上，这种情况在水文现象中很少发生。

（2）零相关（没有关系）。若两个变量 x 与 y 之间的关系十分零乱，无法找出它们之间的联系，如图 8-2 所示，则称为零相关或没有关系。

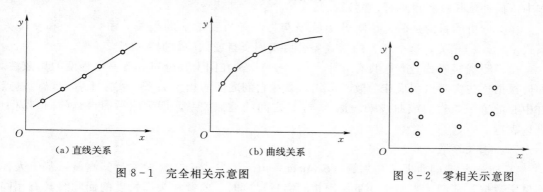

图 8-1 完全相关示意图

图 8-2 零相关示意图

（3）统计相关。这种关系介于完全相关与零相关之间。如果把这种关系的点画在方格纸上，则能发现这些点有某种明显的趋势，通过点群中心可以配出直线或曲线，如图 8-3 所示。统计相关在水文分析计算中广泛应用，由于影响水文现象的因素错综复杂，有时为简便起见，只考虑其中最主要的一个因素而略去次要因素。例如，径流与相应的降雨量之间的关系，或同一断面的流量与相应水位之间的关系等。如果把它们的对应数值点绘在方格纸上，便可看出这些点虽有些散乱，但其关系有一个明显的趋势，这种趋势可以用直线或曲线来配合，当相关程度比较密切时，可以用它来做资料的插补延长或预测。

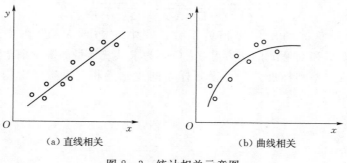

图 8-3 统计相关示意图

2. 按变量的多少分类

（1）简单相关。两个随机变量的相关，称为简单相关，需要用到概率论中的二维分布。

（2）复相关。3 个或 3 个以上随机变量的相关，称为复相关（或多变数相关），这时需要用到多维分布的理论。

（3）偏相关。在若干个自变量中，只研究其中一个自变量对倚变量的关系，而把其他自变量视作不变，称为偏相关。

相关还按待定参数是线性或非线性关系，分为线性相关和非线性相关。

二、相关分析的内容

对于在水文物理成因上确实是有联系的随机变量，可以用数理统计法来分析它们之间的相关关系，从而更好地了解它们之间内部联系的规律性，并将这些规律性应用于实际工作中（插补延长资料或进行预测）。

相关分析的目的是研究某随机变量 x 与另一随机变量 y 的相关关系。令 x 和 y 按关系式 $y = \varphi(x)$ 相关，这个相关的形式需要由实测资料或试验数据来确定。

设实测资料或试验数据共有 n 个点 (x_i, y_i)，画在图上其分布具有一定程度的离散性。如何根据这些实测点用最佳的数学形式来表达它们之间的相关关系？实际上，可以通过点群中心配置一条直线或曲线来表达 X 与 Y 之间的近似关系，即采用后面讲解的回归模型进行表达。

三、相关系数

在 1888 年弗朗西斯·高尔顿（Francis Galton）发表论文《相关及其测量：基于人种测量学数据》证明了当两个变量使用相同测量尺度时，前臂和头部长度的回归线具有相同的斜率（记为 r）。他将 r 作为描述相关性的一个指数，并称它为回归系数。后来，统计学家卡尔·皮尔逊（Karl Pearson）在此基础上设计出了用于研究两个变量之间的相关程度的统计指标，该系数由此被后世熟知，并称为相关系数。

皮尔逊相关系数是现代统计理论中评估两个变量之间线性关系的最佳代表。两个连续变量 (X, Y) 的皮尔逊相关性系数 $(\rho_{X,Y})$ 等于它们之间的协方差 $\mathrm{Cov}(X, Y)$ 除以它们各自标准差的乘积 (σ_X, σ_Y)，即

$$
\begin{aligned}
\rho_{X,Y} &= \frac{\mathrm{Cov}(X, Y)}{\sigma_X \sigma_Y} = \frac{E[(X - EX)(Y - EY)]}{\sigma_X \sigma_Y} \\
&= \frac{E(XY) - E(X)E(Y)}{\sqrt{E(X^2) - E^2(X)}\sqrt{E(Y^2) - E^2(Y)}}
\end{aligned}
\tag{8-1}
$$

式（8-1）定义了总体的皮尔逊相关系数，其中 $\sigma_i (i = X, Y)$ 为变量 i 的标准差；$\mathrm{Cov}(X, Y)$ 为变量 X 和变量 Y 的协方差；$E(\cdot)$ 为求某统计量的数学期望。

估算样本的协方差和标准差，可得到样本的皮尔逊相关系数，常用英文小写字母 r 表示：

$$
r = \frac{\sum_{i=1}^{n}(x_i - \bar{x})(y_i - \bar{y})}{\sqrt{\sum_{i=1}^{n}(x_i - \bar{x})^2 \sum_{i=1}^{n}(y_i - \bar{y})^2}}
\tag{8-2}
$$

第三节 一元线性回归模型

一、回归方程

假设年径流量和年降雨量两个变量之间的线性关系为式（8-3），其样本点的分布如图8-4所示。

$$y = a + bx \qquad (8-3)$$

式中：x 为自变量（年降雨量）；y 为倚变量（年径流量）；a，b 为待定常数。

如果方程式中只含有一个自变量 x，则称为一元线性回归方程。为了利用回归方程由自变量（年降雨量）计算因变量（年径流量），必须根据观测数据对回归方程式（8-3）中的系数 a，b 进行估计。

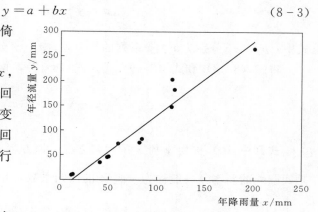

图8-4 年径流量和年降雨量线性关系示意图

二、参数估计

从图8-4可以看出，观测点与配合的直线在纵轴方向的离差为

$$\Delta y_i = y_i - \hat{y}_i = y_i - a - bx_i \qquad (8-4)$$

要使直线拟合"最佳"，须使离差 Δy_i 的平方和为"最小"。

$$\sum_{i=1}^{n} (\Delta y_i)^2 = \sum_{i=1}^{n} (y_i - \hat{y}_i)^2 = \sum_{i=1}^{n} (y_i - a - bx_i)^2 \qquad (8-5)$$

欲使式（8-5）取得极小值，可分别对 a 和 b 求一阶导数，并使其等于0，即令

$$\left. \begin{array}{c} \dfrac{\partial \sum\limits_{i=1}^{n} (y_i - a - bx_i)^2}{\partial a} = 0 \\[4mm] \dfrac{\partial \sum\limits_{i=1}^{n} (y_i - a - bx_i)^2}{\partial b} = 0 \end{array} \right\} \qquad (8-6)$$

解方程组，可得

$$b = \frac{\sum\limits_{i=1}^{n} (x_i - \bar{x})(y_i - \bar{y})}{\sum\limits_{i=1}^{n} (x_i - \bar{x})^2} = \frac{\sum\limits_{i=1}^{n} (x_i - \bar{x})(y_i - \bar{y})}{\sqrt{\sum\limits_{i=1}^{n} (x_i - \bar{x})^2 \sum\limits_{i=1}^{n} (y_i - \bar{y})^2}} \frac{\sqrt{\sum\limits_{i=1}^{n} (y_i - \bar{y})^2}}{\sqrt{\sum\limits_{i=1}^{n} (x_i - \bar{x})^2}}$$

$$(8-7)$$

将相关系数的定义式（8-2）代入式（8-7），即得

$$b = r \frac{\sqrt{\sum\limits_{i=1}^{n}(y_i - \bar{y})^2}}{\sqrt{\sum\limits_{i=1}^{n}(x_i - \bar{x})^2}} = r\frac{\sigma_y}{\sigma_x} \qquad (8-8)$$

故此，

$$a = \bar{y} - b\bar{x} = \bar{y} - r\frac{\sigma_y}{\sigma_x}\bar{x} \qquad (8-9)$$

式中：σ_x、σ_y 分别为 x、y 系列的均方差；$\bar{x}$、$\bar{y}$ 分别为 x、y 系列的均值。

将式（8-8）和式（8-9）代入式（8-3），得

$$y - \bar{y} = r\frac{\sigma_y}{\sigma_x}(x - \bar{x}) \qquad (8-10)$$

式（8-10）称为 y 倚 x 的回归方程，该方程表达的直线称为 y 倚 x 的回归线。$r\frac{\sigma_y}{\sigma_x}$ 是回归线的斜率，一般称为 y 倚 x 的回归系数，并记为 $R_{y/x}$，即

$$R_{y/x} = r\frac{\sigma_y}{\sigma_x} \qquad (8-11)$$

三、误差分析

回归线仅是观测点据的最佳配合线，因此回归线只反映两变量间的平均关系，利用回归线来插补延长系列时总有一定的误差。这种误差有的大，有的小，根据误差理论，其分布一般服从正态分布。为了衡量这种误差的大小，常采用均方误来表示，如用 S_y 表示 y 倚 x 回归线的均方误，y_i 为观测点据的纵坐标，$\hat{y}_i$ 为通过回归线求得的横坐标 x_i 对应的纵坐标，n 为观测项数，则

$$S_y = \sqrt{\frac{\sum(y_i - \hat{y}_i)^2}{n-2}} \qquad (8-12)$$

同样，x 倚 y 回归线的均方误差 S_x 为

$$S_x = \sqrt{\frac{\sum(x_i - \hat{x}_i)^2}{n-2}} \qquad (8-13)$$

回归线的均方误 S_y 与变量的均方差 σ_y 从性质上讲是不同的。前者由观测点与回归线之间的离差求得，而后者由观测点与它的均值之间的离差求得。根据统计学上的推理，可以证明两者具有下列关系：

$$S_y = \sigma_y\sqrt{1-r^2} \qquad (8-14)$$

$$S_x = \sigma_x\sqrt{1-r^2} \qquad (8-15)$$

如上所述，由回归方程式算出的 $\hat{y}_i$ 值，仅仅是许多 y_i 的一个"最佳"拟合或平均趋

势值。按照误差原理，这些可能的取值 y_i 落在回归线两侧一个均方误范围内的概率为 68.27%，落在 3 个均方误范围内的概率为 99.7%，如图 8-5 所示。

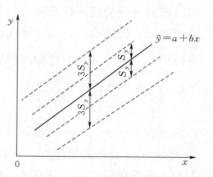

图 8-5 y 倚 x 回归线的误差范围

由式（8-14）和式（8-15）可知：

（1）若 $r^2 = 1$，则均方误 S_y（或 S_x）$= 0$，表示对应值 x_i、y_i 均落于回归线上，两变量间具有函数关系，即前面说的完全相关。

（2）若 $r^2 = 0$，则 $S_y = \sigma_y$ 或 $S_x = \sigma_x$，此时误差值达到最大值，说明以直线代表点据的误差达到最大，这两种变量没有关系，即前面说的零相关，也可能是非直线相关。

（3）若 $0 < r^2 < 1$，介于上述两种情况之间时，其相关程度密切与否，视 r 的大小而定。r 值越大，均方误 S_y（或 S_x）越小。当 r 越接近于 1，点据越靠近于回归直线，x、y 间的关系越密切。r 为正值时，表示正相关；r 为负值时，表示负相关。

点据分布和相关系数关系示意图如图 8-6 所示。

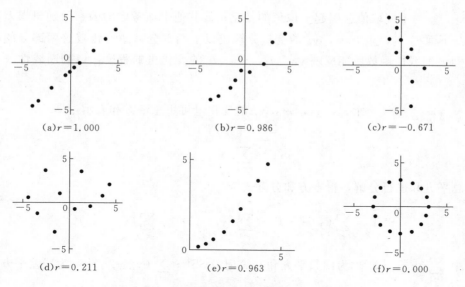

图 8-6 点据分布和相关系数关系示意图

在水文计算中，要求同期观测资料不能太少，n 值应在 12 以上。资料短，计算成果不可靠。一般要求相关系数 $|r| \geqslant 0.8$，且回归线的均方误 S_y 不大于均值 $\bar{y}$ 的 15%。

从以上分析可知，在直线相关的情况下，r 可以表示两变量相关的密切程度，所以将 r 作为直线相关密切程度的指标。但是相关系数 r 不是从物理成因推导出来的，而是从直线拟合点据的离差概念推导出来的，因此当 $r = 0$（或接近于 0）时，只表示两变量间无直线关系存在。

四、回归方程的显著性检验

关于回归方程的检验，在一元线性回归中，也就是相关系数的检验。

当得到一个实际问题的经验回归方程 $\hat{y} = \hat{a} + \hat{b}x$ 后，还不能立即用于分析和预测。因为 $\hat{y} = \hat{a} + \hat{b}x$ 是否真正描述了变量 y 和 x 之间的内在相关关系，还需要用统计方法进行检验。

回归方程 $E(y) = \hat{a} + \hat{b}x$ 解释了 y 的均值随 x 的变化而变化的线性规律。但是如果 $E(y)$ 不随 x 的变化作线性变化，则得到的经验回归方程（一元线性）就没有意义，即称回归方程不显著；反之，如果 $E(y)$ 随 x 的变化作线性变化，那么得到的经验回归方程（一元线性）就有意义，即称回归方程是显著的。

在对回归方程进行检验时，通常需要随机误差项的正态性假定。回归方程 $E(y) = \hat{a} + \hat{b}x$ 告诉我们，如果 y 和 x 之间的线性关系显著，则 $\hat{b} \neq 0$。对回归方程是否有意义的判断就是要作如下的显著性检验：

$$H_0 : \hat{b} = 0 \quad H_1 : \hat{b} \neq 0$$

因变量 y 的观测值 y_1，y_2，$\cdots$，y_n 之所以有差异，是由两个原因引起的：①线性函数 $\hat{a} + \hat{b}x$，x 的不同取值会引起 y 取值的变化；②其他未加考虑的因素及随机误差所产生的影响。下面把 y_1，y_2，$\cdots$，y_n 的变量分解成以上两部分，通过比较这两部分的相对大小，分析 x 的线性函数所能反映 y_1，y_2，$\cdots$，y_n 的变化量的程度，以判断线性关系是否显著。

记 $\bar{y} = \dfrac{1}{n} \sum\limits_{i=1}^{n} y_i$，则 y_1，y_2，$\cdots$，y_n 的变化量可用总平方和表示，即

$$\text{SST} = \sum_{i=1}^{n} (y_i - \bar{y})^2$$

对总平方和进行分解，得平方和分解式为

$$\text{SST} = \sum_{i=1}^{n} (y_i - \bar{y})^2 = \sum_{i=1}^{n} (\hat{y}_i - \bar{y})^2 + \sum_{i=1}^{n} (y_i - \hat{y}_i)^2$$

其中 $\sum\limits_{i=1}^{n} (\hat{y}_i - \bar{y})^2$ 称为回归平方和，简记为 SSR；$\sum\limits_{i=1}^{n} (y_i - \hat{y}_i)^2$ 称为残差平方和，简记为 SSE，它反映了其他未加考虑的因素及随机误差对总平方和的贡献。

可以证明，当原假设 H_0 成立时，即 $\hat{b} = 0$ 时，有 F 统计量为

$$F = \frac{\text{SSR}}{\text{SSE}/(n-2)} \sim F(1, n-2) \tag{8-16}$$

把 F 作为检验统计量，对于给定的显著性水平 α，H_0 的拒绝域为

$$\{ F > F_\alpha (1, \ n-2) \}$$

若 F 统计量的观测值为 F_0，则 P 值为

$$P = P\{ F > F_0 \}$$

一元线性回归方程显著性检验分析见表8-1。

表8-1 一元线性回归方程显著性检验分析表

方差来源	自由度	平方和	均方	F 值	P 值
回归	1	SSR	SSR/1	$\dfrac{SSR}{SSE/(n-2)}$	$P(F>F\text{ 值})=P\text{ 值}$
残差	$n-2$	SSE	SSE/$(n-2)$		
总和	$n-1$	SST			

五、避免假相关与辗转相关

在实际工作中,应用回归分析时,常见的两种不正确的用法:一是假相关;二是辗转相关。

1. 假相关

假相关是指原来不相关或弱相关的两个变量,通过函数变换,或两者(或其中之一)加入共同成分,导致相关关系变得密切。

2. 辗转相关

在水文计算中,常需要由变量 X(称为自变量)系列,插补展延变量 Y(称为因变量)系列。如果变量 Y 与 X 的相关关系较弱,而另一变量 Z(称为中间变量)与 X 及 Y 的相关关系都比较好,于是先用 Z 倚 X 的回归方程,由 X 系列插补展延 Z 系列,再用 Y 倚 Z 的回归方程,由 Z 系列插补展延 Y 系列。这种方法称为辗转相关,仅有一个中间变量的称为一次辗转相关,中间变量多于一个的称为多次辗转相关。

虽然辗转相关的中间过程似乎有较好的相关关系,但是,可以证明,在一般情况下,辗转相关的误差大于直接相关的误差。所以,试图通过辗转相关提高精度的想法是不正确的。

【例8-1】 已知某站年降雨量与年径流量实测资料,见表8-2,试推求其回归方程。

表8-2 某站年降雨与年径流量相关计算表

年份	年降雨量 x /mm	年径流量 y /mm	$x_i-\bar{x}$ /mm	$y_i-\bar{y}$ /mm	$(x_i-\bar{x})(y_i-\bar{y})$
1954	2014	1362	665.5	515	342732.5
1955	1211	728	-137.5	-119	16362.5
1956	1728	1369	379.5	522	198099
1957	1157	695	-191.5	-152	29108
1958	1257	720	-91.5	-127	11620.5
1959	1029	534	-319.5	-313	100003.5
1960	1306	778	-42.5	-69	2932.5
1961	1029	337	-319.5	-510	162945
1962	1310	809	-38.5	-38	1463
1963	1356	929	7.5	82	615
1964	1266	796	-82.5	-51	4207.5

年份	年降雨量 x /mm	年径流量 y /mm	$x_i-\bar{x}$ /mm	$y_i-\bar{y}$ /mm	$(x_i-\bar{x})(y_i-\bar{y})$
1965	1052	383	-296.5	-464	137576
1966	1612	1253	263.5	406	106981
1967	1552	1165	203.5	318	64713
均值	1348.5	847			

解:

（1）计算均值。

$$\bar{x}=\frac{\sum x_i}{n}=\frac{20227.5}{14}=1348.5 \qquad \bar{y}=\frac{\sum y_i}{n}=\frac{11858}{14}=847$$

（2）计算各种和式。

$$\sum_{i=1}^{n}(x_i-\bar{x})^2=1063930$$

$$\sum_{i=1}^{n}(y_i-\bar{y})^2=1145958$$

$$\sum_{i=1}^{n}(x_i-\bar{x})(y_i-\bar{y})=1179359$$

（3）计算相关系数。

$$r=\frac{\sum\limits_{i=1}^{n}(x_i-\bar{x})(y_i-\bar{y})}{\sqrt{\sum\limits_{i=1}^{n}(x_i-\bar{x})^2\sum\limits_{i=1}^{n}(y_i-\bar{y})^2}}=\frac{1179359}{\sqrt{1063930\times1145958}}=0.9508$$

r 大于 0.8。

（4）计算均方差。

$$\sigma_x=\sqrt{\frac{\sum\limits_{i=1}^{n}(x_i-\bar{x})^2}{n}}=275.67$$

$$\sigma_y=\sqrt{\frac{\sum\limits_{i=1}^{n}(y_i-\bar{y})^2}{n}}=321.38$$

（5）计算回归系数。

$$R_{y/x}=r\frac{\sigma_y}{\sigma_x}=1.1085$$

（6）y 倚 x 的回归方程。

$$y=\bar{y}+R_{y/x}(x-\bar{x})=1.1085x-647.8$$

（7）回归直线的均方误差。

$$S_y=\sigma_y\sqrt{1-r^2}=321.38\times\sqrt{1-0.9508^2}=99.6$$

那么 $\frac{S_y}{\bar{y}} = 0.118 = 11.8\% < 15\%$。

【例 8-2】 黄河上甲、乙两个雨量站的年降水量同步观测系列（1987—2005 年）见表 8-3。假设乙站缺测 2006—2009 年的年降水量，求：

（1）建立两站年降水量的回归方程。

（2）设 $\alpha = 0.05$，判断回归方程是否显著。

（3）插补乙站 2006—2009 年缺测的年降水量。

表 8-3 甲、乙两个雨量站的观测数据

年份	甲站年降水量 /mm	乙站年降水量 /mm	年份	甲站年降水量 /mm	乙站年降水量 /mm
1987	558.2	524.9	1999	871.5	796.5
1988	730.7	624.8	2000	578.1	503.9
1989	885.8	843.5	2001	571.2	475.1
1990	756.4	852.5	2002	788.1	675.0
1991	572.5	595.1	2003	773.7	660.7
1992	841.2	858.9	2004	631.3	619.7
1993	895.6	770.9	2005	531.5	507.6
1994	1019.9	870.9	2006	974.5	(900.9)
1995	740.9	616.6	2007	439.2	(380.9)
1996	569.2	442.7	2008	735.2	(714.3)
1997	820.6	742.1	2009	630.4	(618.1)
1998	728.7	699.2			

解：（1）选择 1987—2005 年两站同步资料进行计算。设甲站年降水量序列为 x_i，乙站年降水量序列为 y_i，计算结果见表 8-4。

表 8-4 两站降水量序列计算结果

年份	甲站年降水量 x_i/mm	乙站年降水量 y_i/mm	$x_i - \bar{x}$ /mm	$y_i - \bar{y}$ /mm	$(x_i - \bar{x})(y_i - \bar{y})$
1987	558.2	524.9	−171.5	−142.5	24444.75
1988	730.7	624.8	1.0	−42.6	−40.81
1989	885.8	843.5	156.1	176.1	27481.80
1990	756.4	852.5	26.7	185.1	4934.38
1991	572.5	595.1	−157.2	−72.3	11368.60
1992	841.2	858.9	111.5	191.5	21344.19
1993	895.6	770.9	165.9	103.5	17166.29

年份	甲站年降水量 x_i/mm	乙站年降水量 y_i/mm	$x_i - \bar{x}$ /mm	$y_i - \bar{y}$ /mm	$(x_i - \bar{x})(y_i - \bar{y})$
1994	1019.9	870.9	290.2	203.5	59047.13
1995	740.9	616.6	11.2	−50.8	−566.82
1996	569.2	442.7	−160.5	−224.7	36073.81
1997	820.6	742.1	90.9	74.7	6787.08
1998	728.7	699.2	−1.0	31.8	−33.14
1999	871.5	796.5	141.8	129.1	18300.94
2000	578.1	503.9	−151.6	−163.5	24793.48
2001	571.2	475.1	−158.5	−192.3	30487.65
2002	788.1	675.0	58.4	7.6	443.52
2003	773.7	660.7	44.0	−6.7	−294.52
2004	631.3	619.7	−98.4	−47.7	4695.69
2005	531.5	507.6	−198.2	−159.8	31679.09
均值	729.7	667.4			

1）计算均值：

$$\bar{x} = \frac{\sum x_i}{n} = 729.7 , \bar{y} = \frac{\sum y_i}{n} = 667.4$$

2）计算各种和式：

$$\sum_{i=1}^{n} (x_i - \bar{x})^2 = 360050.17$$

$$\sum_{i=1}^{n} (y_i - \bar{y})^2 = 349372.66$$

$$\sum_{i=1}^{n} (x_i - \bar{x})(y_i - \bar{y}) = 318113.12$$

3）计算相关系数：

$$r = \frac{\sum_{i=1}^{n} (x_i - \bar{x})(y_i - \bar{y})}{\sqrt{\sum_{i=1}^{n} (x_i - \bar{x})^2 \sum_{i=1}^{n} (y_i - \bar{y})^2}} = 0.8969$$

4）计算均方差：

$$\sigma_x = \sqrt{\frac{\sum_{i=1}^{n} (x_i - \bar{x})^2}{n}} = 137.66$$

$$\sigma_y = \sqrt{\frac{\sum_{i=1}^{n} (y_i - \bar{y})^2}{n}} = 135.60$$

5）计算回归系数：

$$R_{y/x} = r\frac{\sigma_y}{\sigma_x} = 0.88$$

6）两站年降水量的回归方程为：

$$y = \bar{y} + R_{y/x}(x - \bar{x}) = 22.7 + 0.88x$$

回归方程的图形表达如图 8-7 所示。

7）回归直线的均方误差：

$$S_y = \sigma_y\sqrt{1 - r^2} = 59.96$$

那么 $\frac{S_y}{\bar{y}} \times 100\% = 8.98\% < 15\%$，其均方误差 S_y 不大于均值 $\bar{y}$ 的 15%。

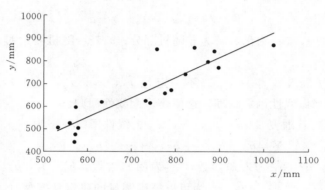

图 8-7　计算的回归线

（2）判断回归方程的显著性。

$$SSR = \sum_{i=1}^{n}(\hat{y}_i - \bar{y})^2 = 281060.71$$

$$SSE = \sum_{i=1}^{n}(y_i - \hat{y}_i)^2 = 68311.95$$

$$F = \frac{SSR}{SSE/(n-2)} = 69.94$$

查附表 7 得 $F_{0.05}(1, 17) = 4.45$，F 值大于 $F_{0.05}(1, 17)$，所以认为回归方程是显著的。

（3）利用回归方程插补乙站 2006—2009 年缺测的年降水量，计算结果见表 8-5。

表 8-5　　　　　　　　　　乙站 2006—2009 年缺测年份的年降水量

年份	甲站 x_i /mm	乙站回归值/mm	乙站实测值 y_i /mm
2006	974.5	880.3	900.9
2007	439.2	409.2	380.9
2008	735.2	669.7	714.3
2009	630.4	577.5	618.1

第四节　多元线性回归模型

一、多元线性回归模型

实际问题中，一元线性回归只不过是多元线性回归的一种特例，它通常是对影响某种现象的许多因素进行简化的结果，如考虑水库入库流量预报时，入库流量 Y 除了受上游水文站水位 x_1 的影响外，还与库区降水量 x_2、库区蒸发量 x_3、库区土壤特性 x_4、库区下垫面坡度 x_5、水库出库流量 x_6 等因素有关，这样变量 Y 就与多个变量 x_i 相关。由于观察中总存在随机因素的影响，因此，把 Y 与 x_1，x_2，x_3，x_4，x_5，x_6 之间的关系分为两部分来研究，即

$$Y=f(x_1,x_2,\cdots,x_6)+a \tag{8-17}$$

式中：$f(x_1$，x_2，$\cdots$，$x_6)$ 为函数，为非随机部分；a 表示随机因素对水库入库流量的影响作用，是随机部分。

一般情况下，$f(x_1$，x_2，$\cdots$，$x_6)$ 不一定是 x_1，x_2，x_3，x_4，x_5，x_6 的线性函数，为处理方便可近似当做线性函数处理，这便是多元线性回归。

设随机变量 Y 与普通变量 x_1，x_2，$\cdots$，x_p 的线性回归模型为

$$Y=b_0+b_1x_1+b_2x_2+\cdots+b_px_p+a \tag{8-18}$$

式中：b_0，b_1，b_2，$\cdots$，b_p 为未知参数，b_0 为回归常数，b_0，b_1，b_2，$\cdots$，b_p 称为回归系数；Y 为因变量；x_1，x_2，$\cdots$，x_p 为可以精确测量的确定性变量（自变量）；a 为随机误差，通常假定 a 满足 $E(a)=0$，$D(a)=\sigma^2$ 或进一步假定 $a\sim N(0,\sigma^2)$。

对于一个实际问题，如果获得 n 组观测数据 $(x_{i1},x_{i2},\cdots,x_{ip},y_{i1})(i=1,2,\cdots,n)$ 则线性回归模型可表示为

$$\begin{cases} y_1=b_0+b_{11}x+b_{12}x_2+\cdots+b_{1p}x_p+a_1 \\ y_2=b_0+b_{21}x+b_{22}x_2+\cdots+b_{2p}x_p+a_2 \\ \quad\vdots \\ y_n=b_0+b_{n1}x+b_{n2}x_2+\cdots+b_{np}x_p+a_n \end{cases}$$

写成矩阵形式为

$$\boldsymbol{Y}=\boldsymbol{X}\boldsymbol{b}+\boldsymbol{a} \tag{8-19}$$

其中

$$\boldsymbol{Y}=\begin{bmatrix} y_1 \\ y_2 \\ \vdots \\ y_n \end{bmatrix} \quad \boldsymbol{X}=\begin{bmatrix} 1 & x_{11} & \cdots & x_{1p} \\ 1 & & & \\ \vdots & \vdots & & \vdots \\ 1 & x_{n1} & \cdots & x_{np} \end{bmatrix} \quad \boldsymbol{b}=\begin{bmatrix} b_1 \\ b_2 \\ \vdots \\ b_p \end{bmatrix} \quad \boldsymbol{a}=\begin{bmatrix} a_1 \\ a_2 \\ \vdots \\ a_n \end{bmatrix}$$

$\boldsymbol{X}$ 为 $n\times(p+1)$ 矩阵，称 $\boldsymbol{X}$ 为回归设计矩阵。

二、参数估计

多元线性回归方程未知参数 b_0，b_1，b_2，$\cdots$，b_p 的估计与一元线性回归方程的参数估计原理一样，仍可采用最小二乘法。对于式（8-19）表示的回归模型的矩阵形式 $\boldsymbol{Y}=$

$Xb+a$，最小二乘法，就是寻找参数 b_0，b_1，b_2，$\cdots$，b_p 的估计值 $\hat{b}_0$，$\hat{b}_1$，$\hat{b}_2$，$\cdots$，$\hat{b}_p$，使偏差平方和达到最小，即

$$Q(b_0,b_1,b_2,\cdots,b_p)=\sum_{i=1}^{n}(y_i-b_0-b_1x_{i1}-b_2x_{i2}-b_px_{ip})^2 \qquad (8-20)$$

按照式（8-20）求出的 $\hat{b}_0$，$\hat{b}_1$，$\hat{b}_2$，$\cdots$，$\hat{b}_p$ 称为参数 b_0，b_1，b_2，$\cdots$，b_p 的最小二乘估计。

从式（8-20）中求 $\hat{b}_0$，$\hat{b}_1$，$\hat{b}_2$，$\cdots$，$\hat{b}_p$ 是一个求极值的问题。由于 Q 是关于 b_0，b_1，b_2，$\cdots$，b_p 的非负二次函数，因而它的最小值存在，根据微积分中求极值的方法，可得 $\hat{b}_0$，$\hat{b}_1$，$\hat{b}_2$，$\cdots$，$\hat{b}_p$ 应满足以下方程组，即

$$Q(\hat{b}_0,\hat{b}_1,\hat{b}_2,\cdots,\hat{b}_p)=\sum_{i=1}^{n}(y_i-\hat{b}_0-\hat{b}_1x_{i1}-\hat{b}_2x_{i2}-\hat{b}_px_{ip})^2$$

$$=\min_{b_0,b_1,b_2,\cdots,b_p}\sum_{i=1}^{n}(y_i-\hat{b}_0-\hat{b}_1x_{i1}-\hat{b}_2x_{i2}-\hat{b}_px_{ip})^2 \qquad (8-21)$$

$$\begin{cases} \dfrac{\partial Q}{\partial b_0}=-2\sum_{i=1}^{n}(y_i-b_0-b_{11}x_{i1}b_{12}x_{i2}-\cdots-b_{1p}x_{ip})=0 \\ \dfrac{\partial Q}{\partial b_1}=-2\sum_{i=1}^{n}(y_i-b_0-b_{11}x_{i1}-b_{12}x_{i2}-\cdots-b_{1p}x_{ip})x_{i1}=0 \\ \qquad\qquad\vdots \\ \dfrac{\partial Q}{\partial b_p}=-2\sum_{i=1}^{n}(y_i-b_0-b_{11}x_{i1}-b_{12}x_{i2}-\cdots-b_{1p}x_{ip})x_{ip}=0 \end{cases} \qquad (8-22)$$

式（8-22）称为正规方程组，为了求解方便，将式（8-22）写成矩阵形式：

$$X^{T}(Y-Xb)=0$$

整理得

$$X^{T}Xb=X^{T}Y$$

当 $(X^{T}X)^{-1}$ 存在时，可得参数的最小二乘估计为

$$\hat{b}=(X^{T}X)^{-1}X^{T}Y$$

称 $\hat{y}=\hat{b}_0+\hat{b}_1x_1+\hat{b}_2x_2+\cdots+\hat{b}_px_p$ 为经验回归方程。

同一元线性回归类似，模型公式（8-18）只是一种假定，为了考察这一假定是否符合实际观测结果，还需进行以下假设检验：

$$H_0: b_0=b_1=b_2=\cdots=b_p, \qquad H_1: b(i=1,2,\cdots,p) 不全为 0$$

若在显著性水平 α 下拒绝 H_0，就认为回归效果是显著的。

【例 8-3】 已知长江干流水文站寸滩站在朱沱站的下游，朱沱站至寸滩站有支流嘉陵江汇入，且嘉陵江上有水文站北碚站，根据 2018 年（全年共 8760 小时）三个水文站的小时平均流量过程，研究寸滩站流量倚朱沱站和北碚站流量的相关关系。

解： 建立寸滩站流量倚朱沱站和北碚站流量的多元回归方程为

$$y_t=b_0+b_1x_{1,t}+b_2x_{2,t}$$

式中：y_t 为寸滩站在第 t 小时的平均流量；$x_{1,t}$ 和 $x_{2,t}$ 分别为朱沱站和北碚站在第 t 小时

的平均流量；总小时数 $T=8760$。根据 2018 年三个水文站的小时平均流量过程，可建立矩阵方程为

$$Y = Xb + a$$

其中

$$Y = \begin{bmatrix} y_1 \\ y_2 \\ \vdots \\ y_T \end{bmatrix} \quad X = \begin{bmatrix} 1 & x_{1,1} & x_{2,1} \\ 1 & x_{1,2} & x_{2,2} \\ \vdots & \vdots & \vdots \\ 1 & x_{1,T} & x_{2,T} \end{bmatrix} \quad b = \begin{bmatrix} b_0 \\ b_1 \\ b_2 \end{bmatrix} \quad a = \begin{bmatrix} a_0 \\ a_1 \\ a_2 \end{bmatrix}$$

根据式（8-20）按最小二乘法估计建立的矩阵方程的参数 b 为

$$b = \begin{bmatrix} b_0 \\ b_1 \\ b_2 \end{bmatrix} = \begin{bmatrix} 162.2349 \\ 1.0808 \\ 0.8602 \end{bmatrix}$$

即寸滩站流量倚朱沱站和北碚站流量的多元回归方程为

$$\begin{aligned} y_t &= b_0 + b_1 x_{1,t} + b_2 x_{2,t} \\ &= 162.2349 + 1.0808 x_1 + 0.8602 x_2 \end{aligned}$$

如图 8-8 所示。

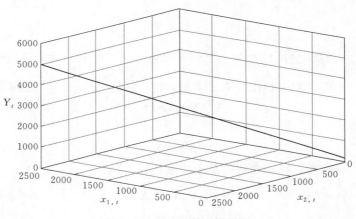

图 8-8 所配回归方程图形

求得该多元线性回归方程的相关系数为 $r=0.9901$。

均方误差为

$$S_y = \sigma_y \sqrt{1-r^2} = 1348.5604$$

那么 $\dfrac{S_y}{\bar{y}} = 0.1081 = 10.81\% < 15\%$，回归线的均方误 S_y 不大于均值 $\bar{y}$ 的 15%。

习　题

8-1　设有 A、B 两站的洪峰流量资料见表 8-6，试建立两站洪峰流量的回归方程，

并利用 A 站资料插补 B 站资料。

表 8-6　　　　　　　　　　　　　A、B 两站的洪峰流量资料

年份	1988	1989	1990	1991	1992	1993	1994	1995	1996	1997	1998	1999	2000
A 站 /(m^3/s)	98	198	154	30	71	44	184	127	27	54	24	69	36
B 站 /(m^3/s)	76	136	54	18	65	32	182	130	21	46	26		

8-2　设某河上游站洪峰水位 $H_\text{上}$ 为 x_1，下游站的同时水位 $H_\text{下}$ 为 x_2，下游站的相应洪峰水位 $H_{\text{下},\Delta t}$ 为 y（t 为洪峰水位出现的时间），现有观测资料见表 8-8。

表 8-8　　　　　　　　　　　　　某河上游站观测资料

序号	y/m	x_1/m	x_2/m	序号	y/m	x_1/m	x_2/m
1	17.58	23.45	17.08	9	20.91	26.92	20.30
2	18.17	23.99	17.70	10	19.40	24.57	19.00
3	18.24	24.88	17.55	11	20.17	25.56	19.80
4	20.13	25.83	19.71	12	19.78	24.37	19.55
5	18.33	23.04	18.10	13	17.11	22.67	16.90
6	16.74	22.26	16.60	14	19.93	25.07	19.72
7	19.02	25.03	18.49	15	19.12	24.15	18.95
8	18.48	23.44	18.38				

求：

（1）试求 y 倚 x_1，x_2 的回归方程。

（2）当 $x_1 = 24.66\text{m}$，$x_2 = 19.20\text{m}$ 时，估计 y 值。

8-3　研究同一地区土壤内所含植物可给态磷的情况，得到 18 组数据见表 8-9，其中 x_1 为土壤内所含无机磷浓度；x_2 为土壤内溶于 K_2CO_3 溶液并受溴化物水解的有机磷浓度；x_3 为土壤内溶于 K_2CO_3 溶液但不搭于溴化物的有机磷浓度；y 为栽在 20℃ 土壤内的玉米种可给态磷的浓度。

已知 y 与 x_1，x_2，x_3 之间有下述关系：

$$y_i = b_0 + b_1 x_{i,1} + b_2 x_{i,2} + b_3 x_{i,3} + \varepsilon_i \quad (i = 1, 2, \cdots, 18)$$

各 ε_i 相互独立，均服从 $N(0, a^2)$。试求出回归方程。

表 8-9　　　　　　　同一地区土壤内所含植物可给态磷的情况　　　　　　　单位：mg/kg

土壤样本	x_1	x_2	x_3	y
1	0.4	53	158	64
2	0.4	23	163	60

土壤样本	x_1	x_2	x_3	y
3	3.1	19	37	71
4	0.6	34	157	61
5	4.7	24	59	54
6	1.7	65	123	77
7	9.4	44	46	81
8	10.1	31	117	93
9	11.6	29	173	93
10	12.6	58	112	51
11	10.9	37	111	76
12	23.1	46	114	96
13	23.1	50	134	77
14	21.6	44	73	93
15	23.1	56	168	95
16	1.9	36	143	54
17	26.8	58	202	168
18	26.9	51	124	99

第八章习题答案

第九章 水文随机过程模拟

第一节 概 述

众所周知，水文现象随时间变化，一般称为水文过程。大量的实测资料表明水文过程既受到确定因素的影响，又受到随机因素的影响，是一个错综复杂的过程。一般认为水文过程由确定成分和随机成分两部分组成，确定成分表现为水文现象的趋势变化和周期性变化等，而随机成分表现为水文现象的相依性和纯随机变化。将这种受随机因素影响的水文要素随时间连续变化的过程称为水文随机过程，如降雨过程、水位过程、径流过程等，它既受确定性因素的影响，又受随机因素的影响，具有一定的随机性。例如，水文站月平均流量过程就是一个典型的水文随机过程，受地球围绕太阳公转的影响呈现出周期性变化趋势，受流域各种调节因素的影响呈现出相依性，同时又受许多随机因素的影响呈现出纯随机性。

水利水电工程规划设计时常常需要长期的水文资料，以使水利水电工程的规划设计能够考虑过去和未来各种各样的水文情势，而实际的水文资料往往难以满足水利水电工程规划设计对水文资料的需求，因此，需要研究水文随机过程，根据实测水文资料的统计特性，建立合适的水文随机过程模拟模型，模拟生成大量的水文过程。随着各种随机过程理论及分析技术的发展，逐渐形成了一门以随机水文过程为研究对象的学科，即随机水文学。与现行水文分析计算方法相比，随机水文学方法有以下显著特点：

（1）随机水文学方法采用的水文随机模型全面表征水文现象统计变化的特性，不同的水文随机模型表征水文现象变化特性的重点有所差异。有重点表征水文现象随时间变化的水文随机模型，有重点表征水文现象随空间变化的水文随机模型，也有既表征时间变化又表征空间变化的水文随机模型。一般而言，水文随机模型综合表征水文现象的时空统计变化特性，克服了现行水文分析计算法在确定设计洪水过程线时，将完整的洪水现象人为分割成洪峰、洪量和时空分配3个方面而分别孤立考虑和分析计算的弊病。

（2）由随机水文学方法能模拟出大量的洪水序列，根据工程特性模拟大量的水文序列，通过调洪计算即可得到相应的大量水利指标序列，如水库水位序列等，依据长水利指标序列即可方便又合理地获得水利指标频率曲线和各种特征值，以用于工程的规划和设计。

（3）由随机水文学方法模拟的大量的水文序列表征着未来水文现象可能出现的各种情况。现行水文分析计算法以短期实测序列为依据进行水文分析计算，而短期实测序列只能表征未来水文现象的一种可能情况，在工程规划、设计时不能只考虑一种情况，而必须考虑工程运行期内可能出现的各种情况，并据此估计水利指标的抽样误差，使设计更加合理、可靠。因此。随机水文学方法在实际工程应用中有许多优越之处。

随机水文学方法是在水文分析计算方法的基础上发展起来的一种先进的方法，一方面对现行水文分析计算法所存在的问题进行了重大改进，另一方面更全面、客观，适应性也更强。随机水文学方法的关键在于如何根据样本序列建立一个实用的水文随机模型，这就是本章重点要讲述的内容。

第二节　随机过程的统计特征

随机过程用 $X(t)$ 表示，其一维分布函数为

$$F_1(x,t) = P(X(t) \leqslant x) \tag{9-1}$$

式中：$F_1(x,t)$ 为水文随机序列的分布函数。

若 $\partial F_1(x,t)/\partial x$ 存在，则 $f_1(x,t) = \partial F_1(x,t)/\partial x$ 为水文随机序列的密度函数。相应地，随机过程 $X(t)$ 的 m 维分布函数为

$$F_m(x_1,x_2,\cdots,x_m;t_1,t_2,\cdots,t_m) = P(X(t_1) \leqslant x_1, X(t_2) \leqslant x_2, \cdots, X(t_m) \leqslant x_m) \tag{9-2}$$

随机过程 $X(t)$ 的 m 维分布函数近似地描述了随机过程 $X(t)$ 的全部统计特性，m 越大，越能描述随机过程 $X(t)$ 的全部统计特性。例如，对于某水文站月径流量组成的随机过程，其一维分布函数描述了 12 个月中各月径流量截口的统计特性，其二维分布函数描述了 12 个月中任意两个月径流量截口之间的统计特性，继而其十二维分布函数描述了任意 12 个月径流量截口之间的统计特性。因此，月径流量随机过程的一维、二维、…、十二维分布函数能完全描述月径流量随机过程的全部统计特性。

随机过程的统计特征反映了其基本的统计规律，包括基本特性和分布特点等，因此，为使模拟的水文随机过程的统计规律与实测水文资料的统计规律一致，需要先根据实测水文资料估算总体的统计特征值，然后根据统计特征值建立相应的水文随机过程模拟模型。

在水文分析计算中常用的统计特征有均值函数、方差函数、均方差函数、离差系数函数、偏态系数函数、协方差函数和相关系数函数等。

1. 均值函数

随机过程 $X(t)$ 的均值函数为随机过程函数的期望值，即

$$\mu(t) = E[X(t)] = \int_{-\infty}^{\infty} x f_1(x,t) \mathrm{d}x \tag{9-3}$$

随机过程的均值函数 $\mu(t)$ 是随机过程 $X(t)$ 的理论均值，表示随机过程 $X(t)$ 的平均水平。$E[X(t)]$ 表示求随机过程 $X(t)$ 的期望值。

2. 方差和均方差函数

随机过程 $X(t)$ 的方差函数 $D(t)$ 为随机过程 $X(t)$ 的二阶中心矩，随机过程 $X(t)$ 的均方差函数 $\sigma(t)$ 为随机过程 $X(t)$ 的二阶中心矩的平方根，即

$$D(t) = E[X(t) - \mu(t)]^2 = \int_{-\infty}^{\infty} [x(t) - \mu(t)]^2 f_1(x,t) \mathrm{d}x \tag{9-4}$$

$$\sigma(t) = \sqrt{D(t)} \tag{9-5}$$

随机过程 $X(t)$ 的方差函数 $D(t)$ 和均方差函数 $\sigma(t)$ 表示随机过程 $X(t)$ 相对其均值函数 $\mu(t)$ 的绝对偏离程度。

3. 离差系数函数

随机过程 $X(t)$ 的离差系数函数为

$$C_V(t) = \frac{\sigma(t)}{\mu(t)} \tag{9-6}$$

随机过程 $X(t)$ 的离差系数函数 $C_V(t)$ 表示随机过程 $X(t)$ 相对其均值函数 $\mu(t)$ 的相对偏离程度。

4. 偏态系数函数

随机过程 $X(t)$ 的偏态系数函数为

$$C_S(t) = \frac{E[X(t) - \mu(t)]^3}{[\sigma(t)]^3} = \frac{\int_{-\infty}^{\infty} [x(t) - \mu(t)]^3 f_1(x, t) \mathrm{d}x}{[\sigma(t)]^3} \tag{9-7}$$

随机过程 $X(t)$ 的偏态系数函数 $C_S(t)$ 表示随机过程 $X(t)$ 相对其均值函数 $\mu(t)$ 两边的对称程度。

5. 协方差函数

随机过程 $X(t)$ 的协方差函数为

$$\mathrm{Cov}(t_1, t_2) = E\{[X(t_1) - \mu(t_1)][X(t_2) - \mu(t_2)]\}$$
$$= \int_{-\infty}^{\infty} \int_{-\infty}^{\infty} [x(t_1) - \mu(t_1)][x(t_2) - \mu(t_2)] f_2(x_1, x_2; t_1, t_2) \mathrm{d}x_1 \mathrm{d}x_2 \tag{9-8}$$

随机过程 $X(t)$ 的协方差函数 $\mathrm{Cov}(t_1, t_2)$ 表示随机过程 $X(t)$ 在时间 t_1 和 t_2 之间相对其均值的同向变化程度。

6. 相关系数函数

随机过程 $X(t)$ 的相关系数函数为

$$\rho(t_1, t_2) = \frac{\mathrm{Cov}(t_1, t_2)}{\sigma(t_1)\sigma(t_2)} \tag{9-9}$$

随机过程 $X(t)$ 的协方差函数 $\mathrm{Cov}(t_1, t_2)$ 和相关系数函数 $\rho(t_1, t_2)$ 均表示随机过程 $X(t)$ 在时间 t_1 和 t_2 之间的线性相关程度。

某水文站月径流量序列的部分统计特征见表 9-1，从表中可以看出，这些数字特征随月份的变化而变化。

表 9-1　　　　　　某水文站月径流量及其部分统计特征　　　　月径流量单位：亿 m^3

年份	1 月	2 月	3 月	4 月	5 月	6 月	7 月	8 月	9 月	10 月	11 月	12 月
1930	4	5	8	21	32	29	26	43	23	19	7	4
1931	4	4	6	6	32	17	120	112	86	9	5	7
1932	4	4	6	5	23	14	18	34	37	11	6	5
1933	5	4	7	23	26	24	44	36	21	44	11	8
1934	7	6	12	25	32	23	85	47	99	74	16	12
1935	10	7	10	20	19	14	189	66	63	24	18	17
⋮	⋮	⋮	⋮	⋮	⋮	⋮	⋮	⋮	⋮	⋮	⋮	⋮

续表

年份	1月	2月	3月	4月	5月	6月	7月	8月	9月	10月	11月	12月
1970	7	6	11	34	31	45	27	26	67	56	16	11
1971	8	6	11	27	33	69	35	36	37	60	46	12
1972	9	7	22	28	28	24	71	10	43	15	17	7
1973	6	6	8	29	40	35	48	35	70	61	14	7
1974	8	7	12	17	56	14	35	56	97	96	19	13
1975	8	7	8	20	31	29	70	52	84	133	24	12
⋮	⋮	⋮	⋮	⋮	⋮	⋮	⋮	⋮	⋮	⋮	⋮	⋮
2012	12	16	20	11	31	17	70	41	69	15	7	15
2013	12	4	4	12	26	48	62	35	11	13	5	9
2014	7	8	5	20	16	18	18	15	105	36	17	13
2015	12	8	15	45	29	44	44	16	22	8	18	10
2016	9	9	13	18	24	34	30	24	9	17	17	14
2017	10	7	15	31	30	39	22	20	94	149	16	14
μ/亿 m³	9	7	13	22	30	30	62	53	65	44	19	12
σ/亿 m³	3	3	5	11	17	22	37	35	51	38	11	4
C_V	0.33	0.35	0.41	0.49	0.58	0.73	0.59	0.65	0.79	0.85	0.56	0.38
C_S	0.69	0.84	0.92	1.38	2.15	2.89	1.15	1.09	1.41	1.66	1.48	0.55

第三节 平稳随机过程

一、随机过程的分类

根据随机过程统计特征的特性，可将随机过程进行分类，常见的随机过程类型有二阶矩过程、正态过程、马尔科夫过程、独立过程、独立增量过程和平稳随机过程等。

1. 二阶矩过程

若随机过程 $X(t)$ 的均值函数和均方差函数均存在，则称随机过程 $X(t)$ 为二阶矩过程。根据柯西-许瓦兹（Cauchy-Schwarz）不等式可推导二阶矩过程的相关系数函数必然存在。

2. 正态过程

若随机过程 $X(t)$ 的均值函数和方差函数均存在，且随机过程 $X(t)$ 的有限维分布均为正态的，则称随机过程 $X(t)$ 为正态过程或高斯过程。

3. 马尔科夫过程

对于任意的 x_n，若随机过程 $X(t)$ 满足：

$$P\{X(t_n) \leqslant x_n \mid X(t_{n-1}) = x_{n-1}, \cdots, X(t_1) = x_1\} = P\{X(t_n) \leqslant x_n \mid X(t_{n-1}) = x_{n-1}\}$$

$$(9-10)$$

即当随机过程 $X(t)$ 在 t_{n-1} 的状态已知时，随机过程 $X(t)$ 在 t_n 的状态与在 t_{n-1} 之前的状态无关，此时称随机过程 $X(t)$ 为马尔科夫过程，马尔科夫过程是具有无后效性的随机过程。马尔科夫过程是水文水资源领域应用非常广泛的随机过程。

4. 独立过程

对于任意的 t_n 和 x_n，若随机过程 $X(t)$ 满足：

$$P\{X(t_1) \leqslant x_1, X(t_2) \leqslant x_2, \cdots, X(t_n) \leqslant x_n\} = \prod_{k=1}^{n} P\{X(t_k) \leqslant x_k\} \quad (9-11)$$

即在任意时刻 t_1，t_2，$\cdots$，t_n，随机变量 $X(t_1)$，$X(t_2)$，$\cdots$，$X(t_n)$ 是相互独立的，此时称随机过程 $X(t)$ 为独立过程。独立过程在任意不同时刻的状态相互独立，其一维分布函数包含了独立过程的全部统计信息。

5. 独立增量过程

对于任意的 t_n，当 $t_1 < t_2 < \cdots < t_n$ 时，由随机过程 $X(t)$ 构成的 $X(t_2) - X(t_1)$，$X(t_3) - X(t_2)$，$\cdots$，$X(t_n) - X(t_{n-1})$ 是相互独立的，此时称随机过程 $X(t)$ 为独立增量过程。独立增量过程的特点是在任一时间间隔上过程状态的改变并不影响未来任一时间间隔上过程状态的改变。

6. 平稳随机过程

如果对任何的 m 和 θ，随机过程 $X(t)$ 的 m 维分布函数均满足：

$$F_m(x_1, x_2, \cdots, x_m; t_1, t_2, \cdots, t_m) = F_m(x_1, x_2, \cdots, x_m; t_1 + \theta, t_2 + \theta, \cdots, t_m + \theta)$$

$$(9-12)$$

则称随机过程 $X(t)$ 为平稳随机过程。平稳随机过程的统计特性不随时间的变化而变化，也就是说，若产生平稳随机过程的主要物理条件在时间过程中没有变化，则该平稳随机过程的统计特征也不会随时间而变化。平稳随机过程的这个特点，使其具有一系列简单的特性，使其在水文分析中得到广泛的应用。

二、平稳随机过程的特性

1. 均值函数、方差函数、均方差函数、离差系数函数和偏态系数函数平稳

根据平稳随机过程的概念，对任意的 θ，均有

$$F(x, t) = F(x, t + \theta) \quad (9-13)$$

令 $\theta = -t$，则有

$$F(x, t) = F(x, 0) = F(x) \quad (9-14)$$

和

$$f(x, t) = f(x, 0) = f(x) \quad (9-15)$$

即平稳随机过程 $X(t)$ 的分布函数和密度函数均与时间 t 无关，进而有

$$\mu(t) = E[X(t)] = \int_{-\infty}^{\infty} x f_1(x, t) \mathrm{d}x = \int_{-\infty}^{\infty} x f_1(x) \mathrm{d}x = \mu \quad (9-16)$$

即平稳随机过程 $X(t)$ 的均值函数与时间 t 无关，也就是说平稳随机过程的均值函数稳定。同理，也能推导出平稳随机过程的方差函数、均方差函数、离差系数函数和偏态系数函数平稳，分别记为 D、σ、C_V 和 C_S。

2. 协方差函数和相关系数函数平稳

根据平稳随机过程的概念，对任意的 θ，均有

$$F_2(x_1,x_2;t_1,t_2)=F_2(x_1,x_2;t_1+\theta,t_2+\theta) \tag{9-17}$$

令 $\theta=-t_1$，$t_2=t_1+\tau$，则有

$$F_2(x_1,x_2;t_1,t_2)=F_2(x_1,x_2;0,\tau)=F_2(x_1,x_2;\tau) \tag{9-18}$$

和

$$f_2(x_1,x_2;t_1,t_2)=f_2(x_1,x_2;0,\tau)=f_2(x_1,x_2;\tau) \tag{9-19}$$

即平稳随机过程 $X(t)$ 的二维分布函数和密度函数均有时间无关，只与时间间隔 τ 有关，进而有

$$\mathrm{Cov}(t_1,t_2)=\int_{-\infty}^{\infty}\int_{-\infty}^{\infty}[x(t_1)-\mu][x(t_2)-\mu]f_2(x_1,x_2;\tau)\mathrm{d}x_1\mathrm{d}x_2=\mathrm{Cov}(\tau) \tag{9-20}$$

即平稳随机过程 $X(t)$ 的协方差函数与时间无关，只与时间间隔 τ 有关，也就是说平稳随机过程的协方差函数 $\mathrm{Cov}(\tau)$ 稳定，同理，也能推导出平稳随机过程的相关系数函数，只与时间间隔 τ 有关，记为 $\rho(\tau)$。

　　自然界中严格遵循式（9-12）的平稳随机过程是不存在的。在水文水资源系统中，当影响它的主要因素（人类活动、气候变化和下垫面特征）相对稳定时，以年为时间尺度的水文随机过程的均值和协方差平稳，如年径流、年降雨量和年蒸发量等，这些过程可近似地认为是平稳随机过程。

三、平稳随机过程的各态历经性

　　理论研究表明，平稳随机过程的一个相当长的样本资料可以用来分析计算平稳随机过程的统计特征，被称为平稳随机过程的各态历经性。平稳随机过程的各态历经性可以理解为在样本资料足够大时，每一个样本函数均能代表平稳随机过程的所有可能样本函数，即任一个样本函数均能代表平稳随机过程的统计特性，这样可由一个样本函数估计平稳随机过程的统计特征。在水文分析中，一般常假定平稳随机过程具有各态历经性，这样认为历史资料的统计特性与平稳随机过程的统计特性相同。

　　为了水文测验的方便，常常按固定时间间隔进行水文测验作业，进行水文测验得到的水文随机过程是由一系列离散值组成，例如水文站测验的日水位过程，这种按固定时间间隔对水文随机过程取离散值得到的离散型水文随机过程被称为水文随机序列或水文时间序列，水文分析中多数随机过程均是水文随机序列。类似地，按固定时间间隔对平稳随机过程取离散值得到的离散型平稳随机过程被称为平稳随机序列，例如水文站年径流量过程就是一个平稳随机序列。

　　设有由实测水文样本 $x(1)$、$x(2)$、…、$x(T)$ 组成的平稳随机序列 $X(t)$，根据平稳随机过程的各态历经性，当 T 足够长时，根据实测样本计算的平稳随机序列的 D、σ、C_V、C_S、$\mathrm{Cov}(\tau)$ 和 $\rho(\tau)$ 与平稳随机序列推论总体相应的统计特征值一致，各统计特征计算公式如下。

　　（1）均值 μ：

$$\mu=E[X(t)]=\lim_{T\to\infty}\frac{1}{T}\sum_{i=1}^{T}x(i) \tag{9-21}$$

　　（2）方差 D 和均方差 σ：

$$D = E[X(t) - \mu]^2 = \lim_{T \to \infty} \frac{1}{T} \sum_{i=1}^{T} [x(i) - \mu]^2 \qquad (9-22)$$

$$\sigma = \sqrt{D} \qquad (9-23)$$

（3）离差系数 C_V：

$$C_V = \frac{\sigma}{\mu} \qquad (9-24)$$

（4）偏态系数 C_S：

$$C_S = \frac{E[X(t) - \mu]^3}{\sigma^3} = \frac{\lim\limits_{T \to \infty} \frac{1}{T} \sum\limits_{i=1}^{T} [x(i) - \mu]^3}{\sigma^3} \qquad (9-25)$$

（5）协方差 $\text{Cov}(\tau)$：

$$\text{Cov}(\tau) = \lim_{T \to \infty} \frac{1}{T - \tau} \sum_{i=1}^{T-\tau} [x(i) - \mu][x(i + \tau) - \mu] \qquad (9-26)$$

（6）自相关系数 $\rho(\tau)$：

$$\rho(\tau) = \frac{\text{Cov}(\tau)}{\sigma^2} \qquad (9-27)$$

第四节 解 集 模 型

水文水资源系统中很多水文随机序列都具有季节性变化规律，如月平均流量、月平均温度、月降水量、月蒸发量和日平均流量等。对于季节性水文随机序列，可以直接采用季节性随机模型描述，解集模型是最常用的季节性随机模型。多数水文变量具有累加性，即总量由各个分量累加所得，例如年降水量由月降水量累加所得，月降水量由日降水量累加所得，日降水量由时降水量累加所得；反之，由总量也可以分解为各个分量，例如年降水量可分解成该年各月的降水量，月降水量可分解成该月各日的降水量，日降水量可分解成该日各时的降水量，此分解过程称为解集，相应的随机模型称为解集模型。

解集模型的实质是基于实测资料的统计特性及其关系将总量随机分解为各个分量，不仅能保持解集前后的水量平衡，还能进行连续分解。解集模型包括典型解集模型和相关解集模型。

一、典型解集模型

典型解集模型类似设计洪水分析计算中的同倍比放大法，根据随机模拟的总量的大小，从实测水文资料中选择最接近的一种分配系数对随机模拟总量进行解集，得到随机模拟总量序列对应的分量序列。以将某水文站年径流量解集为月径流量为例，有 n 年实测月径流量序列 $y_{i,j}$，$(i = 1, 2, \cdots, n; j = 1, 2, \cdots, 12)$，计算相应的实测年径流量序列 x_i；利用典型解集模型进行随机模拟的一般步骤如下：

（1）对实测年径流量序列 x_i 进行频率分析计算，建立年径流量纯随机模拟模型，得到大量的模拟年径流量 X。

（2）在实测年径流量序列 x_i 中找到与模拟年径流量 X 最接近的实测年径流量 x_k，及

其对应的月径流量 $y_{k,j}$（$j=1,2,\cdots,12$）。

（3）根据式（9-28）对模拟的大量年径流量序列进行解集，得到相应的模拟月径流量序列。

$$Y_j = X\alpha_{k,j} = X\frac{y_{k,j}}{x_k}, j=1,2,\cdots,12 \tag{9-28}$$

式中：X 为模拟年径流量；Y_j 为模拟年径流量 X 对应的月径流量；x_k 为与模拟年径流量 X 最接近的实测年径流量；$y_{k,j}$ 为实测年径流量 x_k 对应的月径流量；$\alpha_{k,j}$ 为实测年径流量 x_k 的月径流量分配系数。

典型解集模型的关键是合理地选择合适的月径流量分配系数，即在实测年径流量序列中合理选择与模拟年径流量最为匹配的实测年径流量及其对应的月径流量。典型解集模型能充分利用实测水文资料信息，解集得到与实测水文资料主要统计特性一致的分量序列，简单易行、实用性强，但该模型受实测水文资料信息的影响，模拟出的分量序列只能重现实测水文资料总量与分量的分配趋势，且人为主观因素的影响较大。

二、相关解集模型

Valencia 和 Schakke 于 1973 年提出了相关解集模型，该模型依据实测资料中总量和各分量的统计特性及其关系，将总量解集成各分量，最终模拟的分量过程能全面反映实测资料总量和各分量的统计特性。

同样以将某水文站年径流量解集为月径流量为例，相关解集模型的基本形式如下：

$$Y = AX + B\varepsilon \tag{9-29}$$

式中：Y 为中心化处理后月径流量矩阵；X 为中心化处理后年径流量矩阵；A、B 和 ε 为相关解集模型的参数矩阵。

对于将年径流量解集为月径流量的相关解集模型，矩阵 Y 由中心化处理后 12 个月的径流量组成，见式（9-30）。

$$Y = \begin{bmatrix} y_1 \\ y_2 \\ \vdots \\ y_{12} \end{bmatrix} \tag{9-30}$$

参数矩阵 A 见式（9-31），它反映了年径流量平均分配到各月的特性。

$$A = \begin{bmatrix} a_1 \\ a_2 \\ \vdots \\ a_{12} \end{bmatrix} \tag{9-31}$$

参数矩阵 B 见式（9-32），它反映了随机因素及月径流量之间的综合关系对年径流量分配的影响。

$$B = \begin{bmatrix} b_{1,1} & b_{1,2} & \cdots & b_{1,12} \\ b_{2,1} & b_{2,2} & \cdots & b_{2,12} \\ \vdots & \vdots & & \vdots \\ b_{12,1} & b_{12,2} & \cdots & b_{12,12} \end{bmatrix} \tag{9-32}$$

参数矩阵 $\boldsymbol{\varepsilon}$ 的每个元素均是均值为 0、方差为 1、偏态系数为 $C_{s,k}$（$k=1$，2，…，12）的随机数 ε_k，见式（9-33），它反映了各月之间的独立随机因素，因此 $\boldsymbol{\varepsilon}$ 也被称为独立随机变量矩阵。

$$\boldsymbol{\varepsilon} = \begin{bmatrix} \varepsilon_1 \\ \varepsilon_2 \\ \vdots \\ \varepsilon_{12} \end{bmatrix} \tag{9-33}$$

且

$$E(\boldsymbol{\varepsilon}\boldsymbol{\varepsilon}^{\mathrm{T}}) = \boldsymbol{I} \ \text{且} \ E(\boldsymbol{\varepsilon}\boldsymbol{X}^{\mathrm{T}}) = \boldsymbol{0} \tag{9-34}$$

式中：$\boldsymbol{I}$ 为单位矩阵；$\boldsymbol{0}$ 为零矩阵。

1. 相关解集模型的参数估计

（1）参数矩阵 $\boldsymbol{A}$ 的估计。式（9-29）两边同时乘 $\boldsymbol{X}^{\mathrm{T}}$，取数学期望可得

$$E(\boldsymbol{Y}\boldsymbol{X}^{\mathrm{T}}) = \boldsymbol{A}E(\boldsymbol{X}\boldsymbol{X}^{\mathrm{T}}) + \boldsymbol{B}E(\boldsymbol{\varepsilon}\boldsymbol{X}^{\mathrm{T}}) \tag{9-35}$$

结合式（9-34）可得

$$E(\boldsymbol{Y}\boldsymbol{X}^{\mathrm{T}}) = \boldsymbol{A}E(\boldsymbol{X}\boldsymbol{X}^{\mathrm{T}}) \tag{9-36}$$

整理后可得

$$\boldsymbol{A} = E(\boldsymbol{Y}\boldsymbol{X}^{\mathrm{T}})[E(\boldsymbol{X}\boldsymbol{X}^{\mathrm{T}})]^{-1} \tag{9-37}$$

（2）参数矩阵 $\boldsymbol{B}$ 的估计。式（9-29）两边同时乘 $\boldsymbol{Y}^{\mathrm{T}}$，取数学期望可得

$$E(\boldsymbol{Y}\boldsymbol{Y}^{\mathrm{T}}) = \boldsymbol{A}E(\boldsymbol{X}\boldsymbol{Y}^{\mathrm{T}}) + \boldsymbol{B}E(\boldsymbol{\varepsilon}\boldsymbol{Y}^{\mathrm{T}}) \tag{9-38}$$

结合式（9-29）可得

$$\begin{aligned} E(\boldsymbol{Y}\boldsymbol{Y}^{\mathrm{T}}) &= \boldsymbol{A}E(\boldsymbol{X}\boldsymbol{Y}^{\mathrm{T}}) + E(\boldsymbol{B}\boldsymbol{\varepsilon}(\boldsymbol{A}\boldsymbol{X} + \boldsymbol{B}\boldsymbol{\varepsilon})^{\mathrm{T}}) \\ &= \boldsymbol{A}E(\boldsymbol{X}\boldsymbol{Y}^{\mathrm{T}}) + E(\boldsymbol{B}\boldsymbol{\varepsilon}\boldsymbol{X}^{\mathrm{T}}\boldsymbol{A}^{\mathrm{T}}) + E(\boldsymbol{B}\boldsymbol{\varepsilon}\boldsymbol{\varepsilon}^{\mathrm{T}}\boldsymbol{B}^{\mathrm{T}}) \end{aligned} \tag{9-39}$$

再结合式（9-34）可得

$$E(\boldsymbol{Y}\boldsymbol{Y}^{\mathrm{T}}) = \boldsymbol{A}E(\boldsymbol{X}\boldsymbol{Y}^{\mathrm{T}}) + \boldsymbol{B}\boldsymbol{B}^{\mathrm{T}} \tag{9-40}$$

整理后可得

$$\boldsymbol{B}\boldsymbol{B}^{\mathrm{T}} = E(\boldsymbol{Y}\boldsymbol{Y}^{\mathrm{T}}) - \boldsymbol{A}E(\boldsymbol{X}\boldsymbol{Y}^{\mathrm{T}}) \tag{9-41}$$

满足式（9-41）的参数矩阵 $\boldsymbol{B}$ 有很多，常采用三角矩阵法或正交矩阵法求解。

（3）参数矩阵 $\boldsymbol{\varepsilon}$ 的估计。为了考虑系列的偏态特性，将式（9-29）两边同时三次方、取数学期望并考虑到 $\boldsymbol{X}$ 与 $\boldsymbol{\varepsilon}$ 的相互独立，整理得

$$E(\boldsymbol{Y}^3) = E[(\boldsymbol{A}\boldsymbol{X})^3] + \boldsymbol{B}^3 E(\boldsymbol{\varepsilon}^3) \tag{9-42}$$

式中：$\boldsymbol{Y}^3$ 为对矩阵 $\boldsymbol{Y}$ 的所有元素取三次方；$(\boldsymbol{A}\boldsymbol{X})^3$ 为对矩阵 $\boldsymbol{A}\boldsymbol{X}$ 的所有元素取三次方；$\boldsymbol{B}^3$ 为对矩阵 $\boldsymbol{B}$ 的所有元素取三次方；$\boldsymbol{\varepsilon}^3$ 为对矩阵 $\boldsymbol{\varepsilon}$ 的所有元素取三次方。

由式（9-42），参数矩阵 $\boldsymbol{\varepsilon}$ 的偏态系数矩阵 $\boldsymbol{C}_S^\varepsilon$ 为

$$\boldsymbol{C}_S^\varepsilon = E(\boldsymbol{\varepsilon}^3)/\boldsymbol{\sigma}_\varepsilon^3 = E(\boldsymbol{\varepsilon}^3) = (\boldsymbol{B}^3)^{-1}\{E(\boldsymbol{Y}^3) - E[(\boldsymbol{A}\boldsymbol{X})^3]\} \tag{9-43}$$

为了使得式（9-43）中的 $\boldsymbol{B}^3$ 可逆，需要采用正交矩阵法求参数矩阵 $\boldsymbol{B}$，水文分析中一般满足 $\boldsymbol{B}\boldsymbol{B}^{\mathrm{T}}$ 是一对称非负定矩阵，即

$$\boldsymbol{B}\boldsymbol{B}^{\mathrm{T}} = \boldsymbol{P}\boldsymbol{\lambda}\boldsymbol{P}^{\mathrm{T}} \Rightarrow \boldsymbol{B} = \boldsymbol{P}\boldsymbol{\lambda}^{1/2}\boldsymbol{P}^{\mathrm{T}} \tag{9-44}$$

式中：P 为正交矩阵；λ 为对角线矩阵；$\lambda^{1/2}$ 为对角线矩阵 λ 中每个元素的平方根。

2. 相关解集模型随机模拟步骤

相关解集模型随机模拟的一般步骤如下：

（1）根据实测水文资料计算总量序列和分量序列，并对总量序列和分量序列进行中心化处理；

（2）根据式（9-37）计算参数矩阵 A。

（3）根据式（9-41）计算参数矩阵 BB^{T}。

（4）采用正交矩阵法，根据式（9-44）计算参数矩阵 B。

（5）根据式（9-43）计算参数矩阵 ε 的偏态系数矩阵 C_S^{ε}。

（6）模拟大量的独立随机序列 ε。

（7）建立总量纯随机模拟模型，模拟大量的中心化处理后的总量序列 X_i。

（8）根据式（9-29）计算分量序列 Y_i。

（9）对总量序列 X_i 和分量序列 Y_i 进行去中心化处理。

第五节 水文随机过程模拟实例分析

本节以某水文站月径流量资料为例，基于相关解集模型，进行水文随机过程的模拟，并对建立的相关解集模型进行实用性检验。该水文站集水面积 9.52 万 km^2，采用 1930—2017 年共 88 年的月径流量资料。

一、纯随机变量随机数的生成

纯随机变量随机数的生成是水文过程随机模拟的基础，例如，采用相关解集模型进行水文随机过程模拟时，需要先建立总量纯随机模拟模型，模拟符合某种分布的纯随机变量随机数，本节首先介绍水文领域几种常见的分布随机数的生成方法。

1. [0，1] 区间上均匀分布随机数的随机生成

[0，1] 区间上均匀分布随机数的随机生成方法有多种，比如随机数表、随机数和乘同余法等，其中最常用的方法是乘同余法，其递推公式见式（9-45）和式（9-46）。

$$UR_{n+1} = x_{n+1}/M \tag{9-45}$$

$$x_{n+1} = \mathrm{MOD}(\lambda x_n, M) \tag{9-46}$$

式中：UR_{n+1} 为生成的[0，1]区间上均匀分布随机数；x_n 和 x_{n+1} 分别为第 n 次和第 $n+1$ 次生成的随机数；λ 和 M 分别为乘子和模，均为非负整数，且 $\lambda < M$。

获得[0，1]区间上均匀分布随机数后，可通过直接抽样法或舍选抽样法将其转换为其他分布的随机数。

2. 标准正态分布随机数的随机生成

通常利用 Box-Muller 变换将[0，1]区间上均匀分布随机数变换为标准正态分布随机数，即

$$NR_1 = \sqrt{-2\ln UR_1}\cos(2\pi UR_2) \tag{9-47}$$

$$NR_2 = \sqrt{-2\ln UR_1}\sin(2\pi UR_2) \tag{9-48}$$

式中：NR_1 和 NR_2 为相互独立的标准正态分布随机数，即服从均值为 0、方差为 1 的正态分布的随机数；UR_1 和 UR_2 为[0,1]区间上均匀分布随机数。

3. 标准 P-Ⅲ型分布随机数的随机生成

标准 P-Ⅲ型分布随机数可由下式变换生成：

$$NP = \frac{2}{C_S}\left(1 + \frac{C_S NR}{6} - \frac{C_S^2}{36}\right)^3 - \frac{2}{C_S} \tag{9-49}$$

式中：NP 为标准 P-Ⅲ型分布随机数，即服从均值为 0、方差为 1、偏态系数为 C_S 的 P-Ⅲ型分布的随机数；NR 为标准正态分布随机数；C_S 为偏态系数。

二、年径流量的随机模拟

在基于解集模型进行水文随机过程模拟时，需要建立模型模拟大量的总量序列，因此，需要根据实测水文资料的统计规律，建立总量序列随机模拟模型。我国在进行水文分析时，习惯使用 P-Ⅲ型分布作为年径流量序列的分布函数，但也有采用正态分布和对数正态分布作为年径流量序列的分布函数，在年径流量随机模拟时，可先进行水文频率分析，选择既与实测年径流序列匹配较好，又能使计算尽量简便的分布函数。本节主要介绍服从 P-Ⅲ型分布随机序列的模拟方法。

1. 服从 P-Ⅲ型分布随机序列的模拟方法

假定年径流量序列 W 服从均值为 W_{mean}、离差系数为 C_V、偏态系数为 C_S 的 P-Ⅲ型分布，常用 W-H 变换法和舍选法这两种方法进行服从 P-Ⅲ型分布随机序列的模拟。

（1）W-H 变换法。W-H 变换法由 Wilson 和 Hifenty 提出，即

$$W = W_{mean} + \sigma NP = W_{mean}(1 + C_V NP) \tag{9-50}$$

式中：W_{mean} 为年径流量的均值；σ 为年径流量的标准差；C_V 为年径流量的离差系数；NP 为服从标准 P-Ⅲ型分布的纯随机序列，即服从均值为 0、方差为 1、偏态系数为 C_S 的 P-Ⅲ型分布。

相关研究成果表明，当 $C_S < 0.5$ 时采用 W-H 变换法具有较高的模拟精度。

（2）舍选法。

$$W = a_0 - \frac{1}{\beta}\left(\sum_{k=1}^{\alpha} \ln u_k + Z \ln u\right) \tag{9-51}$$

式中：u_k 和 u 均为[0,1]区间上服从均匀分布的随机数；a_0、β、α 和 Z 可利用式（9-52）求得。

$$\begin{cases} a_0 = W_{mean}(1 - 2C_V/C_S) \\ \beta = 2/W_{mean}C_V C_S \\ \alpha = \text{INT}(4/C_S^2) \qquad \text{当 } \alpha < 1 \text{ 时}, \alpha = 0 \\ Z = u_1^{1/r}/(u_1^{1/r} + u_2^{1/(1-r)}) \end{cases} \tag{9-52}$$

其中
$$r = 4/C_S^2 - \alpha$$

式中：INT( )为向下取整函数；u_1 和 u_2 为[0,1]区间上服从均匀分布的随机数。

计算 Z 时公式的分母必须满足不大于 1 的条件，若不满足该条件，则舍去 u_1 和 u_2，重新取一对 u_1 和 u_2 进行计算，直到满足该条件为止，因此，本方法称为舍选法。

相关研究成果表明，采用舍选法具有较高的模拟精度，但当 $C_S < 0.5$ 时采用舍选法需

要较多的随机数，随机模拟的效率较差。因此，常联合使用 W-H 变换法和舍选法随机模拟服从 P-Ⅲ型分布的随机序列，即当 $C_S<0.5$ 时采用 W-H 变换法，当 $C_S\geqslant0.5$ 时，采用舍选法。

2. 年径流量随机模拟方法

根据水文站月径流量资料计算各年径流量序列，然后对年径流量序列进行频率分析计算，采用 P-Ⅲ型分布作为年径流量序列的分布函数，根据矩法估计均值 W_{mean}、离差系数 C_V、偏态系数 C_S，并以优化适线法按离差平方和最小准则优化统计参数，该水文站年径流量频率计算成果如图 9-1 所示。

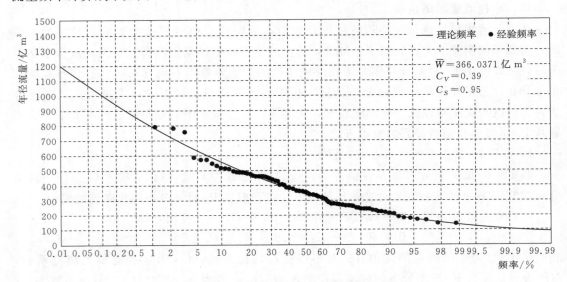

图 9-1 水文站年径流量频率计算成果

该水文站偏态系数 $C_S>0.5$，因此，采用舍选法进行水文站年径流量序列的随机模拟，模拟大量的服从均值为 366.0371 亿 m³、离差系数为 0.39、偏态系数为 0.95 的 P-Ⅲ型分布的年径流量总量序列，以满足采用相关解集模型得到随机模拟的月径流序列的需求。

三、基于相关解集模型的月径流量随机模拟

1. 原始序列中心化处理

根据实测年径流量和月径流量资料计算年平均径流量和各月平均径流量，并根据式 (9-53) 对年径流量序列和月径流量序列进行中心化处理。

$$\begin{cases} x_n^1=x_n^s-x^s \\ y_{n,m}^1=y_{n,m}^s-y_m^s \end{cases} \tag{9-53}$$

式中：x_n^1 为中心化处理后第 n 年年径流量；x_n^s 为第 n 年实测年径流量；x^s 为年平均径流量；$y_{n,m}^1$ 为中心化处理后第 n 年第 m 月月径流量；$y_{n,m}^s$ 为第 n 年第 m 月实测月径流量；y_m^s 为第 m 月平均径流量。

2. 相关解集模型参数估计

首先根据中心化处理后的年径流量序列和月径流量序列计算年径流量序列方差矩阵

$E(\boldsymbol{XX}^{\mathrm{T}})$、月径流量序列与年径流量序列协方差矩阵 $E(\boldsymbol{YX}^{\mathrm{T}})$、年径流量序列与月径流量序列协方差矩阵 $E(\boldsymbol{XY}^{\mathrm{T}})$ 和月径流量序列方差矩阵 $E(\boldsymbol{YY}^{\mathrm{T}})$。然后根据式（9-37）计算参数矩阵 $\boldsymbol{A}$，根据式（9-41）计算参数矩阵 $\boldsymbol{BB}^{\mathrm{T}}$，并采用正交矩阵法，根据式（9-44）计算参数矩阵 $\boldsymbol{B}$。最后根据式（9-43）计算参数矩阵 $\boldsymbol{\varepsilon}$ 的偏态系数矩阵 $\boldsymbol{C}_{S}^{\varepsilon}$。

3. 相关解集模型随机模拟

首先根据实测年径流量序列统计参数，采用服从 P-Ⅲ 型分布随机序列模拟方法，模拟大量的年径流量序列。然后再模拟大量的独立随机序列 $\boldsymbol{\varepsilon}$，独立随机序列 $\boldsymbol{\varepsilon}$ 由 12 个元素组成，且每个元素均服从均值为 0、方差为 1、偏态系数为 $C_{s,k}$（$k=1,2,\cdots,12$）的 P-Ⅲ 型分布。最后根据模拟生成的中心化后年径流量序列，利用式（9-29）计算年径流量对应的月经流量序列。

4. 模拟序列去中心化处理

根据式（9-54）对随机模型得到的年径流量序列和月径流量序列进行去中心化处理。

$$\begin{cases} x_n^3 = x_n^2 + x^s \\ y_{n,m}^3 = y_{n,m}^2 + y_m^s \end{cases} \tag{9-54}$$

式中：x_n^3 为去中心化处理后模拟的第 n 年年径流量；x_n^2 为去中心化处理前模拟的第 n 年年径流量；$y_{n,m}^3$ 为去中心化处理后模拟的第 n 年第 m 月月径流量；$y_{n,m}^2$ 为去中心化处理前模拟的第 n 年第 m 月月径流量。

四、实用性检验

采用短序列法进行实用性检验，按上述方法生成长度为 88 年的月径流量序列 1000 个，统计 88 年各月径流量的最大值、最小值、平均值、均方差、变差系数和偏态系数，再计算 1000 个各月径流量上述统计参数的平均值及对应标准差 σ，采用 2σ 检验标准进行检验，检验成果如图 9-2～图 9-7 所示。以图 9-2 为例，图中实测样本表示该水文站 1930—2017 年共 88 年的月径流量各月最大值，模拟均值表示模拟的 1000 个月径流量序列各月最大值的平均值，模拟均值±2σ 表示模拟的月径流量序列各月最大值在 2σ 检验标准下的上限和下限，当实测样本中各月最大值在 2σ 检验标准上限和下限之间时，说明模拟结果的各月最大值在 2σ 检验标准以内。

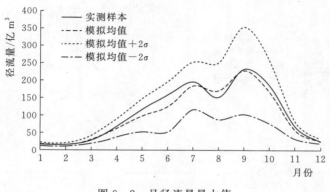

图 9-2　月径流量最大值

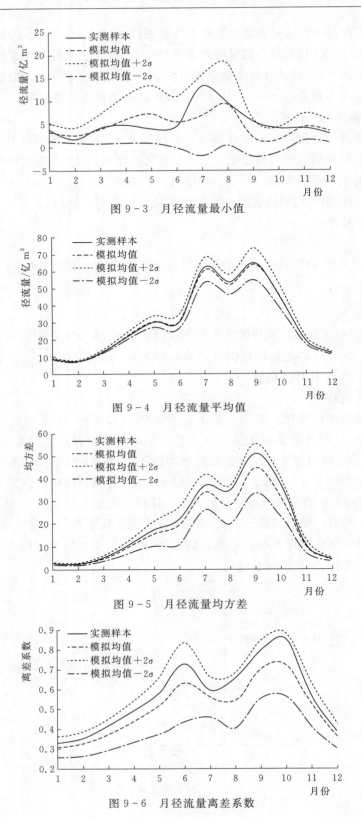

图 9-3　月径流量最小值

图 9-4　月径流量平均值

图 9-5　月径流量均方差

图 9-6　月径流量离差系数

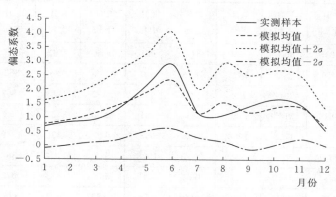

图 9-7　月径流量偏态系数

从图 9-2～图 9-7可以看出，基于相关解集模型随机模拟得到的月径流量序列的最大值、最小值、平均值、均方差、离差系数和偏态系数均在 2σ 检验标准以内，这说明基于相关解集模型随机模拟的月径流量序列和实测月径流量序列的统计特征基本一致，建立的相关解集模型能够进行月径流量的随机模拟。

利用 Valencia 和 Schakke 提出的相关解集模型建立随机模拟模型时，不仅考虑了年径流量与月径流量之间的统计特性，同时还考虑了各月径流量之间的统计特性，使得模拟出的月径流量序列不仅保持了水量平衡的特性，即模拟的月径流量累积必然等于年径流量，同时还保持了不同时间尺度的统计特性，即模拟的月径流量统计特性与实测样本月径流量统计特性一致。

习　题

9-1　简述随机过程的统计特征及其含义。

9-2　简述平稳随机过程的特性及其含义。

9-3　利用某水文站年径流量随机模拟模型进行三次模拟得到的年径流量分别为 145 亿 m^3、360 亿 m^3 和 780 亿 m^3，已知实测水文资料中与其最匹配的年份分别是 1941 年、2009 年和 1938 年，1941 年、2009 年和 1938 年的月径流量见表 9-2。计算三次模拟年径流量对应的各月径流量（计算结果保留 4 位小数）。

表 9-2　　　　　　　　　　　　某 水 文 站 月 径 流 量　　　　　　　　　　　单位：亿 m^3

年份	1月	2月	3月	4月	5月	6月	7月	8月	9月	10月	11月	12月
1941	8	6	8	11	16	5	13	18	27	13	8	7
2009	8	10	13	20	57	30	43	74	52	18	20	19
1938	10	8	22	27	18	158	116	25	228	142	22	14

9-4　根据表 9-3 的某水文站汛期旬流量过程建立相关解集模型，并利用短序列法检验模型实用性。

表 9 - 3　　　　　　　　　　　　　　某水文站旬平均流量　　　　　　　　　　单位：m³/s

年份	6月下旬	7月上旬	7月中旬	7月下旬	8月上旬	8月中旬	8月下旬	9月上旬	9月中旬	9月下旬	10月上旬
1969	229	1215	567	589	341	321	419	2542	1021	3913	1402
1970	849	716	402	1813	1896	670	395	726	882	6182	1817
1971	1595	1215	2012	714	821	666	2392	1413	1867	1031	4243
1972	1613	3816	3168	1156	521	381	205	3428	993	518	457
1973	1203	2078	1738	1588	2738	668	616	4234	1549	2295	4333
1974	476	2441	924	581	3367	1998	972	1504	8362	1367	8232
1975	1882	3687	3342	942	3874	1519	531	1823	2078	5792	10298
1976	1160	746	925	1189	619	356	3582	2003	878	646	742
1977	879	850	4138	1878	1642	1725	783	613	513	384	377
1978	796	6350	1986	1914	1098	742	615	748	1035	601	344
1979	578	764	5794	1784	2284	1210	945	1348	4829	5293	1009
1980	5671	5062	2249	823	2032	714	6930	3175	3011	1447	2088
1981	1960	3205	4905	1160	603	5048	7022	7150	4627	1284	2904
1982	250	328	2698	9442	4039	1606	3659	4615	2565	2838	3320
1983	3641	2040	2854	7129	9096	4380	3088	3330	3245	7000	11587
1984	1763	5540	3555	3772	1659	1341	1360	5678	4676	11557	5479
1985	1337	1139	2029	1016	728	768	1096	1045	5963	2998	988
1986	1133	1827	1397	885	684	734	675	1407	2276	637	386
1987	1899	2074	5310	2424	4499	1631	1545	3097	1058	585	420
1988	399	1500	1624	1424	2333	4320	2138	2364	2901	1117	604
1989	1798	2095	5787	2331	1229	2438	2748	3033	2270	3643	1444
1990	2669	5057	1940	2156	1757	3529	1533	810	742	733	345
1991	1461	1561	1726	1087	3052	1102	804	1472	878	542	361
1992	1149	938	4076	1311	957	1038	1124	1152	1410	4053	3972
1993	1523	1444	974	1775	1713	2281	3233	1764	1648	1260	584
1994	1350	2526	2956	1501	1133	689	585	394	628	462	271
1995	258	277	437	1263	943	3274	2286	1030	1070	981	770
1996	1274	2445	1649	1687	2636	1733	939	944	3013	1353	1232
1997	215	657	1302	1336	1301	702	526	230	298	197	178
1998	886	3012	3436	1483	2406	5034	5059	1795	756	402	289
1999	505	900	1691	1401	537	308	327	225	248	188	892
2000	3598	4221	5806	2051	2260	3124	1848	1086	606	863	1963
2001	1129	1230	489	827	1351	836	557	770	772	1157	1303
2002	2722	1946	660	464	368	740	688	345	472	570	313
2003	592	2474	2642	1925	1248	3122	2859	13091	3428	3286	5496

续表

年份	6月下旬	7月上旬	7月中旬	7月下旬	8月上旬	8月中旬	8月下旬	9月上旬	9月中旬	9月下旬	10月上旬
2004	595	352	961	953	1416	1236	1762	3123	1816	1980	2931
2005	893	3884	2456	2090	1918	5800	4996	2516	1058	2956	10112
2006	409	1159	751	762	749	765	526	983	663	1366	1703
2007	2242	4734	3520	5252	3528	2499	1686	2203	1144	780	365
2008	762	1242	1166	2243	938	1940	1993	1401	1361	1879	1840
2009	656	727	2473	1628	3428	2115	2765	2118	1975	1907	1036
2010	750	1542	5896	7876	2393	2218	5942	4140	3376	1594	670
2011	1967	2822	1562	1746	6199	2080	1724	2207	12981	4199	2304
2012	397	3860	2127	1967	1976	1339	1301	3940	2440	1653	770
2013	2002	1946	1866	3019	1881	1409	674	420	399	502	723
2014	725	913	503	632	790	353	500	1235	8249	2662	2187
2015	2680	2124	2039	806	664	655	520	508	1219	853	372
2016	1230	761	1475	1135	1401	863	495	344	185	506	165
2017	1063	862	644	901	565	423	1194	3156	2178	5536	7770
2018	1728	1896	2467	1357	1725	1170	963	732	808	1160	389

第九章习题答案

第十章　水文区域频率分析

第一节　概　　述

　　各国普遍存在水文资料短缺甚至是无水文资料的情况，特别是在发展中国家和不发达国家尤为严重。我国水文站网目前虽已具备了一定规模，但总体而言，站网密度低于世界平均水平，且由于各地区发展程度差异较大，水文站网建设和发展很不平衡，同样存在着水文资料短缺的问题，甚至有部分地区无水文资料。同时，水文站网分布是有限的，无法监测所有河流和河段；此外，随着社会经济发展水平的不断提高，对水利水电工程建设的需求也越来越迫切，因此，水文资料短缺引起了学术界的广泛关注。区域水文频率分析为解决这一问题提供了一种新思路。该方法将自然地理和水文条件相似的区域作为一水文分区，应用区域频率分析等方法综合水文分区内的基本特征，根据水文条件的相似性把有限的水文资料运用到资料短缺区域。因此，通过水文区域频率分析可充分利用邻近站点的水文、气象和下垫面等特征信息，减少因资料短缺而造成的水利工程规划设计误差。

　　国内外很多设计洪水计算方法体现了区域频率分析的思想。例如，美国水资源局 17 号公报中指出：采用对数 P-Ⅲ型曲线拟合单站年最大流量系列 Q 的对数，$\ln Q$ 分布曲线的偏态系数 C_S 可由站点估计值和 C_S 区域分布图内插值加权平均得到；而 C_S 区域分布图一般依据区域内很多站点的观测资料综合确定。同时，英国 1975 年的《洪水研究报告》和英国水文研究所 1999 年重新编写的《洪水估计手册》，都建议采用区域频率分析方法进行洪水频率分析。其基本步骤如下：首先确定属于"同一水文分区"的站点；其次通过综合这些站点的观测资料得到有关水文参数的区域特征值；最后借助区域参数值推求各站点设计洪水。区域洪水频率分析方法的优势在于扩充了信息量，克服了单站样本系列资料较短的缺陷，改进了无资料地区设计洪水计算结果。下面对区域洪水频率分析方法及其原则进行简要介绍。

　　较为常用的水文区域频率分析方法之一是指标洪水法（index-flood-based method，IFB），它是 Dalrymple 于 1960 年提出的一种较为经典的区域频率分析方法，目前已被广泛应用。其基本思想是定义一个区域频率曲线（或区域增长曲线），该曲线适用于同一水文区域内所有水文站点，在该水文区域内的站点除了洪水尺度系数不同之外，洪水频率分布的线型和参数完全相同，这些站点就组成了一个"水文相似性区域"，对于水文相似性区域内没有水文资料的站点，可通过借用区域频率增长曲线的形状来估计无资料站点的频率分布，同时根据集水区域的属性对参数进行回归分析。关于水文相似性区域的划分将在下一节进行详细介绍。

　　在进行区域频率分析时，一般应注意以下几个原则：

（1）频率分析方法本身必须是"稳健"的，由于自然过程较为复杂，因此建立的概化模型并不能"真实地"反映自然地理特性，当模型假设能近似地代表自然过程，模型估计结果的误差不太大时，即是稳健的。

（2）建议最好采用 Monte Carlo 随机模拟方法对多种区域频率分析方法进行比较，分析不同频率分析方法的效果。

（3）区域化具有很重要的意义，区域化是指在推求某一站点设计洪水时，不仅可利用该站的观测资料，更要充分利用其他站的观测资料，信息量越多，结果就会越可靠，一般依据影响各站洪水分布的因子确定水文分区，具有相同或者相近影响因子的站点可归属于同一水文分区，即为水文相似性区域。

第二节　水文相似性区域的确定

定义水文相似性区域是区域频率分析中至关重要的一步。水文相似性区域的划分是将分散的水文站点以某种主观或客观的标准分成几个集群，每个集群所包含站点的洪水频率分布曲线在经过适当的调整后其线型和统计参数是一致的。目前尚无标准方法进行水文分区，现有方法大都建立在一些假设的基础上，难以用严谨的数学方法推证。研究表明，即使水文分区并非完全均匀，区域频率分析方法得到的结果仍然比单站频率分析方法更准确。

由于大自然中气候因素、地理因素变化的复杂性，在实际工程中要找到理想的完全同质性区域是不可能的。"水文分区"并不一定要求站点的"地理位置相近"。两站点"地理位置相近"并不一定意味着这两个站点的洪水频率分布具有任何相似性。例如，两条支流汇合成一条干流，在靠近河流交汇处的每条支流和干流上各设一测站，显然三个地理位置较近的站点的洪水频率分布会差别很大。一般依据洪水频率分布的影响因子对区域进行区分，具有相同或相近影响因子的站点可归属于同一个水文分区。划分水文相似性区域时考虑的主要自然属性包括：①流域地理特征，如流域面积、河流长度和坡度和流域平均坡度等；②土壤特性，如平均渗流能力和土壤含水量等；③土地利用模式，如牧场、森林、农业和城市用地占总流域面积；④水文站地理坐标、高程以及集水区的质心坐标；⑤气象和气候特征，如流域内风暴的主要方向、低于阈值温度的年平均天数和集水区的年平均降雨深等。

Hosking 和 Wallis 建议采用两步法划分水文相似性区域：首先根据站点特征对水文站点进行初步分组；然后根据站点统计信息对分组结果进行验证，其目的是验证预先定义区域的合理性。此外，一般使用不同的数据分别进行水文区域的划分和检验，否则会影响结果的可靠性。下面具体介绍水文相似性区域的划分和检验方法。

1. 水文相似性区域划分方法

水文相似性区域的划分是一个很重要但同时也很棘手的问题，除了数学计算外，也需要很多主观判断。用来进行分区的数据通常可分为两大类：①站点的样本统计参数；②站点的自然属性特征，包括地理位置、海拔、年平均降雨量等。划分水文相似性区域的方法有多种，下面简要介绍 4 种常用方法。

（1）地理就近法。如以站点邻近性、市或省级行政区域的边界等为标准，将多个站点组成一个集群，划分水文相似性区域，但该种方法必须分析临近站点地理和流域属性的相似性，否则就近原则的划分结果是不准确的。

（2）主观划分法。该方法是依据局部属性，如在气候分类、地形特征和等高线图中发现相似性，进而对水文站网进行分组。由于这些属性本质上仅是近似的，因此使用这种标准对站点进行分组不可避免地包含一定的主观性，例如，采用年降雨总量定义某地最大日降雨量的相似性。类似地，也可结合等高线图、气候分类图和等流线图来确定水文相似性区域。主观分组可作为初步结果，在此基础上，再依据多个客观标准进行验证。

（3）客观划分法。依据特定统计量，以超过或不超过指定阈值为依据，将站点分为两组，进而逐步形成水文相似性区域。一般可通过使组内差异性最小的方式确定阈值，如Wiltshire（1986）采用最小化组内变差系数的方法划分水文分区。水文站点将逐步二次细分，直到满足所需的组内同质性要求。这种方法的主要缺点是不一定能产生最优结果，同时组内异质性特点可能会受到站点间互相关的影响。

（4）聚类分析法。聚类分析是一组将研究对象分为相似群组的统计分析技术，其目标就是在相似的基础上收集数据进行分类。其基本思想是，依据各站点的属性特征确定数据向量，依据数据向量的相似度决定每个站点应归属于哪一类。向量可由站点地理特征或样本统计参数组成，也可由地理特征和样本统计参数共同组成。一般说来，建议先采用地理特征来构成属性向量，然后再利用站点样本统计参数检验每个水文相似性分区里的站点是否满足同质性要求。聚类分析的结果应视为初步结果。通常，需要进行一些主观调整，以提高区域的完整性和连贯性，并减少非均匀性。调整的步骤是：①将一个或多个水文站从一个水文分区移到另一个水文分区；②从水文分区中删除一个水文站或几个水文站；③对水文分区进一步进行细分；④撤销该水文分区或将其中的水文站点纳入其他分区；⑤合并水文分区并重新定义集群；⑥获取更多数据并重新定义水文区域等。

（5）其他方法。除上述技术外，还可采用主成分分析等其他方法确定水文相似性区域，以便对水文变量进行区域频率分析。

2. 水文相似性区域的检验

水文相似性区域确定后，需要对水文相似性分区是否满足同质性要求进行检验。同质性是指各站点洪水频率分布曲线的线型应该是基本一致的。水文相似性区域同质性检验方法较多，但大多数检验都是针对某一个能反映频率分布曲线特征的指标 θ，在同质水文相似性分区里 θ 应为一常数。如，θ 可取作重现期为 10 年的水文事件，然后除以均值；也可是线性矩的变差系数 $L\text{-}C_V$ 或线性矩变差系数 $L\text{-}C_V$、线性矩偏态系数 $L\text{-}C_S$ 和线性矩峰态系数 $L\text{-}C_k$ 的组合。一般选择线性矩变差系数 $L\text{-}C_V$ 作为同质性检验的指标，因 $L\text{-}C_V$ 的站点之间离散程度对设计洪水的影响程度比 $L\text{-}C_S$ 和 $L\text{-}C_k$ 大。水文相似性区域同质性检验方法以下主要介绍两种：S 值检验方法和 H 值检验方法。

（1）S 值检验方法。计算出 θ 的估计值：$\hat{\theta}^{(i)}$ 表示第 i 个站点的估计值；$\hat{\theta}^{(R)}$ 表示区域估计值，由所有站点的样本资料求出。检验统计参数 S 定义为 θ 的单站估计值和区域估计值的离差平方和，数学表达式为

$$S = \sum_{i=1}^{N} (\hat{\theta}^{(i)} - \hat{\theta}^{(R)})^2 \qquad (10-1)$$

在假设水文分区是同质的情况下，检验统计量 S 将服从"零分布"。为计算出 S 的"零分布"，须先假设区域频率曲线线型，再根据实际样本资料计算出 S 的观测值。若 S 的观测值落在 S 的"零分布"的尾部，则"水文分区是同质的"这个假设不成立，因为对一个同质水文分区，这种情况是小概率事件。

（2）H 值检验方法。水文相似性区域同质性检验的实质就是比较各站点 θ 值的离散程度，这个离散程度可用分区内 θ 值系列的均方差来表示。H 值检验方法的基本思想是：重复模拟一个具有相同站点数目的水文分区，且模拟的每个站点资料长度都与实测样本资料长度相同，计算每次 θ 值的离散程度。模拟试验结束后，计算出 θ 值的离散程度的均值和均方差。定义检验统计量为

$$H = \frac{\theta_{\text{obs}} - \bar{\theta}_{\text{SLM}}}{S_\theta} \qquad (10-2)$$

式中：θ_{obs} 为离散程度的观测值；$\bar{\theta}_{\text{SLM}}$ 为离散程度的模拟均值；S_θ 为离散程度的模拟均方差。

当 H 值是一个较大或很大的正值，就意味着实际计算出来的 θ 值的离散程度超过了同质水文分区中 θ 值的理论离散程度，因此，此水文分区不满足同质性要求。

第三节 区域频率分析方法

1. 回归方法

回归方法不需要将流域划分为水文相似性区域，其具体步骤为：①进行单站频率分析，评估单站某一重现期设计值，虽然该方法不需要所有站点采用统一分布线型，但所用的数据需要满足一致性假定；②对于某一重现期 T，需要计算区域设计值，将各站点设计值组成一个向量，挑选流域内的 K 个特征值，组成矩阵 M，矩阵 M 包括 N 个站点和 K 个要素；③建立设计值和集水区地貌以及其他输入的多元线性回归模型。

以下以估计某地重现期 $T=10$ 年最小 7 天平均流量为例进行说明，采用三参数的 Weibull 分布拟合洪水序列。

（1）对每个测站的已有数据进行频率分析，由此得到对于特定站点、特定重现期的分位数估计值。计算步骤如下：

Weibullmin 累积分布函数见式（10-3）：

$$F_Y(y) = 1 - \exp\left[-\left(\frac{y-\xi}{\beta-\xi}\right)^\alpha\right], \quad y > \xi, \beta \geqslant 0, \alpha > 0 \qquad (10-3)$$

分位数作为重现期的函数，可以由下式给出：

$$x(T) = \xi + \left\{(\beta-\xi)\left[-\ln\left(1-\frac{1}{T}\right)^{\frac{1}{\alpha}}\right]\right\} \qquad (10-4)$$

式中：T 为重现期；α、β、ξ 的估计如下。

α 可以由下式估计：

$$\hat{\alpha} = \frac{1}{C_0 + C_1\gamma + C_2\gamma^2 + C_3\gamma^3 + C_4\gamma^4} \qquad (10-5)$$

式中：$\hat{\alpha}$ 为 α 的估计量；γ 为总体偏态系数，采用估计的样本偏态系数 g。

g 由下式计算：

$$g = \frac{N}{(N-1)(N-2)} \frac{\sum_{i=1}^{N}(x_i - \bar{x})^3}{s^3} \qquad (10-6)$$

式中：N 为样本总量；x_i 为样本数据；$\bar{x}$ 为样本均值；s 为样本标准差。

对于 $-0.12 < g < 2$ 的情况，上述参数可采用以下取值：$C_0 = 0.2777757913$，$C_1 = 0.3132617714$，$C_2 = 0.0575670910$，$C_3 = -0.0013038566$，$C_4 = -0.0081523408$。

参数 β 可用下式估计：

$$\hat{\beta} = \bar{x} + s_x A(\hat{\alpha}) \qquad (10-7)$$

式中：$\hat{\beta}$ 为 β 的估计量；s_x 为样本标准差。

其中

$$A(\hat{\alpha}) = \left[1 - \Gamma\left(1 + \frac{1}{\hat{\alpha}}\right)\right] \times B(\hat{\alpha}) \qquad (10-8)$$

$$B(\hat{\alpha}) = \left[\Gamma\left(1 + \frac{2}{\hat{\alpha}}\right) - \tau^2\left(1 + \frac{1}{\hat{\alpha}}\right)\right]^{-\frac{1}{2}} \qquad (10-9)$$

参数 ξ 可由下式估计：

$$\hat{\xi} = \hat{\beta} - s_x B(\hat{\alpha}) \qquad (10-10)$$

式中：$\hat{\xi}$ 为 ξ 的估计量。

由以上各式可以得到各个站点 $T = 10$ 年的分位数估计，即 $T = 10$ 年的年最小 7 天流量可记为 $Q_{7,10}$。

【例 10-1】 某流域内 3 个测站的年最小 7 天平均流量见表 10-1，估算 $T = 10$ 年的年最小 7 天流量。

表 10-1　　　　　　　某流域内 3 个测站的年最小 7 天平均流量　　　　　　单位：m^3/s

年份	测站 A	测站 B	测站 C
2001	392.3	187.7	393.0
2002	413.3	174.1	358.1
2003	399.6	199.1	516.0
2004	446.9	208.0	388.6
2005	421.0	158.0	495.0
2006	366.0	151.0	498.0
2007	372.0	188.0	405.4

年份	测站 A	测站 B	测站 C
2008	367.0	196.3	522.0
2009	375.0	131.0	396.6
2010	304.1	111.0	450.0
2011	483.4	143.1	380.0
2012	346.3	123.7	371.0
2013	473.1	148.4	308.9
2014	344.0	111.0	400.0

解: 经计算，A、B、C 3 个测站重要参数见表 10-2。

表 10-2 　　　　　　　　　　**某流域 3 个测站重要参数估计值**

测站	测站 A	测站 B	测站 C
$\hat{\alpha}$	2.5416	3.8449	2.5311
$\hat{\beta}$	407.8043	170.8651	439.0023
$\hat{\varepsilon}$	277.3641	50.0405	271.7434
$Q_{7,10}$	331.1762	117.3331	340.4931

（2）建立流量与地形或气候因子的区域回归方程，继而估计无资料站点的流量。通常认为洪峰流量与流域特征变量服从指数关系：

$$Q_T = \alpha_0 A_1^{\alpha_1} A_2^{\alpha_2} \cdots A_n^{\alpha_n} \varepsilon_0 \tag{10-11}$$

式中：Q_T 为 T 年一遇的洪峰流量；A_1，A_2，$\cdots$，A_n 为流域特征变量（包括地理或气候特征值）；α_0，α_1，α_2，$\cdots$，α_n 为模型参数；n 为特征变量个数；ε_0 为乘积误差项。

同样的，如果将乘积误差项改为加和误差项，那么指数关系式变为如下形式：

$$Q_T = \alpha_0 A_1^{\alpha_1} A_2^{\alpha_2} \cdots A_n^{\alpha_n} + \varepsilon_0 \tag{10-12}$$

对于以上两种形式的模型，其参数都是未知的，必须通过洪峰流量观测值和流域特性率定。如模型采用乘积误差项，将等式两边进行对数变换转换为线型模型，可通过回归的方法估计线性模型的参数。式（10-12）两边取对数得

$$\lg Q_T = \lg \alpha_0 + \alpha_1 \lg A_1 + \alpha_2 \lg A_2 + \cdots + \alpha_n \lg A_n + \lg \varepsilon_0 \tag{10-13}$$

或写成矩阵形式：

$$\boldsymbol{Y} = \boldsymbol{X}\boldsymbol{\beta} + \boldsymbol{e} \tag{10-14}$$

式中：$\boldsymbol{Y}$ 为 m 个站点对数化的 T 年一遇洪峰流量系列；$\boldsymbol{\beta}$ 为回归系数组成的列向量；$\boldsymbol{X}$ 为流域特征值组成的 $m \times n$ 阶矩阵；$\boldsymbol{e}$ 为误差矩阵。

然而，如模型采用加和误差项，那么就无法通过对数变换将其转换为线性模型，模型参数则需要采用非线性优化法率定。

【例 10-2】 以表 10-3 中水文第 Ⅰ 区为例说明如何建立区域回归方程。

表 10-3　　　　　　　　　　　　　　一致性和均匀性检验结果

水文子区域	一致性检验	H_1	H_2	H_3	站点数目
I	白莲河（剔除）	0.93	0.41	1.14	12
II	夏店（调至IV区）	0.02	0.07	0.14	10
IV	均通过	0.30	0.39	1.28	8

解：回归系数的计算有普通最小二乘法（ordinary least squares，OLS）和加权最小二乘法（weighted least square method，WLS）。选取流域特征变量包括流域面积、河道纵坡、流域平均高程、年平均降雨量和年平均径流深 5 项指标，对子区域 I 建立形如式（10-11）的区域回归方程，对数线性化后变为式（10-13）。选取流域面积作为影响洪峰流量影响显著的变量，因此，区域回归方程可以写为

$$\lg Q_{j,T} = \alpha'_0 + \alpha_1 \lg F_j \tag{10-15}$$

式中，F_j 为第 j 个流域面积；$Q_{j,T}$ 为第 j 个流域 T 年一遇的洪峰流量（$j=1,2,\cdots,12$），本例中 T 取 5、10、20、50、100 和 500（设计值的计算可参照［例 10-1］中对于 $T=10$ 年的年最小 7 天流量的计算）；α'_0 和 α_1 为回归系数。

区域回归分析效果的评价指标包括：回归常数的标准误差 $SE(\alpha'_0)$；回归系数的标准误差 $SE(\alpha_1)$；判定线性回归拟合优度指标 R，其等于回归平方和与总平方和的比值。

采用 P-III型分布和线性矩法（PE3/LM）估算水文 I 区内各站点不同重现期的洪峰流量值，然后用 WLS 回归分析确定式（10-15）的系数，区域回归方程的系数及其评价指标值列于表 10-4 中。

表 10-4　　　　　区域回归方程（水文第 I 区）的系数及其评价指标值

重现期 /年	参数及其标准误差				R
	α'_0	$SE(\alpha'_0)$	α_1	$SE(\alpha_1)$	
500	0.556	0.333	1.040	0.116	0.976
100	0.684	0.340	0.947	0.118	0.970
50	0.732	0.382	0.910	0.133	0.960
20	0.754	0.446	0.863	0.155	0.941
10	0.755	0.489	0.830	0.170	0.926
5	0.728	0.516	0.800	0.179	0.913

2. 参数回归法

参数回归法是一种水文区域频率分析方法，即用单一参数形式表示流域内各站点水文变量的概率分布。为了应用回归参数法，应选择单一参数形式，以表示水文相似性区域内各站点水文变量的概率分布。不同于本章第二节中介绍的 4 种划分水文相似性区域的常用方法，在参数回归法中，比较各水文站点无量纲变量的经验分布，进而对站点进行分组，划分相应的水文相似性区域。

参数回归法的基本步骤如下：

（1）检查各水文站点是否可组成一个水文相似性区域，该区域内可用年最大流量作为

单一参数形式。在 Gumbel 概率纸上，绘制各站点无量纲洪量的经验分布，若各站点无量纲洪量系列具有一个共同的趋势，则表明各站点可组成一个水文相似性区域。

（2）确定分布函数，如指数分布、$Gumbel_{max}$ 分布、双参数对数正态分布和伽马分布。将各站点的参数数据带入其中，在不同分布假设下进行拟合优度检验，通过与经验分布比较分析，确定最优的水文频率分析模型。

（3）列出各站点的排水面积、年平均降雨量、等效河流坡度、主河道长度和每平方千米溪流节点数等流域属性，在此基础上，得到流域属性与各参数之间的简单相关系数矩阵。再根据矩阵和各站点估计参数组成的向量，建立估计参数与流域属性之间的多元线性回归模型，该模型适用于水文相似性区域内所有站点。若有些变量之间相关性较高，在回归模型中就不应考虑这些变量，以降低变量之间的共线风险。

在采用的模型中，对每组参数估计值，有参数 $\hat{\theta}_p (p=1,2,\cdots,P)$；对水文相似性区域内的站点 j，有参数 $\hat{\theta}_j = (\hat{\theta}_1, \hat{\theta}_2, \cdots, \hat{\theta}_P)$。将各水文站点的估计参数 $\hat{\theta}_{p,j} (j=1,2,\cdots,N)$ 组成一个向量，挑选流域内的 K 个流域属性，组成矩阵 $\boldsymbol{M}$，矩阵 $\boldsymbol{M}$ 包括 N 个站点和 K 个流域属性。对于线性模型或 log-log 模型，变量先进行对数转换，再通过 F 检验对流域属性和回归方程的意义进行评估。另外，依次通过检验残差、标准差和确定系数，对回归系数的大小以及预测因素的相对重要性进行一致性分析，进一步评估回归模型的整体质量。

3. 指标洪水法

指标洪水是在频率分析的背景下提出的，它是无量纲的数，用来在相似区域内集合多站点的资料进行比较，并在区域范围内进行综合分析。若现在将一个随机变量的频率进行区域化，对一个区域的 N 个水文站进行采样。对不同水文 i，以时间 j 为顺序记录观测值，形成大小为 n_i 的样本，并表示为 $Q_{i,j} (j=1,\cdots,n_i; i=1,\cdots,N)$。若这些站点洪水频率分布的线型和参数是完全一样的，这些站点就组成了一个所谓的"水文分区"。不过每个站点都有一个特定的洪水尺度系数，一般为

$$Q_i(P) = m_i q(P) \tag{10-16}$$

式中：m_i 为水文站 i 的指标洪水，通常可由样本均值或中位数来估计；$q(P)$ 为区域频率曲线；P 为概率，与重现期相关。

区域频率曲线 $q(P)$ 的线型一般可以事先确定，但是其分布参数待定，记为 $q_1, q_2, \cdots, q_s$，因此 $q(P)$ 也可以写作 $q(P) = q(P \mid q_1, \cdots, q_s)$。

指标洪水法的主要假设如下：

（1）该水文分区内任何地点观测的数据服从同一分布。

（2）同一站点实测的样本数据没有时序相关性。

（3）在该区域内不同地点观测的数据在统计上是独立的。

（4）除洪水尺度系数外，N 个测站的频率分布均相同。

（5）区域增长曲线的形式是正确的。

一般认为资料能满足第 1、第 2 条假设；但是，如果人类活动影响较大，那么第 1 条假设就不能满足；第 3 条假设也可能不太容易满足，例如某些极端气象水文事件，如暴雨

和干旱，其影响面积往往较大，影响范围不止一两个水文站点，这样就很难满足第 3 条假设；第 4 条和第 5 条假设实际上也是很难满足的。因此，需要谨慎地选择站点来组成"水文相似区域"，同时也要尽可能使指标洪水法在第 3、第 4 和第 5 这三个假设不满足的情况下推求符合要求的设计洪水。

指标洪水法可概括为以下步骤：

对数据进行检查，然后对每个站点的洪峰系列无因次化，生成新的系列 q。

$$q_{ij} = \frac{Q_{ij}}{\bar{Q}_i} (j = 1, \cdots, n_i, i = 1, \cdots, N) \tag{10-17}$$

对每个站点，分别估计出该站点新系列的分布参数，估计值记为 $\hat{q}_k^{(i)}$。所有这些站点的参数估计值进行加权平均，得到区域频率曲线的参数估计值：

$$\hat{q}_k^R = \frac{\sum\limits_{i=1}^{N} n_i \hat{q}_k^{(i)}}{\sum\limits_{i=1}^{N} n_i} \tag{10-18}$$

将 $\hat{q}_k^R$ 的估计值代入 $q(P)$ 就得到估计的区域频率曲线：

$$\hat{q}(P) = q(P \mid \hat{q}_1^R, \cdots, \hat{q}_s^R) \tag{10-19}$$

对任何一个站点，超过概率 P 所对应的设计洪峰流量为

$$\hat{Q}_i(P) = \bar{Q}_i \hat{q}(P) \tag{10-20}$$

第四节 基于线性矩法的区域频率分析方法

一、方法概述

频率曲线分析的主要目的是为了推求稀遇的设计洪水，所以水文工作者通常重点关注频率分布曲线的尾部特性。由于研究区域实测流量资料不足，插补延长存在一定难度，仅根据短期流量资料推求稀遇设计洪水难免存在较大误差。为解决这一问题，水文工作者找到了两条有效的途径：一是考虑历史洪水资料；二是利用区域综合信息提高设计洪水估计精度。两者区别在于，前者是通过延长单站样本系列长度，而后者是考虑利用相邻站信息来减小单站估计的任意性和误差。

因此，越来越多的水文工作者开始对区域频率分析方法展开研究。其中指标洪水方法（IBF）与线性矩估计法（L-矩法）结合的区域频率分析方法得到了广泛的认可。下面将简要介绍该方法的步骤。

1. 数据的审查

检查同一地理区域内不同水文站点的样本数据是否存在系统性偏差，分别对样本数据的随机性、独立性、均匀性、平稳性及一致性进行检验。下面主要介绍基于线性矩法的数据一致性检验方法。

一致性检验的目的在于识别一组来自于不同站点的数据中是否存在和该组特征相差较大、不一致的样本。以三个线性矩（即线性矩变差系数 $L-C_V$，线性矩偏态系数 $L-C_S$

和线性矩峰态系数 $L - C_k$) 作为检验样本非一致性的特征因子，每个站点的样本线性矩 $L - C_V$、$L - C_S$ 和 $L - C_k$ 可构成一个三维向量，记为 $\boldsymbol{u}_i = [L - C_V^{(i)}, \ L - C_S^{(i)}, \ L - C_k^{(i)}]^T$，$\boldsymbol{u}_i$ 可以当作三维空间中的一个点。若有 N 个站点，则有 N 个三维向量，它们在三维空间中构成一个点簇。如有个别点距离点簇的中心比较远，那就认为这个点和其他点不一致，是离群点。记点簇的中心为 $\bar{\boldsymbol{u}}$，其计算方法如下：

$$\bar{\boldsymbol{u}} = N^{-1} \sum_{i=1}^{N} \boldsymbol{u}_i \tag{10-21}$$

那么，对每一个站点来说，非一致性检验的计算公式为

$$D_i = \frac{N}{3(N-1)} (\boldsymbol{u}_i - \bar{\boldsymbol{u}})^T \boldsymbol{S}^{-1} (\boldsymbol{u}_i - \bar{\boldsymbol{u}}) \tag{10-22}$$

其中

$$\boldsymbol{S} = (N-1)^{-1} \sum_{i=1}^{N} (\boldsymbol{u}_i - \bar{\boldsymbol{u}})(\boldsymbol{u}_i - \bar{\boldsymbol{u}})^T \tag{10-23}$$

式中：$\boldsymbol{S}$ 为样本的协方差矩阵。

如果 D_i 大于某一临界值，就可判别第 i 个站点和其他点不一致，是离群点，应该剔除。临界值 D 是站点个数 N 的函数，随 N 的增大而增大。Hosking 和 Wallis 给出了不同 N 值情况下的临界值，见表 10-5。

表 10-5　　　　　　　　　　　非一致性的临界值

站点个数 N	临界值	站点个数 N	临界值
5	1.333	11	2.632
6	1.648c	12	2.757
7	1.917	13	2.869
8	2.140	14	2.971
9	2.329	≥15	3.000
10	2.491		

Hosking 和 Wallis（1993）认为 $D = 3$ 为临界值，当样本临界值大于或等于 3 时，则可能包含了系统误差，甚至包含了异常值。而表 10-5 从 5 个站点数开始计算非一致性的临界值是因为：当站点数小于或等于 3 时，协方差矩阵 $\boldsymbol{S}$ 是奇异的，无法计算出临界值，站点数较少时所包含的信息量同时也较少，然而，当站点数等于 4 时，其临界值为 1；当站点数为 5 或 6 时临界值接近统计代数值 $\dfrac{N-1}{3}$。

判断区域样本一致性的计算步骤如下：

（1）对区域进行一致性分析时只需依次计算各站点样本数据的 D_i 值，而不需要考虑区域的相似性。若发现有不一致站点，则应对其进行彻底检查，找到错误或不一致的原因。

（2）初步确定相似区域后，重新计算区域内每个测站的非一致性测度。若有站点被标记为不一致，应考虑将其移至另一相似性区域，并检查是否满足一致性的条件。

【例 10-3】　某流域内 5 个测站的 20d 的最大洪峰流量见表 10-6，试用上述方法检验该组数据是否具有一致性。

表 10 - 6　　　　　　　　　某流域内 5 个测站的 20d 的最大洪峰流量　　　　　　单位：m³/s

天数/d	测站 A	测站 B	测站 C	测站 D	测站 E
1	17300	20500	20800	11500	53400
2	15900	13100	30500	10400	54500
3	16200	11900	22600	7730	48500
4	23600	15000	18400	15800	66100
5	18700	24100	16200	19000	53800
6	13300	16100	31500	8320	55400
7	22300	15400	22100	11700	53500
8	16700	15900	28600	6740	59500
9	14600	25500	13600	12100	53500
10	13900	19400	18100	15800	51800
11	14000	31400	24300	8280	53200
12	21300	15200	22100	7360	55600
13	15300	11700	26600	16300	43700
14	16800	16200	20600	19900	49700
15	23000	11700	25200	14000	48400
16	28600	24100	16800	8130	59600
17	9760	12400	22000	14800	41200
18	19800	17100	27800	14300	56700
19	14700	10200	24000	12800	41900
20	18300	12900	12600	8890	45300

解：经计算，得 A、B、C、D、E 五个测站的样本线性矩分别为 $u_1 = [0.139, 0.165, 0.170]$，$u_2 = [0.181, 0.277, 0.144]$，$u_3 = [0.139, -0.008, 0.115]$，$u_4 = [0.189, 0.098, 0.009]$，$u_5 = [0.068, -0.042, 0.193]$，则其中心点为 $\bar{u} = [0.143, 0.098, 0.126]$；由式（10 - 17）和式（10 - 18）可计算得 $D = [0.111, 0.580, 0.195, 0.271, 0.510]$，经查表 10 - 4 可知，五个测站对应的临界值 $D = 1.333$，五个测站的 D 值均不大于临界值，故该流域研究样本具有一致性。

2. 基于线性矩法的水文相似性区域辨识

水文相似性区域辨识通常基于站点的自然地理特性或是统计特性，也可采用统计特性的方法来验证依据自然地理特性分区的合理性。特别是，Hosking 和 Wallis 提出了线性矩比的方法来辨识水文相似性区域。

依据水文相似性区域的定义，所有站点具有与总体一致的线性矩比，然而，由于样本的差异性，各站点的线性矩是不同的，问题是站点间的线性矩差异性控制在多少范围内，可与同一个相似性区域的假设相一致。

假定水文站点均匀地分布在水文分区，即同一水文分区内的站点除了洪水尺度参数不同之外，其洪水频率分布线型和参数是完全相同的。检验水文分区的方法很多，在此仅介绍随机模拟方法进行 H 值检验的具体步骤。

在本章第二节已述，需要选定一个能反映频率分布曲线特征的测度 θ 并对其进行计算，由于，$L\text{-}C_V$ 对设计洪水精度的影响要比 $L\text{-}C_S$ 和 $L\text{-}C_k$ 大，所以选取线性矩变差系数 $L\text{-}C_V$ 作为均匀性检验测度 θ。

假定区域频率曲线线型，并随机模拟 N_{sim} 次，每次模拟生成一个具有 N 个站点的水文分区，且每个站点的模拟资料长度都与实测样本资料长度相同。模拟出来的水文分区是均匀的，且它们之间是相互独立的。

计算模拟水文分区的样本线性矩变差系数的离散程度 V。V 为实际样本的 $L\text{-}C_V$ 估计值的加权标准差，其表达式如下：

$$V = \left[\frac{\sum_{i=1}^{N} n_i (t_2^i - t_2^R)^2}{\sum_{i=1}^{N} n_i} \right]^{\frac{1}{2}} \tag{10-24}$$

$$t_2^R = \sum_{i=1}^{N} n_i t_2^i / \sum_{i=1}^{N} n_i \tag{10-25}$$

式中：N 为区域的水文测站数；n_i 为第 i 个测站的样本容量；t_2^i 为第 i 个测站的线性矩变差系数；t_2^R 为水文分区的加权平均线性矩变差系数。

由于 N_{sim} 次模拟水文分区将产生 N_{sim} 个 V 值，故需计算这 N_{sim} 个 V 值的均值 μ_V 和均方差 σ_V。最后计算水文分区的非均匀性测度：

$$H = \frac{(V - \mu_V)}{\sigma_V} \tag{10-26}$$

如果 $H<1$，则可认为这个水文分区是均匀的；如果 $1<H<2$，则可认为这个水文分区可能是非均匀的；如果 $H>2$，则可认为这个水文分区一定是非均匀的。

3. 选择合适的区域频率分布线型

如前几章所述，有许多频率分布函数可用于对水文数据进行建模分析。概率模型不仅应符合数据的分布，还应能有效预测变量未来发生的变化。经研究表明，使用含两个以上参数的分布作为模型，可以在尾部产生偏差较小的分位数估计。所以，一般地使用含两个以上参数的分布作为区域模型。总之，区域频率分布的选择应结合实际情况，选择拟合效果最佳的分布函数。

4. 估计区域频率分布

在进行区域频率分布估计之前必须对各站点的洪水系列是否具有"水文相似性"进行论证，若这些站点的洪水系列具有"水文相似性"，则可认为这些站点的洪水系列服从同样的总体分布，才可采用区域洪水频率分析法来对各站点的洪水频率曲线进行研究。

假设有 N 个水文测站，第 i 个站点的年最大洪峰流量资料长度记为 n_i，所有的洪峰系列记为 $Q_{ij}(j=1,\cdots,n_i;i=1,\cdots,N)$。最常用的区域洪水频率分析方法是用各站点的样本长度作权重得各阶线性矩的区域均值，下面简要介绍其计算步骤。

首先对每个站点的洪峰系列无因次化：

$$q_{ij} = Q_{ij} / \bar{Q}_i \qquad (10-27)$$

然后对每个站点分别估计出该站 q 系列的前三阶样本线性矩，即 l_1、l_2 和 l_3。所有这些站点的前三阶样本线性矩加权平均，得到区域线性矩：

$$l_k^R = \sum_{i=1}^{N} n_i l_k^{(i)} \Big/ \sum_{i=1}^{N} n_i \quad (k=1,2,3) \qquad (10-28)$$

假设选定的区域频率分布为 P-Ⅲ型分布，根据区域线性矩，则可以估计出其分布参数的区域估计值 $\hat{\mu}^R$、$\hat{\sigma}^R$、$\hat{C}_S^R$，及相应的区域频率曲线 $\hat{q}(P) = \hat{q}(P \mid \hat{\mu}^R, \hat{\sigma}^R, \hat{C}_S^R)$。那么，任何一站点概率 P 所对应的洪峰流量为

$$\hat{Q}_i(P) = \bar{Q}_i \hat{q}(P) \qquad (10-29)$$

相较于常规矩，线性矩法的最大特点是对洪水系列中的极值没有那么敏感，因此根据线性矩求得的洪水频率曲线参数的估计值要更加稳健。对于中样本和大样本而言，线性矩估计的偏差都非常小。Hosking 使用渐近理论计算大样本线性矩估计的偏差，得出：对于 Gumbel 分布，t_3 的渐近偏差为 $0.19n^{-1}$，而对于正态分布，t_4 的渐近偏差是 $0.03n^{-1}$，其中 n 为样本容量。对于小样本，线性矩估计的偏差则可通过模拟来评估。研究表明，对于服从某一分布且容量 $n \geqslant 20$ 的样本，其 t 估计值的偏差是可以忽略的；对于 $n \cong 20$ 的样本，t_3 和 t_4 估计值的偏差相对较小，且比传统的偏度和峰度估计要小得多。

二、区域频率分析估计不确定性的评估

与其他统计方法一样，区域频率分析产生的结果本质上是不确定的。在满足与统计模型有关的所有假设都成立的前提下，可通过构造由线性矩区域频率分析产生的参数和分位数的置信区间来量化估计值的不确定性。为区域频率分析建立常规置信区间需要满足以下假设：①样本满足正态分布或样本容量 $n \geqslant 30$；②区域严格均匀；③选择正确的区域概率模型；④区域数据中不存在序列相关和互相关。由于在实际情况中，无法保证这些假设全都成立，故利用置信区间来量化估计值的不确定性存在一定困难。

1997 年，Hosking 和 Wallis 提出了一种基于蒙特卡罗模拟的方法，用于评估区域估计不确定性。该方法考虑了可能存在的区域异质性、相互关联性、区域模型的误差，以及这些因素的组合等多种情况。由于这种基于蒙特卡罗的方法比较复杂，在此不做介绍，感兴趣的读者可以课后查阅资料进行了解。

三、基于线性矩法的区域频率分析方法评估

通过研究基于线性矩法的区域频率分析方法在实际中的应用，Hosking 和 Wallis 得出以下结论：

（1）即使在异质性程度中等、数据存在相互关联、区域概率模型不规范的区域，区域频率分析的结果也比单站频率分析的结果更可靠。

（2）区域频率分析对于估计非常小或非常大的分位数特别有价值。

（3）分位数估计值的误差是关于区域所含站点数 N 的函数，其随着站点数增加而下降。当区域扩大到包含 20 个以上的站点时，精度几乎没有提高。

（4）当可用记录较长时，使用单站频率分析比区域频率分析更有价值。当记录长度很大时，异质性更容易检测。因此，当区域的记录长度很大时，它们应该包含更少的站点。

（5）在基于线性矩法的区域频率分析方法中，不推荐使用双参数分布。因为，只有在样本的 L-偏态系数和 L-峰态系数与分布的 L-偏态系数和 L-峰态系数相近的情况下，双参数分布才适用。否则，在分位数估计中可能会产生较大的偏差。

（6）由区域频率分布线型选择不当而导致的分位数估计误差只会对分布的尾部产生较大影响（$F<0.1$ 或 $F>0.99$）。

（7）选择可靠的分布（如 Kappa 和 Wakeby）可以合理地精确估算分位数。

（8）异质性会导致对该地区非典型地点的估计存在偏差。

（9）区域内各站点之间的相互关联将会导致估计值不同，但对其偏差几乎没有影响。在区域频率分析中，不应考虑弱相关关系。

（10）对于极端分位数（$F\geqslant0.999$），使用区域频率分析比站点频率分析的优势更大。并且，对于极端分位数而言，区域频率分布线型选择对于误差的影响比异质性更为严重。

目前而言，利用基于线性矩的方法对区域频率进行分析计算是较为推荐方法。

习　题

10-1　简述区域洪水频率分析方法的步骤。

10-2　简述标度洪水方法的基本假设。

10-3　简述运用聚类分析层次算法划分同质区域的步骤。

10-4　试分析聚类分析的不足之处。

10-5　简述区域频率分析的三种方法。

10-6　简述 IFB 方法的内在假设。

10-7　简述 Hosking-Wallis 方法的步骤。

10-8　相较于其他区域频率分析方法，Hosking-Wallis 方法有哪些优点？

第十章习题答案

第十一章　多变量水文频率分析

第一节　概　　述

在前述章节中，讨论了用一个随机变量描述水文事件的结果，但在实际应用中，仅用一个随机变量描述是不够的。水文事件一般具有多个方面的特征属性，是一个包含频域、时域和空间域的复杂过程。如洪水事件包括洪峰、洪量和洪水过程线；暴雨事件包括暴雨历时和强度；干旱事件包括干旱历时、干旱强度和干旱间隔时间等；洪水遭遇事件包括洪水发生时间和量级的遭遇。此外，水文事件各个变量之间又存在一定程度的相关性。如洪水过程包括洪峰、1天洪量、3天洪量、7天洪量等，这些变量之间一般具有较强的相关性。水文分析计算就是研究频域、时域和空间域三个自然属性的分布特征。传统的水文分析与计算方法，仅挑选某一特征变量进行单变量的分析与计算，这种分析无法全面反映事件的真实特性，忽略了变量间的相关性特征，会造成低估或高估水文特征值的后果。Chebana 和 Ouarda（2011）指出在水文事件由几个相关随机变量来定义的情况下，单变量频率分析不能完整地评估水文事件的发生概率；通过建立联合分布，综合考虑所有相关变量，才能更好地理解水文现象。因此，近年来多变量水文分析计算成为一个研究热点，并证实比单变量的分析能更好地描述水文事件的内在规律和各个特征属性之间的相互关系。

构建多维的联合分布函数是进行多变量水文分析计算的前提和关键，其构建方法主要可归结为三类：多元概率分布函数方法、非参数方法和 Copula 方法。初始阶段主要采用多元概率分布函数的方法，尤其是多元正态分布得到了广泛的应用，此外，二维指数分布、Gamma 分布和 Gumbel 分布等也被应用于多变量水文分析计算。多元正态分布要求边缘分布服从正态分布，而水文变量大都是偏态分布，故多元正态分布通常不能直接应用于水文变量的分析计算。因此，需要首先将样本进行正态变换，常用的正态变换方法主要有 Box - Cox 变换、多项式正态变换和当量正态变换，其中 Box - Cox 变换在水文计算中应用较多。然而，多元分布函数方法仍存在大量不足：①多元概率分布函数的方法大多都要求变量具有相同的分布，而在多变量水文分析计算时，不同的水文变量可能服从不同的分布，比如对于干旱事件，干旱强度服从 Gamma 分布，而干旱历时则服从指数分布；②正态变换过程比较复杂，且变换过程中可能会导致部分信息失真；③除正态分布外，其他多元分布的应用主要局限于二维，向二维以上扩展存在困难，计算较为复杂，如多元 Gamma 分布等。

20 世纪 90 年代，非参数方法因其构造简单、计算简便，得到了广大学者的青睐，非参数统计方法在水文学中主要用于随机模拟和频率分析计算。与常规方法相比，非参数方法不需要假定水文变量的分布型式，避开了频率计算中的线型选择问题，可以比较真实地反映水文系统中的客观规律。虽然非参数方法构造的联合分布能够很好地拟合实测数据，但预测能力相对不足，且构造的联合分布的边缘分布类型未知。

　　为解决上述两种方法中存在的不足，2003 年有学者将 Copula 函数理论与方法引入水文领域，由此，多变量水文分析与计算进入了一个崭新阶段。Copula 函数能够通过边缘分布和相关性结构两部分来构造多维联合分布，形式灵活多样，总体上可以划分为两类：椭圆型和 Archimedean（阿基米德）型。其中，单参数的 Archimedean Copula 函数应用最为广泛。多维 Archimedean Copula 函数的构造通常是基于二维分布，根据构造方式的不同可分为对称型和非对称型。Copula 函数的优势在于：边缘分布可以采用任何形式；边缘分布和相关性可以分开考虑；对正、负相关的情形都适用且计算简单。因此，Copula 函数在计算多变量水文频率，描述多要素水文过程，解决多变量遭遇问题、水文极值问题，随机模拟等方面都得到了广泛的应用。

第二节　Copula 函数的分类

　　水文领域中几种常用的 Copula 函数包括 Archimedean Copula 函数、椭圆 Copula 函数以及经验 Copula 函数，其中 Archimedean Copula 函数和椭圆 Copula 函数使用最为广泛。本节将依次对这两种常用的 Copula 函数进行简单介绍。

　　1. Archimedean Copula 函数

　　令函数 $\varphi(\cdot)$ 是 $I \to [0,\infty)$ 连续、严格递减的凸函数，且 $\varphi(1)=0$，$\varphi^{[-1]}(\cdot)$ 为定义的函数 $\varphi(\cdot)$ 的伪逆函数，其定义为

$$\varphi^{[-1]}(t) = \begin{cases} \varphi^{-1}(t), & 0 \leqslant t \leqslant \varphi(0) \\ 0, & \varphi(0) \leqslant t \leqslant \infty \end{cases} \tag{11-1}$$

　　令函数 $C: I^2 \to I$ 满足 Copula 函数定义中的边界条件式（11-2），即 $\forall u, v \in I$，$C(u,0)=0$，$C(0,v)=0$，$C(u,1)=u$，$C(1,v)=v$，且满足如下形式：

$$C(u,v) = \varphi^{[-1]}[\varphi(u)+\varphi(v)] \tag{11-2}$$

则 C 称为 Archimedean Copula 函数，函数 φ 称为 Archimedean Copula 函数的生成元。若 $\varphi(0)=\infty$，则称 φ 为严格生成元，此时 $\varphi^{[-1]}=\varphi^{(-1)}$，$C(u,v)=\varphi^{(-1)}[\varphi(u)+\varphi(v)]$ 称为严格的 Archimedean Copula 函数。

　　设函数 C 是一个具有生成元 φ 的 Archimedean Copula 函数，则它具有如下性质：

　　（1）C 具有对称性，即 $C(u_1,u_2)=C(u_2,u_1)$，$\forall u_1, u_2 \in [0,1]$。

　　（2）C 满足结合律：$C[C(u_1,u_2),u_3]=C[u_1,C(u_2,u_3)]$，$\forall u_1, u_2, u_3 \in [0,1]$。

　　（3）$C(u_1,1)=u_1$，$\forall u_1 \in [0,1]$，$C(1,u_2)=u_2$，$\forall u_2 \in [0,1]$，此外，$C(u_1,u_1) \leqslant u_1$。

　　由于 Archimedean Copula 函数具有良好的性质，对两变量问题模拟效果较好，所以被广泛应用于构建二维联合分布，并且 Archimedean Copula 函数具有多种形式，表 11-1 中介绍了三种常用的二元 Archimedean Copula 函数的基本信息。

表 11-1　　　　　　　　　　　三种常用的二元 Archimedean Copula 函数

名称	生成元	表　达　式	参数 θ 与 Kendall 秩相关系数 τ 的关系
Gumbel Copula	$\varphi(t)=(-\ln t)^{\frac{1}{\theta}}$	$C(u,v)=\exp\{-[(-\ln u)^\theta+(-\ln v)^\theta]^{1/\theta}\}$, $\theta\in[1,\infty)$	$\tau=1-\dfrac{1}{\theta}$
Clayton Copula	$\varphi(t)=t^{-\theta}-1$	$C(u,v)=(u^{-\theta}+v^{-\theta}-1)^{-1/\theta}$, $\theta\in(0,\infty)$	$\tau=\dfrac{\theta}{2+\theta}$
Frank Copula	$\varphi(t)=-\ln\dfrac{\mathrm{e}^{-\theta t}-1}{\mathrm{e}^{-\theta}-1}$	$C(u,v)=-\dfrac{1}{\theta}\ln\left[1+\dfrac{(\mathrm{e}^{-\theta u}-1)(\mathrm{e}^{-\theta v}-1)}{(\mathrm{e}^{-\theta}-1)}\right]$, $\theta\in R$	$\tau=1+\dfrac{4}{\theta}\left[\dfrac{1}{\theta}\displaystyle\int_0^\theta\dfrac{t}{\mathrm{e}^t-1}\mathrm{d}t-1\right]$

注　u，v 为 $[0,1]$ 上均匀分布的变量；θ 为描述两个变量间相依性关系的参数。

Gumbel Copula 函数仅适用于描述变量间的正相关关系，且具有上尾相关性；Clayton Copula 仅适应于描述具有正相关的随机变量，并且能刻画变量下尾相关性；Frank Copula 函数既能够描述具有正相关性的随机变量，也能描述具有负相关性的随机变量，但其既无上尾相关性也无下尾相关性。

【例 11-1】　设函数 $f(\theta)=1/2$，$\theta\geqslant0$，则它的生成元是什么？

解：考虑它的拉普拉斯变换：

$$\int_0^\infty\mathrm{e}^{-\theta s}f(\theta)\mathrm{d}\theta=\frac{1}{2}\int_0^\infty\mathrm{e}^{-\theta s}\mathrm{d}\theta=\frac{1}{2s}$$

则

$$\varphi(s)=\frac{1}{2}\int_0^\infty\mathrm{e}^{-\theta s}\mathrm{d}\theta-\frac{1}{2}\int_0^\infty\mathrm{e}^{-\theta}\mathrm{d}\theta=\frac{1}{2s}-\frac{1}{2}$$

$\varphi(s)$ 为一个 Archimedean Copula 函数的生成元。

由生成元 $\varphi(s)$ 生成的 Archimedean Copula 函数为

$$C(u,v)=\frac{uv}{u+v-uv}$$

此 Copula 函数为常见的 Archimedean Copula 函数中某一族的一员。

2. 椭圆 Copula 函数

令 $\boldsymbol{X}^*$ 为 p 维向量，$\boldsymbol{X}^*=(X_1^*,\cdots,X_p^*)$，且服从椭圆分布，$\boldsymbol{X}^*\sim\varepsilon_p(\boldsymbol{\mu},\boldsymbol{\Sigma},g)$，其中，均值向量 $\boldsymbol{\mu}\in\mathbb{R}^p$，协方差矩阵 $\boldsymbol{\Sigma}=\sigma_{ij}$，生成元为 $g(t),g:[0,\infty)\to[0,\infty)$，向量 $\boldsymbol{X}^*$ 可用如下形式表示：

$$\boldsymbol{X}^*=\boldsymbol{\mu}+RAu \tag{11-3}$$

式中：$\boldsymbol{A}\boldsymbol{A}^\mathrm{T}$ 为协方差矩阵 $\boldsymbol{\Sigma}$ 的柯勒斯基分解；u 为一个均匀分布在球体上的 p 维变量，$\boldsymbol{S}_p=\{(u_1,\cdots,u_p)\in\mathbb{R}^p:u_1^2+\cdots+u_p^2=1\}$；$R$ 为一个非负的随机变量，它的密度函数如下。

$$f_g(r)=\frac{2\pi^{p/2}}{\Gamma(p/2)}r^{p-1}g(r^2),r>0 \tag{11-4}$$

例如，当 $g(t) \propto e^{-t/2}$，则 $\boldsymbol{X}^*$ 服从多元的正态分布，R^2 服从自由度为 p 的 χ^2 分布。椭圆 Copula 函数是常用的 Copula 函数分布族，能够很好地拟合多元极值分布和非正态结构。

椭圆 Copula 函数有多种类型，常用的椭圆 Copula 函数包括：正态 Copula（Normal Copula）函数，t-Copula 函数，Cauchy Copula 函数和皮尔逊二型 Copula 函数等。选择不同的生成元可以得到不同的椭圆 Copula 函数，表 11-2 中列出了几种常用的椭圆 Copula 函数的生成元 g 的分布形式。

表 11-2　　　　　　　　　　　四种用于生成椭圆 Copula 的函数

Copula	R^2 的分布	$g(t)$	Q_g
Normal	$R^2 \sim \chi^2(p)$	$(2\pi)^{-p/2}\exp(-t/2)$	N(0, 1)
t-Copula	$R^2/p \sim F(p, \nu)$	$\dfrac{(\nu\pi)^{-p/2}\Gamma[(p+\nu)/2]}{\Gamma(\nu/2)}(1+t/\nu)^{-(p+\nu)/2}$	Student（ν）
Cauchy	$R^2/p \sim F(p, 1)$	$\dfrac{(\pi)^{-p/2}\Gamma[(p+1)/2]}{\Gamma(1/2)}(1+t)^{-(p+1)/2}$	Cauchy
皮尔逊二型	$R^2 \sim \mathrm{Beta}(p/2, \nu+1)$	$\dfrac{\Gamma(p/2+\nu+1)}{(\pi)^{p/2}\Gamma(\nu+1)}(1-t)^{\nu}, t \in [-1, 1], \nu > -1$	皮尔逊二型

接下来着重介绍正态 Copula 和 t-Copula 两种函数。

（1）正态 Copula 函数。当且仅当随机向量的边际分布 $F_1, F_2, \cdots, F_n$ 为标准一元正态分布（记为 φ）时，随机向量服从正态 Copula，其边际分布的相依结构由下式确定：

$$C(u_1, \cdots, u_n) = \Phi[\varphi^{-1}(u_1), \cdots, \varphi^{-1}(u_n)] \qquad (11-5)$$

式中：Φ 为多元正态分布函数；φ^{-1} 为一元标准正态分布函数的逆函数。

当 $n=2$ 时，二元正态 Copula 函数的表达式为

$$C(u_1, u_2) = \int_{-\infty}^{\Phi^{-1}(u_1)} \int_{-\infty}^{\Phi^{-1}(u_2)} \frac{1}{2\pi(1-\rho^2)^{1/2}} \exp\left[-\frac{x^2 - 2\rho xy + y^2}{2(1-\rho^2)}\right] \mathrm{d}x\,\mathrm{d}y \qquad (11-6)$$

式中：ρ 为线性相关系数。

正态 Copula 函数的不足是无法描述变量的尾部相关性。

（2）t-Copula 函数。t-Copula 函数是正态 Copula 函数的一个变形。ν 个自由度的一维 t 分布的分布函数为

$$t_\nu(x) = \int_{-\infty}^{x} \frac{\Gamma[(\nu+1)/2]}{\sqrt{\pi\nu}\,\Gamma(\nu+2)}\left(1+\frac{s^2}{\nu}\right)^{-(\nu+1)/2}\mathrm{d}s \qquad (11-7)$$

相应地，对于 ν 个自由度的 d 维 t 分布，其分布函数为

$$t_{\Sigma,\nu}(\boldsymbol{x}) = \int_{-\infty}^{x_1} \cdots \int_{-\infty}^{x_d} \frac{\Gamma[(\nu+1)/2]}{\sqrt{\pi\nu}\,\Gamma(\nu+2)}\left(1+\frac{s^2}{\nu}\right)^{-(\nu+1)/2}\mathrm{d}t_1 \cdots \mathrm{d}t_d \qquad (11-8)$$

令式（11-8）给出的 $t_{\Sigma,\nu}$ 为 ν 个自由度的 d 维 t 分布的分布函数，协方差矩阵为 $\boldsymbol{\Sigma}$，令 t_ν 为 k 个自由度的一维 t 分布的分布函数，方差为 1，那么 d 维 t-Copula 函数为

$$C(u_1,\cdots,u_d)=T_{\Sigma,\nu}[T_\nu^{-1}(u_1),\cdots,T_\nu^{-1}(u_d)] \tag{11-9}$$

当 $n=2$ 时，二元 t – Copula 函数的表达式为

$$C(u_1,u_2)=\int_{-\infty}^{t_\nu^{-1}(u_1)}\int_{-\infty}^{t_\nu^{-1}(u_2)}\frac{1}{2\pi(1-\rho^2)^{1/2}}\left[1+\frac{x^2-2\rho xy+y^2}{\nu(1-\rho^2)}\right]^{-(\nu+2)/2}\mathrm{d}x\,\mathrm{d}y$$

$$\tag{11-10}$$

其尾部相关系数为：$2t_{\nu+1}\left[-\sqrt{\dfrac{(\nu+1)(1-\rho)}{1+\rho}}\right]$。

对于椭圆 Copula 函数，它们的上尾相关系数与下尾相关系数均相等，这使得椭圆 Copula 函数在描述两个随机变量具有不同的上、下尾变化规律时，受到了限制。特别地，对于高斯相关函数，由于在线性相关系数 $\rho<1$ 时，（X，Y）的尾部相关系数等于零，因此在分析水文事件的风险时，可能会低估风险。由于 t – Copula 函数能够描述变量间的尾部相关性，所以在实际应用中常被使用。

3. 经验 Copula 函数

Deheuvels 提出了经验 Copula 函数的概念。迄今为止，经验 Copula 函数被广泛地应用于拟合检验。二维的经验 Copula 函数定义为

$$C_n\left(\frac{i}{n},\frac{j}{n}\right)=\frac{a}{n} \tag{11-11}$$

式中：a 表征了样本（x，y）中 $x\leqslant x_i$，$y\leqslant y_j$ 的数目；x_i 和 y_j（$1\leqslant i$，$j\leqslant n$）为顺序统计量。

三维的经验 Copula 函数 C_n 定义为

$$C_n\left(\frac{i}{n},\frac{j}{n},\frac{k}{n}\right)=\frac{a}{n} \tag{11-12}$$

式中：a 表征了样本（x，y，z）中 $x\leqslant x_i$，$y\leqslant y_j$，$z\leqslant z_k$ 的数目；x_i、y_j 和 z_k（$1\leqslant i,j,k\leqslant n$）为顺序统计量。

第三节　高维联合分布的构建

目前，基于 Copula 函数的水文频率分析主要用于两变量，此种方法已经较为成熟且应用广泛。然而，水文事件常需要用多个变量来描述，两变量难以完整表征水文事件特性。因此，需要把 Copula 函数拓展到更高的维度，常用的方法有对称型 Archimedean Copula 函数、不对称型 Archimedean Copula 函数、椭圆 Copula 函数以及经验 Copula 函数。

与二维 Copula 函数相同，d 维 Copula 函数 C 可以定义为 $[0,1]^d\rightarrow[0,1]$，它具有以下性质：

（1）对于 $\forall\boldsymbol{u}\in[0,1]^d$，如果向量 $\boldsymbol{u}$ 中的任意一个元素为 0，则 $C(\boldsymbol{u})=0$；如果向量 $\boldsymbol{u}$ 中的某一个变量的取值为 u_k，其他的所有变量的取值为 1，则 $C(\boldsymbol{u})=u_k$。

（2）对于任意在 $[0,1]^d$ 中的向量 $\boldsymbol{a}$ 和 $\boldsymbol{b}$，如果 $\boldsymbol{a}\leqslant\boldsymbol{b}$，则 $V_C([\boldsymbol{a},\boldsymbol{b}])\geqslant0$，其中 V_C 为 Nelsen 定义的 C 值。

（3）Sklar 定理对 d 维 Copula 函数的描述如下：

令 F 为一个 d 维的概率分布函数，其边缘分布为 $F_{X_1}, F_{X_2}, \cdots, F_{X_d}$，当 $x \in R^d$，存在一个 d 维的 Copula 函数，使得

$$F(x_1, x_2, \cdots, x_d) = C[F_{X_1}(X_1), F_{X_2}(X_2), \cdots, F_{X_d}(X_d)] \qquad (11-13)$$

如果 $F_{X_1}, F_{X_2}, \cdots, F_{X_d}$ 为连续分布函数，那么 Copula 函数 C 是唯一确定的。

一、多维椭圆 Copula 函数

对于椭圆 Copula 函数，可以根据式（11-13）得到正态 Copula 函数和 t-Copula 函数。正态多维 Copula 函数的表达式为

$$C(\boldsymbol{u}; \boldsymbol{\Sigma}, \nu) = \int_{-\infty}^{\Phi^{-1}(u_1)} \cdots \int_{-\infty}^{\Phi^{-1}(u_n)} \frac{1}{\sqrt{(2\pi)^n |\boldsymbol{\Sigma}|}} \exp\left(-\frac{1}{2} \boldsymbol{x}' \boldsymbol{\Sigma}^{-1} \boldsymbol{x}\right) d\boldsymbol{x} \qquad (11-14)$$

式中：$\boldsymbol{\Sigma}$ 为相关性矩阵。

多维 t-Copula 函数的表达式为

$$C(\boldsymbol{u}; \boldsymbol{\Sigma}, \nu) = \int_{-\infty}^{t^{-1}(u_1)} \cdots \int_{-\infty}^{t^{-1}(u_n)} \frac{\Gamma\left(\frac{\nu+n}{\nu}\right)}{\Gamma\left(\frac{\nu}{2}\right) \sqrt{(\pi\nu)^n |\boldsymbol{\Sigma}|}} \left(1 + \frac{1}{\nu} \boldsymbol{x}' \boldsymbol{\Sigma}^{-1} \boldsymbol{x}\right)^{\frac{\nu+n}{2}} d\boldsymbol{x} \qquad (11-15)$$

式（11-13）描述了从二元函数到多元函数的推广方法，通过这种方法可得到多维正态 Copula 函数和 t-Copula 函数的表达式。但此方法局限性在于有些边缘分布的反函数没有显示解，因此这种方法无法推广，有的函数多维联合分布函数 F 无法得到，如 Archimedean 函数族。因此，需要其他方法来构建多维 Copula 函数。

二、多维 Archimedean Copula 函数

基于二维 Archimedean Copula 函数，多维 Archimedean Copula 函数根据不同的构造方式分为对称型和非对称型两种。

（一）对称型 Archimedean Copula 函数

基于构造二维 Archimedean Copula 函数的方法构造多维对称 Archimedean Copula 函数，构造方法为

$$C(\boldsymbol{u}) = \varphi^{-1}[\varphi(u_1) + \varphi(u_2) + \cdots + \varphi(u_d)] \qquad (11-16)$$

式中：φ 为生成元，其定义域为 $[0, 1]$，值域为 $[0, \infty)$，且是严格单调递减函数，即 $\varphi(0) = \infty$、$\varphi(1) = 0$；φ^{-1} 为其反函数，φ^{-1} 存在，且在其定义域 $[0, \infty)$ 内，单调递减。φ^{-1} 的各阶导数存在，且符号交替变化。

$$(-1)^k \frac{d^k \varphi^{-1}(t)}{dt^k} \geqslant 0 \qquad (11-17)$$

式中，$t \in [0, \infty)$；$k = 0, 1, 2, \cdots$。

根据式（11-16），当 $d=3$ 时，相应的三维表达式为

$$C(u_1, u_2, u_3) = \varphi^{-1}[\varphi(u_1) + \varphi(u_2) + \varphi(u_3)] \qquad (11-18)$$

当 $d=4$ 时，相应的四维表达式为

$$C(u_1, u_2, u_3, u_4) = \varphi^{-1}[\varphi(u_1) + \varphi(u_2) + \varphi(u_3) + \varphi(u_4)] \qquad (11-19)$$

水文变量之间的相关性可能为正、负或零相关。Kimberling 于 1974 年提出了一个重

要的理论：$d(d \geqslant 3)$ 维 Copula 的下界是 $C(\boldsymbol{u}) = \prod\limits_{i=1}^{n} u_i$，它描述了各变量独立的情况。因此，三维及以上的 Archimedean Copula 函数只能够描述正相关情形。

以下给出了水文领域几种常用的对称型 Archimedean Copula 函数。

1. Gumbel Copula 函数

d 维 Gumbel Copula 函数的表达式为

$$C(u_1, u_2, \cdots, u_d) = \exp\{-[(-\ln u_1)^\theta + (-\ln u_2)^\theta + \cdots + (-\ln u_d)^\theta]^{\frac{1}{\theta}}\} \quad (11-20)$$

当 $d=4$ 时

$$C(u_1, u_2, u_3, u_4) = \exp\{-[(-\ln u_1)^\theta + (-\ln u_2)^\theta + (-\ln u_3)^\theta + (-\ln u_4)^\theta]^{\frac{1}{\theta}}\}$$

$$(11-21)$$

2. Clayton Copula 函数

d 维 Clayton Copula 函数的表达式为

$$C(u_1, u_2, \cdots, u_d) = (u_1^{-\theta} + u_2^{-\theta} + \cdots + u_d^{-\theta} - d + 1)^{\frac{-1}{\theta}} \quad (11-22)$$

当 $d=4$ 时

$$C(u_1, u_2, u_3, u_4) = (u_1^{-\theta} + u_2^{-\theta} + u_3^{-\theta} + u_4^{-\theta} - 3)^{\frac{-1}{\theta}} \quad (11-23)$$

3. Frank Copula 函数

d 维 Frank Copula 函数的表达式为

$$C(u_1, u_2, \cdots, u_d) = \frac{-1}{\theta} \ln\left[1 + \frac{\prod\limits_{i=1}^{d}(e^{-\theta u_i} - 1)}{(e^{-\theta} - 1)^{d-1}}\right] \quad (11-24)$$

当 $d=4$ 时

$$C(u_1, u_2, u_3, u_4) = \frac{-1}{\theta} \ln\left[1 + \frac{\prod\limits_{i=1}^{4}(e^{-\theta u_i} - 1)}{(e^{-\theta} - 1)^{3}}\right] \quad (11-25)$$

无论 d 为几维联合分布，生成元 φ 都只有一个参数，构造的 d 维联合分布也只有一个参数，仅可描述一种相关性结构。然而在水文领域中，水文现象变量之间的相关系数通常不相同，只采用一个参数往往会产生误差，而且随着 Copula 函数维度增高，误差会逐渐增加，而非对称型的 Copula 函数为解决这一问题提供了一种新的思路。

（二）非对称型 Archimedean Copula 函数

Joe 和 Nelsen 提出了利用 Archimedean Copula 的结合性，由二维 Archimedean Copula 通过 $d-1$ 重嵌套构造出 d 维非对称型 Archimedean Copula：

$$\begin{aligned}
C(u_1, u_2, \cdots, u_d) &= C_1\{u_d, C_2[u_{d-1}, \cdots, C_{d-1}(u_2, u_1)\cdots]\} \\
&= \varphi_1^{-1}\{\varphi_1(u_d) + \varphi_1\{\varphi_2^{-1}(u_{d-1}) + \cdots + \varphi_{d-1}^{-1}[\varphi_{d-1}(u_2) \\
&\quad + \varphi_{d-1}(u_1)]\cdots\}\}
\end{aligned} \quad (11-26)$$

相对应的三维 Copula 函数表达式为

$$C(u_1, u_2, u_3) = C_1[u_3, C_2(u_2, u_1)] = \varphi_1^{[-1]}\{\varphi_1(u_3) + \varphi_1 \circ \varphi_2^{[-1]}[\varphi_2(u_2) + \varphi_2(u_1)]\}$$

$$(11-27)$$

相对应的四维 Copula 函数表达式为

$$C(u_1,u_2,u_3,u_4)=C_1\{u_4,C[u_3,C_2(u_2,u_1)]\}$$
$$=\varphi_1^{[-1]}\{\varphi_1(u_4)+\varphi_1\circ\varphi_2^{[-1]}\{\varphi_2(u_3)+\varphi_2\circ\varphi_3^{[-1]}[\varphi_3(u_1)+\varphi_3(u_2)]\}\}$$

$$(11-28)$$

式中：。表示函数复合。

以三维 Copula 函数为例说明构造过程，首先采用生成元 φ_2 构造变量为 u_1、u_2 的 Copula 函数 C_2，生成的 Copula 函数与 u_3 相结合，通过生成元 φ_1，构造 Copula 函数 C_1。

由非对称型 Archhimedean Copula 函数的构造公式可以看出，对称型 Archhimedean Copula 函数是非对称型的特殊形式，当 $\varphi_1=\varphi_2=\cdots=\varphi_{d-1}=\varphi$ 时，即为对称型。因此，$\varphi_k^{[-1]}$ 也同样需要满足完全单调的条件。理论上对于 d 个变量，变量两两之间应有 $2d(d-1)/2$ 种组合，每种组合都需要一个生成元来描述，也就是需要 $2d(d-1)/2$ 个生成元，但构造式中仅有 $d-1$ 个生成元，因此，所构造的非对称型多维 Copula 函数也只能描述 $d-1$ 个变量组合的相关性结构。

根据非对称型 Archhimedean Copula 函数的建立方法，推导出几种三维、四维 Archimedean Copula 的表达式如下。

1. Gumbel Copula 函数

三维非对称型的 Gumbel Copula 函数：

$$C(u_1,u_2,u_3)=\exp\{-\{[(-\ln u_1)^{\theta_2}+(-\ln u_2)^{\theta_2}]^{\theta_1/\theta_2}+(-\ln u_3)^{\theta_1}\}^{1/\theta_1}\}$$

$$(11-29)$$

四维非对称型的 Gumbel Copula 函数：

$$C(u_1,u_2,u_3,u_4)=\exp\{-\{(-\ln u_4)^{\theta_1}+\{[(-\ln u_1)^{\theta_3}+(-\ln u_2)^{\theta_3}]^{\frac{\theta_2}{\theta_3}}+(-\ln u_3)^{\theta_2}\}^{\frac{\theta_1}{\theta_2}}\}^{\frac{1}{\theta_1}}\}$$

$$(11-30)$$

式中，当 $\theta_1=\theta_2=\theta_3$ 时即为对称型 Gumbel Copula 函数。

2. Clayton Copula 函数

三维非对称型的 Clayton Copula 函数：

$$C(u_1,u_2,u_3)=[(u_1^{-\theta_2}+u_2^{-\theta_2}-1)^{\theta_1/\theta_2}+u_3^{-\theta_1}-1]^{-1/\theta_1}\qquad(11-31)$$

四维非对称型的 Clayton Copula 函数：

$$C(u_1,u_2,u_3,u_4)=\{u_4^{-\theta_1}+[(u_1^{-\theta_3}+u_2^{-\theta_3}-1)^{\frac{\theta_2}{\theta_3}}+u_3^{-\theta_2}-1]^{\frac{\theta_1}{\theta_2}}-1\}^{\frac{-1}{\theta_1}}\quad(11-32)$$

式中，当 $\theta_1=\theta_2=\theta_3$ 时即为对称型 Clayton Copula 函数。

3. Frank Copula 函数

三维非对称型的 Frank Copula 函数：

$$C(u_1,u_2,u_3)=-\theta_1^{-1}\ln\{1-(1-e^{-\theta_1})^{-1}\{1-[1-(1-e^{-\theta_2})^{-1}(1-e^{-\theta_2 u_1})(1-e^{-\theta_2 u_2})]^{\theta_1/\theta_2}\}\times$$
$$(1-e^{-\theta_1 u_3})\}$$

$$(11-33)$$

四维非对称型的 Frank Copula 函数：

$$C(u_1,u_2,u_3,u_4)=\frac{-1}{\theta_1}\ln\left\{1+\frac{1}{e^{-\theta_1}-1}(e^{-\theta_1 u_4}-1)\left\{\left\{1-\frac{1}{(1-e^{-\theta_2})}\left\{1-\right.\right.\right.\right.$$

$$\left[1-\frac{1}{1-\mathrm{e}^{-\theta_3}}(1-\mathrm{e}^{-\theta_3 u_1})(1-\mathrm{e}^{-\theta_3 u_2})\right]^{\frac{\theta_2}{\theta_3}}\left\{(1-\mathrm{e}^{-\theta_2 u_3})\right\}^{\frac{\theta_1}{\theta_2}}-1\right\}\right\}$$

$$(11-34)$$

式中，当 $\theta_1=\theta_2=\theta_3$ 时即为对称型 Frank Copula 函数。

　　三维的非对称型 Copula 函数应用较为广泛，四维的非对称型 Copula 函数也有应用。但非对称型 Copula 函数结构复杂，较对称型 Copula 函数计算量更大，模拟的相关性结构也有限，仅能模拟 $n-1$ 个相关性结构，较难向更高维发展。

　　三、条件混合法

　　Joe 和 De Michele 等提出了一种基于条件分布和二维 Copula 构造多维分布函数的方法。下面以三维、四维联合分布函数为例进行说明，最后将此方法扩展至多维情况。

　　令 X、Y、Z 为三个变量，其三维概率分布函数的表达式为

$$F(x,y,z)=\int_{-\infty}^{y}C_{XZ}[F_{X|Y}(x\mid t),F_{Z|Y}(x\mid t)]F_Y\mathrm{d}t \qquad (11-35)$$

式中，被积函数的自变量为条件分布函数，即 $F_{X|Y}$ 和 $F_{Z|Y}$，可以写成 Copula 函数的形式，以 $F_{X|Y}$ 为例：

$$F_{X|Y}(x\mid y)=P(X\leqslant x\mid Y=y)=Q[F_X(x),F_Y(y)]=Q(a,b) \qquad (11-36)$$

其中

$$Q(a,b)=\partial_b C_{XY}(a,b)=\frac{\partial_b C_{XY}(a,b)}{\partial b} \qquad (11-37)$$

$F_{Z|Y}$ 表达式与 $F_{X|Y}$ 相似。C_{XY} 度量了在给定 Y 的条件下，变量 X 和 Z 的条件相关性。

　　对于四维情况，与三维同理，令 X、Y、Z、W 为四个变量，四维概率分布函数可表达为

$$F(x,y,z,w)=\int_{-\infty}^{z}\int_{-\infty}^{y}C_{XW}[F_{X|YZ}(x\mid \boldsymbol{r}),F_{W|YZ}(x\mid \boldsymbol{r})]F_{YZ}(\mathrm{d}s,\mathrm{d}t) \qquad (11-38)$$

式中，向量 $\boldsymbol{r}=(s,t)$。

　　同样上式中的条件分布函数也可以用 Copula 函数表示：

$$F_{X|YZ}(x\mid y,z)=P(X\leqslant x\mid Y=y,Z=z)=R[F_X(x),F_Y(y),F_Z(z)]=R(a,b,c)$$

$$(11-39)$$

$$R(a,b,c)=\frac{\partial_{b,c}C_{XYZ}(a,b,c)}{\partial_{b,c}C_{XYZ}(1,b,c)}=\frac{\partial_{b,c}C_{XYZ}(a,b,c)}{\partial_{b,c}C_{YZ}(b,c)} \qquad (11-40)$$

　　条件混合方法构造 Copula 函数的优势在于，需要加入新的变量时，只需重复上述步骤即可。现将该方法推广到一般多维情况。

　　若 $d-1$ 维的分布函数 $F_{1\cdots d-1}$ 和 $F_{2\cdots d}$ 已知，且它们共享分布函数 $F_{2\cdots d-1}$，那么 d 维概率分布函数的表达式为

$$F_{1\cdots d}(\boldsymbol{y})=\int_{-\infty}^{y_2}\cdots\int_{-\infty}^{y_{d-1}}C_{1d}[F_{1|2\cdots d-1}(y_1\mid x_2,\cdots,x_{d-1}),F_{d|2\cdots d-1}(y_d\mid \boldsymbol{r})]F_{2\cdots d-1}(\mathrm{d}x_2,\cdots,\mathrm{d}x_{d-1})$$

$$(11-41)$$

应用此方法建立多维联合分布，实际上是将多维的联合分布降为二维联合分布来处理，避免了直接求解高维 Copula 函数带来的困难。

第四节　Copula 函数的参数估计

Copula 函数参数估计的方法有多种：二维 Archimedean Copula 函数可以利用 Kendall 相关系数与 Copula 参数的关系间接估计参数；二维以上的 Archimedean Copula 函数，常采用极大似然估计参数；椭圆 Copula 函数的参数可利用线性相关性系数矩阵或极大似然法进行估计。下面将对上述几种方法进行简单介绍。

1. Kendall 相关性系数法

定义　令 (x_1, y_1)、(x_2, y_2) 为独立同分布的随机向量，Kendall 秩相关系数可表示为

$$\tau = P\{(x_1 - x_2)(y_1 - y_2) > 0\} - P\{(x_1 - x_2)(y_1 - y_2) < 0\} \qquad (11-42)$$

τ 表示的是变量 (x_1, y_1)、(x_2, y_2) 一致的概率与不一致概率之差。若随机变量 (x, y) 的样本容量为 n，令 c 表示变量一致的数量，d 表示变量不一致的数量，则样本的 Kendall 相关系数可表示为

$$s = \frac{c-d}{c+d} = \frac{c-d}{C_n^2} \qquad (11-43)$$

Kendall 相关系数具有如下性质：

（1）在单调递增变换下，Kendall 秩相关系数保持不变。

（2）当两个变量完全独立时，Kendall 秩相关系数为 0。

（3）当两个变量完全正相关时，Kendall 秩相关系数为 1。

（4）当两个变量完全负相关时，Kendall 秩相关系数为 -1。

Kendall 相关性系数法主要用于估计二维 Archimedean Copula 函数的参数。在第三节中提到，水文分析计算常用的几种 Archimedean Copula 函数的参数均与 Kendall 相关系数存在一定关系。并且 Gumbel Copula、Clayton Copula 函数的关系式较为简单，由实测资料计算得到 Kendall 相关系数后，可很容易地求得 Copula 函数的参数。

【例 11 - 2】　已知某年 A、B 两个测站 30 年的年最大洪峰流量见表 11 - 3，欲建立两站洪峰流量间联合分布，请用 Kendall 相关性系数法估计二维 Archimedean Copula 函数的参数。

表 11 - 3　　　　　　　　　A、B 两个测站 30 年的年最大洪峰流量值　　　　　　单位：m³/s

序号	A 站	B 站	序号	A 站	B 站
1	17300	53400	5	18700	53800
2	15900	54500	6	13300	55400
3	16200	48500	7	22300	53500
4	23600	66100	8	16700	59500

序号	A 站	B 站	序号	A 站	B 站
9	14600	53500	20	18300	45300
10	13900	51800	21	13400	33800
11	14000	53200	22	17200	35100
12	21300	55600	23	17300	51500
13	15300	43700	24	25500	61000
14	16800	49700	25	11100	45500
15	23000	48400	26	14100	49300
16	28600	59600	27	12400	38600
17	9760	41200	28	13300	42300
18	19800	56700	29	14800	45500
19	14700	41900	30	18100	54600

　　解：根据 A、B 两站的洪峰流量数据，利用 R Studio 软件可计算得出 Kendall 秩相关系数 $\tau = 0.4276888$；由于洪水是极值事件，Gumbel Copula 函数能够精确描述其上尾相关性，故本例选用 Gumbel Copula 函数进行拟合，则由 $\tau = 1 - \dfrac{1}{\theta}$ 可计算出二维 Archimedean Copula 函数的参数 $\theta = \dfrac{1}{1-\tau} = 1.747$。

　　2. 极大似然法

　　Copula 函数的参数包括两部分：一是边缘分布参数，二是 Copula 函数参数 θ。其中，边缘分布的参数对联合分布的参数有着直接影响。根据边缘分布估计方法的不同，用于估计 Copula 函数参数的极大似然方法可以分为三种，包括全参数极大似然法、逐步极大似然法和半参数极大似然法。

　　（1）全参数极大似然法。全参数极大似然法是通过建立一个似然函数，同时估计边缘分布和 Copula 函数参数的方法，其似然函数的表达式为

$$l(\boldsymbol{\theta}) = \sum_{i=1}^{N} \ln c\left[F_1(x_1;\theta_1), F_2(x_2;\theta_2), \cdots, F_i(x_i;\theta_d); \theta_0\right] + \sum_{j=1}^{N} \sum_{i=1}^{d} \ln(f_i(x_i;\theta_i))$$

$$(11-44a)$$

其中：

$$c(u_1, \cdots, u_d) = \frac{\partial C(u_1, \cdots, u_d)}{\partial u_1 \cdots \partial u_d} \tag{11-44b}$$

式中：d 为 Copula 函数维数；N 为样本容量；$\theta_1, \cdots, \theta_d$ 为边缘分布参数；θ_0 为联合分布参数；F_i、f_i 分别为第 i 个边缘分布的概率分布函数和密度函数；c 为 Copula 函数的密度函数。

　　将似然函数关于参数 $\boldsymbol{\theta}$ 最大化，得到参数向量 $\boldsymbol{\theta}$ 的评估值为

$$\hat{\boldsymbol{\theta}} = \arg \max l(\boldsymbol{\theta}) \tag{11-45}$$

（2）逐步极大似然法。Joe 和 Xu（1996）提出了逐步极大似然法，又称两阶段极大似然法，该方法通过建立两个似然函数，分别估计边缘分布和 Copula 函数参数，其具体步骤及似然函数表达式如下：

1）边缘函数参数估计。

$$l_i(\theta_i) = \sum_{j=1}^{N} \ln\left[f_i(x_i;\theta_i)\right], i=1,\cdots,d \tag{11-46}$$

式中：d 为 Copula 函数维数；N 为样本容量；$\theta_1,\cdots,\theta_d$ 为边缘分布参数；f_i 为第 i 个边缘分布的密度函数。

2）联合分布参数估计。

$$l_0(\theta_0) = \sum_{i=1}^{N} \ln c\left[F_1(x_1;\hat{\theta}_1),F_2(x_2;\hat{\theta}_2),\cdots,F_i(x_i;\hat{\theta}_d);\theta_0\right] \tag{11-47}$$

式中：θ_0 为联合分布参数；F_i 为第 i 个边缘分布的概率分布函数；$\hat{\theta}_1,\cdots,\hat{\theta}_d$ 为通过第一步的极大似然法估计得到的边缘分布参数。

（3）半参数极大似然法。由于边缘分布的参数对 Copula 函数影响较大，1995 年 Genest 等学者提出了半参数极大似然法，该方法用经验边缘分布值代替理论边缘分布值参与似然函数计算。

半参数极大似然函数表达式为

$$l(\theta) = \sum_{i=1}^{N} \ln c(\hat{u}_1,\hat{u}_2,\cdots,\hat{u}_d;\theta) \tag{11-48}$$

式中：c 为 Copula 函数的概率密度函数；$\hat{u}_1,\hat{u}_2,\cdots,\hat{u}_d$ 为边缘分布的经验频率，其计算式为 $\hat{u}_i=(m-0.3)/N+0.4$。

由此可估计 Copula 函数的参数为

$$\hat{\theta} = \arg\max l(\theta) \tag{11-49}$$

模拟实验表明半参数方法更适合评估 Copula 函数的参数。

3. 椭圆 Copula 函数的参数估计

椭圆 Copula 函数由线性相关系数唯一确定，故只需评估线性相关矩阵 $\boldsymbol{\Sigma}$ 即可。由于线性相关矩阵是对称的，因此只需评估 $d(d-1)/2$ 个参数。可采用上述半参数极大似然法进行评估，也可采用 Kendall 相关系数法评估，该法更为简便。Kendall 相关系数 τ 与线性相关系数 ρ 的关系为

$$\tau_{kl} = \tau(X_k^*,X_l^*) = \frac{2}{\pi}\arcsin(\rho_{kl}) = \frac{2}{\pi}\arcsin\left(\frac{\sigma_{kl}}{\sqrt{\sigma_{kk}\sigma_{ll}}}\right) \tag{11-50}$$

式中：σ_{kl} 为样本 k、l 协方差；σ_{kk}、σ_{ll} 分别为样本方差。

第五节　Copula 函数的拟合检验

选定的 Copula 函数是否合适，能否描述变量之间的相关性结构，需要对 Copula 函数进行拟合检验。理论上，传统的用于单变量分布假设检验方法都适用于 Copula 函数的假

设检验，如 χ^2 检验等。这里介绍两种检验方法，分别是图形分析法以及 Genest 和 Rivest 方法。

（一）分析法

基于理论值和实测值的拟合曲线可直观地检验多维分布拟合情况。Beersma 和 Buishand 将该方法用于 Copula 函数的拟合检验。基于此方法，可以通过计算理论值和实测值的均方根误差 $RMSE$ 来定量的评估拟合误差大小，$RMSE$ 的计算公式为

$$RMSE = \sqrt{MSE} = \sqrt{E(x_c - x_0)^2} = \sqrt{\frac{1}{N} \sum_{i=1}^{N} \left[p_c(i) - p_0(i) \right]^2} \qquad (11-51)$$

式中：E 为数学期望；N 为样本容量；p_c 为实测概率值；p_0 为 Copula 函数计算得到的概率值。

引入 AIC 指标（Akaike's information criterion），用于选择合适的 Copula 函数，其计算式为

$$AIC = -2\ln(l_{\max}) + 2k \qquad (11-52)$$

$$AIC = N\ln(MSE) + 2k \qquad (11-53)$$

式中：$l_{\max}$ 为极大似然函数值；k 为参数个数。

（二）Genest 和 Rivest 方法

Genest 和 Rivest 提出了一种选择 Copula 函数的方法，分别计算理论估计值 $Kc(t)$ 和经验估计值 $Ke(t)$（或称为参数估计值和非参数估计值），然后点绘 $Kc(t)$ 和 $Ke(t)$ 关系图，如果图上的点都落在 45°对角线上，那么表明 $Kc(t)$ 和 $Ke(t)$ 完全相等，即 Copula 函数拟合得很好。因此，$Kc(t)$ 和 $Ke(t)$ 关系图可以用来评价和选择 Copula 函数。

下面以汉江夏汛期皇庄站洪水地区组成问题为例，介绍基于二维 Copula 函数的多变量水文频率分析方法，设丹江口水库的入库洪量为 X，丹江口水库至皇庄站区间（以下称为丹皇区间）的洪量为 Y，皇庄站的洪量为 Z，则 $Z = X + Y$。采用二维 Copula 函数构造上游丹江口水库入库洪量 X 与丹皇区间洪量 Y 的联合概率分布函数，由此推求当丹江口水库发生不同量级洪量的入库洪水时，丹皇区间洪水洪量的分布情况。

采用 P-Ⅲ型分布描述丹江口水库入库洪量 X 和丹皇区间洪量 Y 的分布情况，通过水文频率分析计算，采用适线法确定丹江口水库入库洪量和丹皇区间洪量的 P-Ⅲ型分布的三个参数，见表 11-4，并获得丹江口水库入库洪量和丹皇区间洪量的边缘分布情况，分别如图 11-1 和图 11-2 所示。

表 11-4　　　　丹江口水库入库洪量和丹皇区间洪量 P-Ⅲ型分布参数

名　称	均值/亿 m³	变差系数 C_V	偏态系数 C_S
丹江口水库入库洪量 X	100.51	0.52	1.10
丹皇区间洪量 Y	37.83	0.79	1.78

采用 Kendall 相关性系数法估计 Copula 函数的参数，得到 Clayton Copula 函数、Frank Copula 函数和 Gumbel Copula 函数的参数及其对应的 D 统计量，见表 11-5，采用 Gumbel Copula 函数得到的 D 统计量最小，故选用 Gumbel Copula 函数作为 Copula 构造

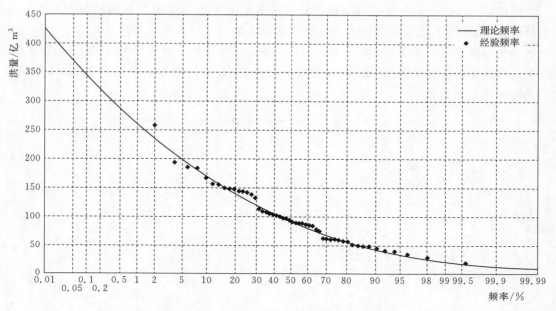

图 11-1 丹江口水库入库洪量频率计算结果

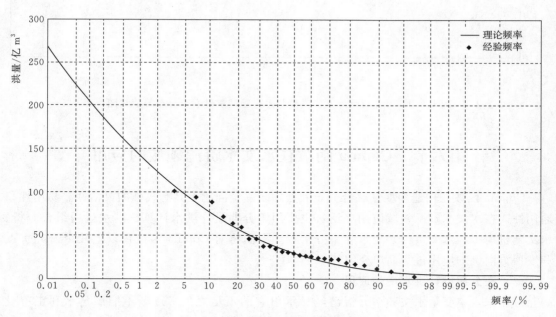

图 11-2 丹皇区间洪量频率计算结果

函数，构造丹江口水库入库洪量 X 和丹皇区间洪量 Y 的联合分布。

表 11-5   **Copula 函数参数估计结果**

函数名称	Clayton Copula	Frank Copula	Gumbel Copula
参数 θ	0.9746	3.1522	1.4873
D 统计量	6.8197	7.3858	6.6176

选用 Gumbel Copula 函数构造的丹江口水库入库洪量 X 和丹皇区间洪量 Y 的联合分布等值线图如图 11-3 所示，通过图 11-3 可以查询丹江口水库入库洪量与丹皇区间洪量的联合分布概率，如图中辅助线所示，丹江口水库发生入库洪量大于 213 亿 m^3 的洪水时，丹皇区间发生洪量大于 80 亿 m^3 洪水的概率约为 1%，而区间发生洪量大于 160 亿 m^3 洪水的概率约为 0.1%。

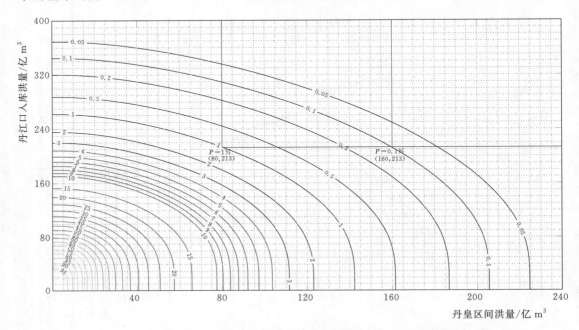

图 11-3　丹江口水库入库洪量与丹皇区间洪量联合分布等值线图

第六节　Copula 函数在水文水资源领域的应用

Copula 函数在构造多变量联合分布和处理多变量问题上具有较强的灵活性、易用性和通用性，在水文水资源领域应用广泛，主要用于分期设计洪水计算、洪水遭遇组合分析、水文随机模拟、水文事件多变量频率分析等。下面将对 Copula 函数在以上几个研究重点和发展方向上的应用进行简单介绍。

一、在分期设计洪水中的应用

近年来，单变量水文频率分析已经显示出它的不足之处，逐渐不能满足水利工程设计、管理等需求，因而多变量联合分析方法已被广泛地引入到水文频率分析中。Copula 函数具有特定联合分布不可比拟的优越性，它可以将服从任何分布的两个或多个变量连接起来得到它们的联合分布函数，并且可以将边缘分布和多变量的相关性结构分开进行研究，不仅克服了特定多变量相关性结构的缺陷，而且灵活多变，应用范围广。

假设将某次洪水过程分为汛前期、主汛期、汛末期三个时段，P_X、P_Y 和 P_Z 分别表示汛前期、主汛期、汛末期最大洪水 x、y 和 z 的分期设计频率，则

$$P_X = 1 - F_X(x) = 1 - u_3 \tag{11-54a}$$

$$P_Y = 1 - F_Y(y) = 1 - u_1 \qquad (11-54b)$$

$$P_Z = 1 - F_Z(z) = 1 - u_2 \qquad (11-54c)$$

对任一给定的防洪标准 T：

$$T = 1/[1 - C(u_1, u_2, u_3)] = 1/[1 - C(1 - P_Y, 1 - P_Z, 1 - P_X)] \qquad (11-55)$$

现行分期洪水模式假定分期频率为防洪标准 T 的倒数，即 $1/T$，然后根据分期洪水分布 $F_X(x)$、$F_Y(y)$ 和 $F_Z(z)$ 分别估计的分期设计洪水为 x_T、y_T 和 z_T，x_T、y_T 和 z_T 均应小于（或等于）年最大设计值 q_T，所以有

$$T \bigcup (x_T, y_T, z_T) = 1/[1 - F(x_T, y_T, z_T)] \leqslant 1/[1 - F(q_T, q_T, q_T)]$$
$$= T \bigcup (q_T, q_T, q_T) = T \qquad (11-56)$$

对任一给定的防洪标准 T，满足式（11-56）的分期设计洪水值 x、y 和 z 的组合有无数种。假定分期最大洪水值 x，y，z 的联合重现期 $T \bigcup (x, y, z)$ 等于 T，借助于 Copula 函数，有

$$T = T \bigcup (x, y, z) = 1/[1 - F(x, y, z)] = 1/[1 - C(u_1, u_2, u_3)] \qquad (11-57)$$

现行分期设计洪水模式通常假定汛前期、主汛期、汛末期为同一个设计频率，即

$$P_X = P_Y = P_Z \qquad (11-58)$$

当分期洪水的设计频率为 P_X（或 P_Y 或 P_Z），即可估计出三个分期的分期设计洪水值 x_{TO}、y_{TO} 和 z_{TO}：

$$x_{TO} = F_X^{(-1)}(1 - P_X) \qquad (11-59a)$$

$$y_{TO} = F_Y^{(-1)}(1 - P_Y) \qquad (11-59b)$$

$$z_{TO} = F_Y^{(-1)}(1 - P_Z) \qquad (11-59c)$$

【例 11-3】 隔河岩水库实测年最大洪峰系列为 1951—2004 年（$n=54$），并有 1883 年、1935 年、1920 年、1950 年共 4 个调查洪水，1883 年、1935 年、1920 年、1969 年和 1997 年共 5 个洪峰流量作为历史特大洪水处理，而 1950 年洪峰并入连续系列，历史洪水考证从 1672 年算起。年最大洪峰 Q 系列的统计特征值 $\mu_Q = 7400 \text{m}^3/\text{s}$，$C_{VQ} = 0.42$，$C_{SQ} = 1.26$。隔河岩水库分期设计洪水统计参数见表 11-6，其中，Q_m、W_1、W_3 和 W_7 分别表示分期洪峰、分期最大 1 日洪量、分期最大 3 日洪量、分期最大 7 日洪量。

表 11-6　　　　　　　　　　隔河岩水库分期设计洪水统计参数

分 期		统 计 参 数		
		均值	C_V	C_S/C_V
汛期前	$Q_m/(\text{m}^3/\text{s})$	4510	0.55	2
	$W_1/\text{亿 m}^3$	2.85	0.60	2.5
	$W_3/\text{亿 m}^3$	5.78	0.54	2.5
	$W_7/\text{亿 m}^3$	9.05	0.46	2.5
主汛期	$Q_m/(\text{m}^3/\text{s})$	6820	0.5	2
	$W_1/\text{亿 m}^3$	4.45	0.53	2.5
	$W_3/\text{亿 m}^3$	8.95	0.58	2.5
	$W_7/\text{亿 m}^3$	13.69	0.58	2.5

续表

分　期		统　计　参　数		
		均值	C_V	C_S/C_V
汛末期	$Q_m/(\mathrm{m^3/s})$	4390	0.67	2
	$W_1/亿\ \mathrm{m^3}$	2.94	0.67	2.5
	$W_3/亿\ \mathrm{m^3}$	5.94	0.67	2.5
	$W_7/亿\ \mathrm{m^3}$	9.37	0.68	2.5

1. 联合分布参数估计及 Copula 函数的选择

采用 Copula 函数分别描述 Q_m、W_1、W_3 和 W_7 每个变量三个分期之间的相关性结构，分别构建边缘分布为 P-Ⅲ 型分布的三变量联合分布函数。洪峰流量、各时段流量三个分期的联合观测值的经验频率计算如下：

$$F_{\mathrm{emp}}(x_i,y_i,z_i)=\frac{联合观测值中满足\ x\leqslant x_i,y\leqslant y_i,z\leqslant z_i\ 的样本个数}{n+1}$$

(11-60)

式中：n 为实测序列的长度。

根据隔河岩实测流量资料分别对各时段流量采用表 11-5 中的 3 种三维非对称型 Archimedean Copula 函数构建三分期的联合分布，并采用极大似然法对参数 θ_1、θ_2 进行估计，由三维非对称型 Archimedean Copula 函数嵌套结构表达式 $C_{\theta_1}(u_3,C_{\theta_2}(u_1,u_2))$ 可知，θ_2 是 u_1、u_2 的参数，θ_1 是 u_3 与 $C_{\theta_2}(u_1,u_2)$ 的参数，先求出参数 θ_2，再求出参数 θ_1，结果见表 11-7。

表 11-7　　　　　　　　　极大似然法估计 Copula 函数的参数结果

名　称	Q_w		W_1		W_3		W_7	
	θ_1	θ_2	θ_1	θ_2	θ_1	θ_2	θ_1	θ_2
Frank Copula	0.8529	1.9609	0.6794	2.1392	0.2986	1.9980	0.3981	2.2501
Clayton Copula	0.1337	0.5398	0.0894	0.5234	0.0244	0.5090	0.0417	0.5606
Gumbel Copula	1.1158	1.2521	1.0962	1.2865	—	—	—	—

采用均方差（root mean square error，RMSE）来评价参数估计的有效性，$RMSE$ 的值越小，说明参数估计的效果越好，结果见表 11-8，因而选取三维非对称型 Frank Copula 联合分布函数进行分期设计洪水计算。

表 11-8　　　　　　　　　三种 Copula 对应的 $RMSE$ 结果　　　　　　　　　　%

名　称	Q_w	W_1	W_3	W_7
Frank Copula	0.0608	0.0415	0.0368	0.0385
Clayton Copula	0.0640	0.0415	0.0034	0.0416
Gumbel Copula	0.0609	0.0416	—	—

2. 分期设计洪水值及其合理性检验

将非对称型 Frank Copula 函数表达式代入式（11-55），有

$$1-1/T = -\theta_1^{-1}\ln\{1-(1-e^{-\theta_1})^{-1}(1-[1-(1-e^{-\theta_2})^{-1}(1-$$
$$e^{-\theta_2(1-P_Y)})(1-e^{-\theta_2(1-P_Z)})]^{\theta_1/\theta_2}])(1-e^{-\theta_1(1-P_X)})\} \qquad (11-61)$$

式（11-61）即为基于 Frank Copula 函数的分期设计洪水频率与防洪标准应满足的关系。根据式（11-59），采用现行分期设计洪水模式和三维非对称型 Frank Copula 函数的分期设计洪水值见表 11-9，以 $T=1000$ 年为例。

表 11-9 隔河岩水库不同方法的分期设计洪水值

分 期		现行方法	年最大设计洪水	基于 Frank Copula 函数	基于 Frank Copula 函数较年最大值相对增幅/%
汛期前	$Q_m/(\text{m}^3/\text{s})$	16102	22627	17908	-20.80
	$W_1/$亿 m^3	10.980	16.633	13.323	-19.91
	$W_3/$亿 m^3	19.570	39.430	24.053	-39.00
	$W_7/$亿 m^3	27.440	59.477	31.914	-46.34
主汛期	$Q_m/(\text{m}^3/\text{s})$	22271	22627	24616	8.80
	$W_1/$亿 m^3	15.710	16.633	18.152	9.13
	$W_3/$亿 m^3	32.370	39.430	40.276	2.15
	$W_7/$亿 m^3	52.520	59.477	61.606	3.58
汛末期	$Q_m/(\text{m}^3/\text{s})$	19130	22627	21557	-4.70
	$W_1/$亿 m^3	12.810	16.633	15.618	-6.10
	$W_3/$亿 m^3	25.880	39.430	31.554	-19.97
	$W_7/$亿 m^3	40.830	59.477	50.660	-14.82

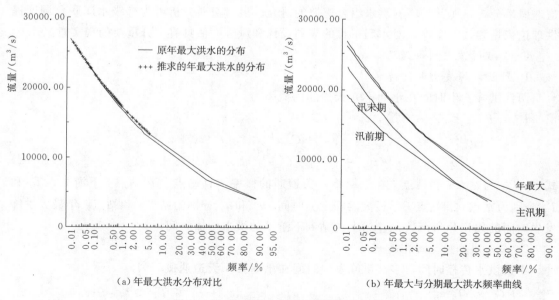

（a）年最大洪水分布对比　　　　　　（b）年最大与分期最大洪水频率曲线

图 11-4 分期洪水频率计算成果检验图

从表 11-9 中可以看出，基于 Frank Copula 函数的各分期设计洪水值较基于现行方法的分期洪水设计值大，既能够达到防洪标准，又反应洪水的季节性规律。以 Q_m 为例检验分期设计洪水的合理性，由年最大洪水系列估计得到的洪水频率曲线和根据年最大洪水与分期最大洪水之间的关系推求的年最大洪水的频率曲线如图 11-4 所示。从图 11-4（a）可以看出，两者拟合效果较好；从图 11-4（b）可以看出，年最大洪水与分期最大洪水频率曲线不出现交叉现象，说明分期设计洪水成果合理。

二、在洪水遭遇中的应用

传统的洪水遭遇组合分析计算往往仅选择洪峰或洪量等单变量进行分析计算，而洪水遭遇实质上是多源洪水时间和量级的组合问题，单变量分析计算无法反映洪水遭遇事件的真实特性。采用 Copula 函数进行洪水遭遇组合分析计算通常包括如下几个步骤：边缘分布的建立、联合分布的建立、洪水遭遇规律分析等。其中前两步在上述章节中均进行了相关介绍，下面将重点对如何采用 Copula 函数建立洪水遭遇规律分析模型进行详细介绍。

洪水遭遇是指干流与支流或支流与支流洪峰或洪量在相差较短时间内到达同一河流控制断面的水文现象，主要有以下三种遭遇类型：

（1）洪峰发生时间遭遇。考虑洪水传播时间，若两江洪水年最大洪峰发生在同一天，即为洪峰发生时间遭遇。

（2）洪峰发生时间—量级遭遇。若两江洪水大于某一重现期的洪峰同日出现，即为洪峰发生时间—量级遭遇。

（3）洪水过程遭遇。考虑洪水传播时间，若两江的年最大 N_d 洪水过程（W_{Nd}）存在超过 $N_d/2$ 时间重叠，即为洪水过程遭遇。

洪峰和洪量发生遭遇时会产生不同程度的叠加，使得下游防护对象的防洪形势更加严峻，进而对下游河道及防护区安全造成威胁。在防洪规划设计与防洪调度中，常进行洪水遭遇概率分析，尤其是不利洪水组合遭遇的研究。洪水遭遇分析可为梯级水库联合调度提供理论依据和技术支撑，对水利工程的规划设计和风险评估具有十分重要的现实意义。

（一）洪峰发生时间遭遇

1. 两江洪峰发生时间遭遇

两江洪峰发生时间在汛期第 n 天遭遇的概率为

$$P_{ij}^n = P(t_n \leqslant T_i < t_{n+1}, t_n + \tau_{ij} \leqslant T_j < t_{n+1} + \tau_{ij})$$
$$= C[u_i^T(t_{n+1}), u_j^T(t_{n+1} + \tau_{ij})] + C[u_i^T(t_n), u_j^T(t_n + \tau_{ij})]$$
$$- C[u_i^T(t_n), u_j^T(t_{n+1} + \tau_{ij})] - C[u_i^T(t_{n+1}), u_j^T(t_n + \tau_{ij})] \tag{11-62}$$

式中：P_{ij}^n 为站点 i 和站点 j 在汛期第 n 天遭遇的概率，且站点 j 在站点 i 下游处；T_i 和 T_j 分别为站点 i 和站点 j 年最大洪峰发生时间；u_i^T 和 u_j^T 分别为站点 i 和站点 j 年最大洪峰发生时间的累积分布函数；τ_{ij} 为上游站到下游站的洪水传播时间。

2. 多江洪峰发生时间遭遇

考虑洪水传播时间，多江洪峰发生时间在汛期第 n 天遭遇概率为

$$P_{ijk}^n = P(t_n \leqslant T_i < t_{n+1}, t_n + \tau_{ij} \leqslant T_j < t_{n+1} + \tau_{ij}, t_n + \tau_{ik} \leqslant T_k < t_{n+1} + \tau_{ik})$$
$$= P(t_n \leqslant T_i < t_{n+1}, T_j < t_{n+1} + \tau_{ij}, T_k < t_{n+1} + \tau_{ik})$$
$$- P(t_n \leqslant T_i < t_{n+1}, T_j < t_n + \tau_{ij}, T_k \leqslant t_{n+1} + \tau_{ik})$$

$$-P(t_n \leqslant T_i < t_{n+1}, T_j < t_{n+1} + \tau_{ij}, T_k < t_n + \tau_{ik})$$

$$+P(t_n \leqslant T_i < T_{n+1}, T_j < t_n + \tau_{ij}, T_k < t_n + \tau_{ik})$$

$$=C[u_i^n(t_{n+1}), u_j^n(t_{n+1} + \tau_{ij}), u_k^n(t_{n+1} + \tau_{ij})] - C[u_i^n(t_n), u_j^n(t_{n+1} + \tau_{ij}), u_k^n(t_{n+1} + \tau_{ij})]$$

$$-C[u_i^n(t_{n+1}), u_j^n(t_n + \tau_{ij}), u_k^n(t_{n+1} + \tau_{ij})] + C[u_i^n(t_n), u_j^n(t_n + \tau_{ij}), u_k^n(t_{n+1} + \tau_{ij})]$$

$$-C[u_i^n(t_{n+1}), u_j^n(t_n + \tau_{ij}), u_k^n(t_{n+1} + \tau_{ij})] + C[u_i^n(t_n), u_j^n(t_n + \tau_{ij}), u_k^n(t_{n+1} + \tau_{ij})]$$

$$+C[u_i^n(t_{n+1}), u_j^n(t_n + \tau_{ij}), u_k^n(t_n + \tau_{ik})] - C[u_i^n(t_n), u_j^n(t_n + \tau_{ij}), u_k^n(t_n + \tau_{ik})]$$

$$(11-63)$$

式中：T_i、T_j 和 T_k 分别为站点 i、j 和 k 的年最大洪峰发生时间，且站点 i、j、k 从上游到下游分布；u_i^n、u_j^n 和 u_k^n 分别为站点 i、j、k 年最大洪峰发生时间的累积分布函数；τ_{ij} 和 τ_{ik} 分别为站点 i 到站点 j、站点 i 到站点 k 的洪水传播时间。

（二）洪峰发生时间—量级遭遇

1. 两江洪峰发生时间—量级遭遇

洪峰发生时间和量级的相关性较小，可以看作是独立事件，干支流上下游两江发生大于某一重现期的洪峰同日出现的概率为

$$P_{ij}^T = \left(\sum_{n=1}^N P_{ij}^n \right) P(Q_i \geqslant q_i^T, Q_j \geqslant q_j^T)$$

$$= \left(\sum_{n=1}^N P_{ij}^n \right) \{1 - u_i^Q(q_i^T) - u_j^Q(q_j^T) + C[u_i^Q(q_i^T), u_j^Q(q_j^T)]\} \qquad (11-64)$$

式中：P_{ij}^T 为两江 i 和 j 发生 T 年一遇洪水遭遇的概率；N 为汛期长度；Q_i 和 Q_j 分别为站点 i 和站点 j 年最大洪峰流量；u_i^Q 和 u_j^Q 分别为上下游站点 i 和站点 j 年最大洪峰流量的累积分布函数。

2. 多江洪峰发生时间—量级遭遇

干支流上下游多江发生大于某一重现期的洪峰同日出现的概率为

$$P_{ijk}^T = \left(\sum_{n=1}^N P_{ijk}^n \right) P(Q_i \geqslant q_i^T, Q_j \geqslant q_j^T, Q_k \geqslant q_k^T)$$

$$= \left(\sum_{n=1}^N P_{ijk}^n \right) [P(Q_i \geqslant q_i^T) - P(Q_i \geqslant q_i^T, Q_j < q_j^T, Q_k < \infty) - P(Q_i \geqslant q_i^T,$$

$$Q_j < \infty, Q_k < q_k^T) + P(Q_i \geqslant q_i^T, Q_j < q_j^T, Q_k < q_k^T)]$$

$$= \left(\sum_{n=1}^N P_{ijk}^n \right) \{1 - u_i^Q(q_i^T) - C[1, u_j^Q(q_j^T), 1] + C[u_i^Q(q_i^T), u_j^Q(q_j^T), 1]$$

$$- C[1, 1, u_k^Q(q_k^T)] + C[u_i^Q(q_i^T), 1, u_k^Q(q_k^T)] + C[1, u_j^Q(q_j^T), u_k^Q(q_k^T)]$$

$$- C[u_i^Q(q_i^T), u_j^Q(q_j^T), u_k^Q(q_k^T)]\} \qquad (11-65)$$

式中：Q_i、Q_j 和 Q_k 分别为站点 i、j、k 年最大洪峰流量；u_i^Q、u_j^Q、u_k^Q 分别为上下游站点 i、j、k 年最大洪峰流量的累积分布函数。

（三）洪水过程遭遇

考虑洪水传播时间，若任意两江年最大 N_d 天洪水过程（W_{N_d}）存在超过 $N_d/2$ 时间

重叠，即为发生洪水过程遭遇。以多源洪水过程物理成因相关性为背景场，建立两江和多江洪水过程遭遇模型。

1. 两江洪水过程遭遇

$$P_{ij}^d = P(t_1 \leqslant T_d \leqslant t_2, \ W_i > w_i, \ W_j > w_j)$$

$$= u_1(t_2) - u_1(t_1) - C[u_1(t_2), \ u_2(w_i), \ 1] + C[u_1(t_1), \ u_2(w_i), \ 1]$$

$$- C[u_1(t_2), \ 1, \ u_3(w_j)] + C[u_1(t_1), \ 1, \ u_3(w_j)]$$

$$+ C[u_1(t_2), \ u_2(w_i), \ u_3(w_j)] - C[u_1(t_1), \ u_2(w_i), \ u_3(w_j)] \qquad (11-66)$$

其中，
$$t_1 = -N_d/2, \ t_2 = N_d/2$$

式中：P_{ij}^d 为两江 i、j 洪水过程遭遇概率；T_d 为两江遭遇时间间隔；W_1、W_2 分别为两江洪水洪量；u_1、u_2、u_3 分别为时间间隔和两江洪水洪量的累积分布函数，$u_1 = F_1(T_d)$、$u_2 = F_2(W_1)$ 和 $u_3 = F_3(W_2)$。

2. 多江洪水过程遭遇

$$P_{ijk}^d = P(0 \leqslant T_{dij} \leqslant t_2, \ 0 \leqslant T_{dik} \leqslant t_2, \ W_i > w_i, \ W_j > w_j, \ W_k > w_k)$$

$$+ P(t_1 \leqslant T_{dij} \leqslant 0, \ t_1 \leqslant T_{dik} \leqslant 0, \ W_i > w_i, \ W_j > w_j, \ W_k > w_k)$$

$$+ P(0 \leqslant T_{dij} \leqslant t_2, \ t_2 - T_{dij} \leqslant T_{dik} \leqslant 0, \ W_i > w_i, \ W_j > w_j, \ W_k > w_k)$$

$$+ P(t_1 \leqslant T_{dij} \leqslant 0, \ 0 \leqslant T_{dik} \leqslant t_2 - T_{dij}, \ W_i > w_i, \ W_j > w_j, \ W_k > w_k)$$

$$(11-67)$$

其中，
$$t_1 = -N_d/2, \ t_2 = N_d/2$$

式中：P_{ijk}^d 为多江 i、j、k 洪水过程遭遇概率；T_{dij} 和 T_{dik} 分别为江 i、j 与江 i、k 洪水过程时间间隔；W_i、W_j、W_k 分别表示三江洪水 N_d 洪量。

（四）不考虑相关性的洪峰发生时间—量级或洪水过程遭遇模型

不考虑洪峰相关性时，两江洪水发生 T 年一遇量级遭遇的概率 P^T 可通过下式计算得到

$$P^T = P(Q_i)P(Q_j)\Big(\sum_{n=1}^N P_{ij}^n\Big) \qquad (11-68)$$

类似的，不考虑洪量相关性时，洪水发生 T 年一遇过程遭遇的概率 P^T 的计算表达式如下：

$$P^T = P(W_i)P(W_j)P_{T_d} \qquad (11-69)$$

式中：P_{T_d} 为两江年最大 N_d 过程发生重叠时间超过 $N_d/2$ 的概率。

【例 11-4】　长江流域在一些年份干支流洪水相互遭遇，易形成峰高、量大的流域性大洪水。选择金沙江的屏山站、岷江的高场站、嘉陵江的北碚站，1951—2007 年的同步日流量资料参与计算。采用年最大法取样，分别得到 3 站的年最大日流量发生时间和量级序列，其中洪水发生时间精确至日。通过式（11-65）计算金沙江、岷江和嘉陵江洪水发生量级两两遭遇概率，结果见表 11-10。由表 11-10 可知，金沙江与岷江、金沙江与嘉陵江、岷江与嘉陵江遭遇 100 年一遇洪水的概率分别为 1.0×10^{-4}、1.9×10^{-4}、7.4×10^{-5}。

表 11-10　　　　　　　　金沙江、岷江和嘉陵江洪水发生量级两两遭遇概率

河名	重现期/a	金沙江			岷江		
		$T=1000a$	$T=100a$	$T=50a$	$T=1000a$	$T=100a$	$T=50a$
金沙江	1000	0.001	—	—	9.0×10^{-6}	2.2×10^{-5}	2.7×10^{-5}
	100	—	0.01	—	2.2×10^{-5}	1.0×10^{-4}	1.4×10^{-4}
	50	—	—	0.02	2.7×10^{-5}	1.4×10^{-4}	2.2×10^{-4}
岷江	1000	9.0×10^{-6}	2.2×10^{-5}	2.7×10^{-5}	0.001	—	—
	100	2.2×10^{-5}	1.0×10^{-4}	1.4×10^{-4}	—	0.01	—
	50	2.7×10^{-5}	1.4×10^{-4}	2.2×10^{-4}	—	—	0.02
嘉陵江	1000	1.9×10^{-5}	4.2×10^{-5}	4.8×10^{-5}	7.0×10^{-6}	1.6×10^{-6}	2.0×10^{-6}
	100	4.2×10^{-5}	1.0×10^{-4}	1.9×10^{-4}	1.6×10^{-6}	7.4×10^{-5}	1.1×10^{-5}
	50	4.8×10^{-5}	2.7×10^{-4}	4.0×10^{-4}	2.0×10^{-5}	1.1×10^{-5}	1.6×10^{-5}

三、在随机模拟中的应用

径流系列作为水资源系统的输入在防洪规划和风险决策中发挥着重要作用。然而实际上，实测径流系列较工程的使用周期较短，难以应用于实际工程规划与设计中。径流随机模拟考虑了洪水样本的统计特性和随机变化规律，延长了历史径流系列，可克服现行洪水设计方法的缺点，在一定程度上解决水资源工程系统分析存在的实测径流系列较短这个十分现实而紧迫的问题。近年来 Copula 函数作为构造联合分布或条件分布的有效工具，也被成功应用于径流随机模拟，本节将以单站随机模拟为例对 Copula 函数在随机模拟中的应用进行简单介绍。

对于单站径流随机模拟，采用二维 Archimedean Copula 函数，Lee 等证明 Gumbel Copula 函数相比其他类型 Copula 函数随机模拟结果更优。基于该方法的单站日径流随机模拟步骤如下：

（1）采用 P-Ⅲ 分布分别拟合 t 时刻和 $t-1$ 时刻的日径流 q_t 和 q_{t-1}，$u_t=F_t(q_t)$，$u_{t-1}=F_{t-1}(q_{t-1})$，其参数采用极大似然法估计获得。

（2）采用 Copula 函数构建 q_t 和 q_{t-1} 的联合分布 $F(q_{t-1},q_t)=C(u_{t-1},u_t)$，其参数 θ_t 采用 Kendall 秩相关系数估计获得。

（3）由于 $t-1$ 时刻的流量已知，即通过 P-Ⅲ 分布函数可计算出 $u_{t-1}=F_{t-1}(q_{t-1})$。随机生成一个服从均匀分布的值 ε，使得 $C(u_t\mid u_{t-1};\theta_t)=\varepsilon$，由于 u_{t-1} 和 ε 已知，即可通过求解方程 $C(u_t\mid u_{t-1};\theta_t)=\varepsilon$ 得到 u_t，且 u_t 是唯一值。

（4）通过边缘分布的反函数可求得站点 t 时刻的流量值 $q_t=F_t^{-1}(u_t)$。

（5）重复上述步骤，可模拟大量径流序列。

【例 11-5】采用三峡水库 1878—2015 年的径流资料，基于 Copula 函数对三峡入库径流进行了 1000 次随机模拟，得到 1000×138 场洪水过程。从图 11-5 可知，模拟数据的均值、C_v 和 C_s 很好地拟合了实测数据的统计值，说明采用 Copula 函数对三峡水库入库径流随机模拟效果较好。

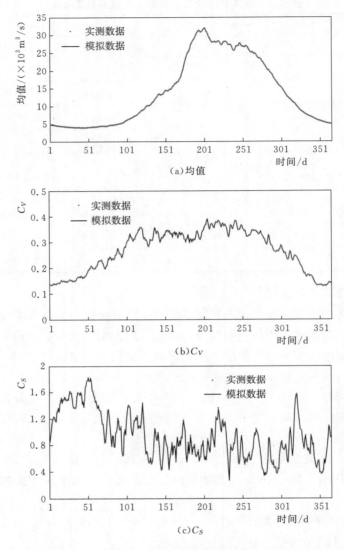

图 11-5　随机模拟数据和实测数据的统计结果拟合图

四、在相关性分析中的应用

　　水文变量之间常具有相关性，研究变量间的相关性对正确认识水文事件的客观规律，合理地进行水资源开发与利用和制定有效的防洪减灾措施，具有十分重要的现实意义。传统的相关性度量主要依据 Pearson 线性相关关系。采用 Pearson 相关系数必须要满足以下两个假设：①两变量的相关性必须是线性的；②变量必须服从多元正态分布。实际应用中，并不是所有的水文变量都满足以上假设，有时使用 Pearson 线性相关系数是不合理的。在此背景下，近年来基于序列排序的秩相关系数得到了推崇，可用来估计非线性相关，且对变量的分布无强制限制。常用的秩相关系数主要包括 Kendall 相关系数和Spearman 相关系数。特别地，秩相关系数和二维 Copula 函数参数存在着内在联系，常采用 Kendall 相关系数估计二维 Copula 函数的参数。

另一种常用的相关性估计方法是基于信息熵理论提出的。在信息熵理论中，研究者用互信息（mutual information）表示随机变量概率分布之间的相关性，将其看作一个随机变量中包含的关于另一个随机变量的信息量。如果互信息为 0，则证明变量是独立的；如果变量间存在函数关系，则互信息较大，变量间具有强相关性。互信息度量相关性的优势在于：① 它是一种非参数的方法；② 对变量的函数形式没有限制，变量可以服从任何分布；③ 可用于计算多个变量之间的相关性。

采用信息熵理论和 Copula 函数相结合的非线性技术，即 Copula 函数的熵，通过建立两变量分析，来探讨流域河流之间的相关性。其中，关于 Copula 函数的熵，可以用如下方式进行定义。

令 $x \in Rd$，为 d 维随机变量，其边缘分布函数为 $F_i(X)$，$U_i = F_i(X)$（$i = 1, 2, \cdots, d$）。其中，U_i 为服从均匀分布的随机变量，u_i 为随机变量 U_i 的具体数值。那么，Copula 函数的熵即为

$$H_C(u_1, u_2, \cdots, u_d) = -\int_0^1 \cdots \int_0^1 c(u_1, u_2, \cdots, u_d) \ln[c(u_1, u_2, \cdots, u_d)] \mathrm{d}u_1 \cdots \mathrm{d}u_d$$

$$(11-70)$$

式中：$c(u_1, u_2, \cdots, u_d)$ 为 Copula 函数的概率密度函数，可以表示为 $\dfrac{\partial C(u_1, u_2, \cdots, u_d)}{\partial u_1 \partial u_2 \cdots \partial u_d}$。

【例 11-6】　表 11-11 给出了根据线性相关系数计算的长江上游各江（金沙江、嘉陵江、岷江、沱江、乌江）的总相关值。试采用 Copula 函数的方法计算各河流相关性，并进行对比。

表 11-11　　　　　　　　　采用线性相关系数计算的长江上游各江总相关值

总相关	金沙江	嘉陵江	岷江	沱江	乌江
金沙江	1	0.007	0.013	0.018	0.013
嘉陵江	0.007	1	0.009	0.074	0.035
岷江	0.013	0.009	1	0.144	0.000
沱江	0.018	0.074	0.144	1	0.005
乌江	0.013	0.035	0.000	0.005	1

解：首先，建立长江上游任意两江的洪峰联合分布。采用极大似然法估计 Copula 函数的参数。由于流域的水文情势不同，需选择合适的 Copula 函数参与计算。分别采用 Gumbel Copula，Clayton Copula，Frank Copula，正态 Copula 和 t-Copula 建立联合分布，应用 AIC 准则选择拟合最优的 Copula 函数。5 种 Copula 函数的 log 极大似然函数值和 AIC 值见表 11-12。表 11-13 给出了选择的二维 Copula 函数及其参数值。采用 Cramer-von Mises 统计量 S_n 进行 Copula 函数的拟合检验，表 11-13 括号中给出了各分布拟合检验对应的 P 值。采用多重积分和 Monte Carlo 模拟的方法计算 Copula 熵的值。表 11-14 给出了采用 Copula 函数的熵方法计算的长江上游两江总相关值。将其与表 11-11 进行对比分析，其结果见表 11-15。

表 11 - 12　　　　　　　　两变量联合分布的 log 极大似然函数值和 AIC 值

河流	Copula	金沙江	嘉陵江	岷江	沱江	乌江
金沙江	Gumbel		—	0.85	1.11	0.56
	Frank		0.39	0.87	0.81	1.02
	Clayton	—	—	2.19	2.51	1.05
	正态		0.34	1.22	1.73	1.05
	t - Copula		0.32	1.55	1.68	1.02
嘉陵江	Gumbel	—		0.53	3.22	—
	Frank	1.22		0.08	2.12	0.94
	Clayton	—		0.12	2	—
	正态	1.32		0.32	2.81	1.38
	t - Copula	1.36		0.39	3	1.36
岷江	Gumbel	0.3	0.94		7.91	—
	Frank	0.26	1.84		8.36	0.01
	Clayton	−2.38	1.76	—	11.2	—
	正态	−0.44	1.36		9.85	0.02
	t - Copula	−1.1	1.22		10.12	3.88
沱江	CGumbel	−0.22	−4.44	−13.82		—
	Frank	0.38	−2.24	−14.72		0.14
	Clayton	−3.02	−2	−20.4	—	—
	正态	−1.46	−3.62	−17.7		0.01
	t - Copula	−1.36	−4	−18.24		0.07
乌江	Gumbel	0.88	—	—	—	
	Frank	−0.04	0.12	1.98	1.72	
	Clayton	−0.1	—	—	—	
	正态	−0.1	−0.76	1.96	1.98	
	t - Copula	−0.04	−0.72	−5.76	1.86	

表 11 - 13　　　　　　选择的二维 Copula 函数、参数值以及拟合检验的 P 值

参数　　Copula	金沙江	嘉陵江	岷江	沱江	乌江
金沙江	—	Frank	Clayton	Clayton	Clayton
嘉陵江	−0.74 (0.71)	—	Gumbel	Gumbel	Normal
岷江	0.41 (0.60)	1.09 (0.10)	—	Clayton	t

续表

参数 Copula	金沙江	嘉陵江	岷江	沱江	乌江
沱江	0.43 (0.49)	1.23 (0.94)	1.21 (0.38)	—	Frank
乌江	0.30 (0.39)	−0.25 (0.91)	0.04, 2.0 (0.81)	−0.45 (0.94)	—

注　括号内的数值为 Copula 函数对应参数取值。

表 11 - 14　　　　　　　　　长江上游两江总相关值

总相关	金沙江	嘉陵江	岷江	沱江	乌江
金沙江	1	0.008	0.053	0.057	0.032
嘉陵江	0.009	1	0.013	0.056	0.032
岷江	0.049	0.014	1	0.245	0.083
沱江	0.055	0.054	0.235	1	0.003
乌江	0.033	0.033	0.085	0.004	1

表 11 - 15　　　　　　　　不同方法计算得到的总相关值

河名	方法	金沙江	嘉陵江	岷江	沱江	乌江
金沙江	本书方法		0.008	0.053	0.057	0.032
	关系式法	—	0.007	0.013	0.018	0.013
	绝对误差		0.001	0.040	0.039	0.019
嘉陵江	本书方法	0.009		0.013	0.083	0.032
	关系式法	0.007	—	0.009	0.074	0.035
	绝对误差	0.002		0.004	0.009	−0.003
岷江	本书方法	0.049	0.014		0.245	0.083
	关系式法	0.013	0.009	—	0.144	0.000
	绝对误差	0.036	0.005	1.000	0.101	0.083
沱江	本书方法	0.055	0.082	0.235		0.003
	关系式法	0.018	0.074	0.144	—	0.005
	绝对误差	0.037	0.008	0.091		−0.002
乌江	本书方法	0.033	0.033	0.085	0.004	
	关系式法	0.013	0.035	0.000	0.005	—
	绝对误差	0.020	−0.002	0.085	−0.001	

习　　题

11 - 1　构建多维的联合分布函数有哪三种方法？

11-2　简述 Copula 函数的定义和二元形式的 Sklay 定理。

11-3　水文领域中常用的 Copula 函数有哪几种？试着写出二维经验 Copula 函数的定义式。

11-4　写出 Sklar 定理对 d 维 Copula 函数的描述。

11-5　Kendall 秩相关系数具有哪些性质？

11-6　为什么要对 Copula 函数进行拟合检验？

第十一章习题答案

参 考 文 献

［1］ 黄振平，陈元芳．水文统计学［M］．北京：中国水利水电出版社，2011．
［2］ 金光炎．水文统计理论与实践［M］．南京：东南大学出版社，2012．
［3］ 崔敬波，周凤岐．水文计算中的非参数统计方法［J］．吉林水利，2005（7）：16－18，20．
［4］ 李雪月，宋松柏．基于非参数核密度估计的年径流频率计算［J］．人民黄河，2010，32（6）：32－34．
［5］ 王文圣，丁晶，邓育仁．非参数统计方法在水文水资源中的应用与展望［J］．水科学进展，1999
　　 （4）：3－5．
［6］ 李裕奇．非参数统计方法［M］．成都：西南交通大学出版社，2010．
［7］ 董洁，朱永梅，左欣，等．洪水频率分析计算新方法初探［J］．山东农业大学学报（自然科学
　　 版），2007（4）：610－614．
［8］ 黄洋，陆宝宏，张巍．基于非参数统计分析法的四川省旱涝特征研究［J］．人民长江，2013，44
　　 （11）：18－22．

附　　表

标 准 正 态 分 布 表

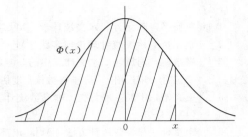

$$\Phi(x) = \int_{-\infty}^{x} \frac{1}{\sqrt{2\pi}} e^{-t^2/2} dt$$

x	0.00	0.01	0.02	0.03	0.04	0.05	0.06	0.07	0.08	0.09
0.0	0.5000	0.5040	0.5080	0.5120	0.5160	0.5199	0.5239	0.5279	0.5319	0.5359
0.1	0.5398	0.5438	0.5478	0.5517	0.5557	0.5596	0.5636	0.5675	0.5714	0.5753
0.2	0.5793	0.5832	0.5871	0.5910	0.5948	0.5987	0.6026	0.6064	0.6103	0.6141
0.3	0.6179	0.6217	0.6255	0.6293	0.6331	0.6368	0.6406	0.6443	0.6480	0.6517
0.4	0.6554	0.6591	0.6628	0.6664	0.6700	0.6736	0.6772	0.6808	0.6844	0.6879
0.5	0.6915	0.6950	0.6985	0.7019	0.7054	0.7088	0.7123	0.7157	0.7190	0.7224
0.6	0.7257	0.7291	0.7324	0.7357	0.7389	0.7422	0.7454	0.7486	0.7517	0.7549
0.7	0.7580	0.7611	0.7642	0.7673	0.7704	0.7734	0.7764	0.7794	0.7823	0.7852
0.8	0.7881	0.7910	0.7939	0.7967	0.7995	0.8023	0.8051	0.8078	0.8106	0.8133
0.9	0.8159	0.8186	0.8212	0.8238	0.8264	0.8289	0.8315	0.8340	0.8365	0.8389
1.0	0.8413	0.8438	0.8461	0.8485	0.8508	0.8531	0.8554	0.8577	0.8599	0.8621
1.1	0.8643	0.8665	0.8686	0.8708	0.8729	0.8749	0.8770	0.8790	0.8810	0.8830
1.2	0.8849	0.8869	0.8888	0.8907	0.8925	0.8944	0.8962	0.8980	0.8997	0.9015
1.3	0.9032	0.9049	0.9066	0.9082	0.9099	0.9115	0.9131	0.9147	0.9162	0.9177
1.4	0.9192	0.9207	0.9222	0.9236	0.9251	0.9265	0.9279	0.9292	0.9306	0.9319
1.5	0.9332	0.9345	0.9357	0.9370	0.9382	0.9394	0.9406	0.9418	0.9429	0.9441
1.6	0.9452	0.9463	0.9474	0.9484	0.9495	0.9505	0.9515	0.9525	0.9535	0.9545
1.7	0.9554	0.9564	0.9573	0.9582	0.9591	0.9599	0.9608	0.9616	0.9625	0.9633
1.8	0.9641	0.9649	0.9656	0.9664	0.9671	0.9678	0.9686	0.9693	0.9699	0.9706
1.9	0.9713	0.9719	0.9726	0.9732	0.9738	0.9744	0.9750	0.9756	0.9761	0.9767
2.0	0.9772	0.9778	0.9783	0.9788	0.9793	0.9798	0.9803	0.9808	0.9812	0.9817
2.1	0.9821	0.9826	0.9830	0.9834	0.9838	0.9842	0.9846	0.9850	0.9854	0.9857

x	0.00	0.01	0.02	0.03	0.04	0.05	0.06	0.07	0.08	0.09
2.2	0.9861	0.9864	0.9868	0.9871	0.9875	0.9878	0.9881	0.9884	0.9887	0.9890
2.3	0.9893	0.9896	0.9898	0.9901	0.9904	0.9906	0.9909	0.9911	0.9913	0.9916
2.4	0.9918	0.9920	0.9922	0.9925	0.9927	0.9929	0.9931	0.9932	0.9934	0.9936
2.5	0.9938	0.9940	0.9941	0.9943	0.9945	0.9946	0.9948	0.9949	0.9951	0.9952
2.6	0.9953	0.9955	0.9956	0.9957	0.9959	0.9960	0.9961	0.9962	0.9963	0.9964
2.7	0.9965	0.9966	0.9967	0.9968	0.9969	0.9970	0.9971	0.9972	0.9973	0.9974
2.8	0.9974	0.9975	0.9976	0.9977	0.9977	0.9978	0.9979	0.9979	0.9980	0.9981
2.9	0.9981	0.9982	0.9982	0.9983	0.9984	0.9984	0.9985	0.9985	0.9986	0.9986
3.0	0.9987	0.9987	0.9987	0.9988	0.9988	0.9989	0.9989	0.9989	0.9990	0.9990
3.1	0.9990	0.9991	0.9991	0.9991	0.9992	0.9992	0.9992	0.9992	0.9993	0.9993
3.2	0.9993	0.9993	0.9994	0.9994	0.9994	0.9994	0.9994	0.9995	0.9995	0.9995
3.3	0.9995	0.9995	0.9995	0.9996	0.9996	0.9996	0.9996	0.9996	0.9996	0.9997
3.4	0.9997	0.9997	0.9997	0.9997	0.9997	0.9997	0.9997	0.9997	0.9997	0.9998

附表 2　　　　　　　　　　　　　　　P - Ⅲ 型 离 均 系 数 表

C_s＼$P/\%$	0.001	0.01	0.1	0.2	0.33	0.5	1	2	3	5	10	20	25
0.0	4.26	3.72	3.09	2.88	2.71	2.58	2.33	2.05	1.88	1.64	1.28	0.84	0.67
0.1	4.56	3.94	3.23	3.00	2.82	2.67	2.40	2.11	1.92	1.67	1.29	0.84	0.66
0.2	4.86	4.16	3.38	3.12	2.92	2.76	2.47	2.16	1.96	1.70	1.30	0.83	0.65
0.3	5.16	4.38	3.52	3.24	3.03	2.86	2.54	2.21	2.00	1.73	1.31	0.82	0.64
0.4	5.47	4.61	3.67	3.36	3.14	2.95	2.62	2.26	2.04	1.75	1.32	0.82	0.64
0.5	5.78	4.83	3.81	3.48	3.25	3.04	2.68	2.31	2.08	1.77	1.32	0.81	0.62
0.6	6.09	5.05	3.96	3.60	3.35	3.13	2.75	2.35	2.12	1.80	1.33	0.80	0.61
0.7	6.40	5.28	4.10	3.72	3.45	3.22	2.82	2.40	2.15	1.82	1.33	0.79	0.59
0.8	6.71	5.50	4.24	3.85	3.55	3.31	2.89	2.45	2.18	1.84	1.34	0.78	0.58
0.9	7.02	5.73	4.39	3.97	3.65	3.40	2.96	2.50	2.22	1.86	1.34	0.77	0.57
1.0	7.33	5.96	4.53	4.09	3.76	3.49	3.02	2.54	2.25	1.88	1.34	0.76	0.55
1.1	7.65	6.18	4.67	4.20	3.86	3.58	3.09	2.58	2.28	1.89	1.34	0.74	0.54
1.2	7.97	6.41	4.81	4.32	3.95	3.66	3.15	2.62	2.31	1.91	1.34	0.73	0.52
1.3	8.29	6.64	4.95	4.44	4.05	3.74	3.21	2.67	2.34	1.92	1.34	0.72	0.51
1.4	8.61	6.87	5.09	4.56	4.15	3.83	3.27	2.71	2.37	1.94	1.33	0.71	0.49
1.5	8.93	7.09	5.23	4.68	4.24	3.91	3.33	2.74	2.39	1.95	1.33	0.69	0.47
1.6	9.25	7.31	5.37	4.80	4.34	3.99	3.39	2.78	2.42	1.96	1.33	0.68	0.46
1.7	9.57	7.54	5.50	4.91	4.43	4.07	3.44	2.82	2.44	1.97	1.32	0.66	0.44
1.8	9.89	7.76	5.64	5.01	4.52	4.15	3.50	2.85	2.46	1.98	1.32	0.64	0.42
1.9	10.20	7.98	5.77	5.12	4.61	4.23	3.55	2.88	2.49	1.99	1.31	0.63	0.40
2.0	10.51	8.21	5.91	5.22	4.70	4.30	3.61	2.91	2.51	2.00	1.30	0.61	0.39
2.1	10.83	8.43	6.04	5.33	4.79	4.37	3.66	2.93	2.53	2.00	1.29	0.59	0.37
2.2	11.14	8.65	6.17	5.43	4.88	4.44	3.71	2.96	2.55	2.00	1.28	0.57	0.38
2.3	11.45	8.87	6.30	5.53	4.97	4.51	3.76	2.99	2.56	2.00	1.27	0.55	0.33
2.4	11.76	9.08	6.42	5.63	5.05	4.58	3.81	3.02	2.57	2.01	1.26	0.54	0.31
2.5	12.07	9.30	6.55	5.73	5.13	4.65	3.85	3.04	2.59	2.01	1.25	0.52	0.29
2.6	12.38	9.51	6.67	5.82	5.20	4.72	3.89	3.06	2.60	2.01	1.23	0.50	0.27
2.7	12.69	9.72	6.79	5.92	5.28	4.78	3.93	3.09	2.61	2.01	1.22	0.48	0.25
2.8	13.00	9.93	6.91	6.01	5.36	4.84	3.97	3.11	2.62	2.01	1.21	0.46	0.23
2.9	13.31	10.14	7.03	6.10	5.44	4.90	4.01	3.13	2.63	2.01	1.20	0.44	0.21
3.0	13.61	10.35	7.15	6.20	5.51	4.96	4.05	3.15	2.64	2.00	1.18	0.42	0.19
3.1	13.92	10.56	7.26	6.30	5.59	5.02	4.08	3.17	2.64	2.00	1.16	0.40	0.17
3.2	14.22	10.77	7.38	6.39	5.66	5.08	4.12	3.15	2.65	2.00	1.14	0.38	0.15

C_s ＼ $P/\%$	0.001	0.01	0.1	0.2	0.33	0.5	1	2	3	5	10	20	25
3.3	14.52	10.97	7.49	6.48	5.74	5.14	4.15	3.21	2.65	1.99	1.12	0.36	0.14
3.4	14.81	11.17	7.60	6.56	5.80	5.20	4.18	3.22	2.65	1.98	1.11	0.34	0.12
3.5	15.11	11.37	7.72	6.65	5.86	5.25	4.22	3.23	2.65	1.97	1.09	0.32	0.10
3.6	15.43	11.57	7.83	6.73	5.93	5.30	4.25	3.24	2.66	1.96	1.08	0.30	0.09
3.7	15.70	11.77	7.94	6.81	5.99	5.35	4.28	3.25	2.66	1.95	1.06	0.28	0.07
3.8	16.00	11.97	8.05	6.89	6.05	5.40	4.31	3.26	2.66	1.94	1.04	0.26	0.06
3.9	16.29	12.16	8.15	6.97	6.11	5.45	4.34	3.27	2.66	1.93	1.02	0.24	0.04
4.0	16.56	12.36	8.25	7.05	6.18	5.50	4.37	3.27	2.66	1.92	1.00	0.23	0.02
4.1	16.87	12.55	8.35	7.13	6.24	5.54	4.39	3.28	2.66	1.91	0.98	0.21	0.00
4.2	17.16	12.74	8.45	7.21	6.30	5.59	4.41	3.29	2.65	1.90	0.96	0.19	−0.02
4.3	17.44	12.93	8.55	7.29	6.36	5.63	4.44	3.29	2.65	1.88	0.94	0.17	−0.03
4.4	17.72	13.12	8.65	7.36	6.41	5.68	4.46	3.00	2.65	1.87	0.92	0.16	−0.04
4.5	18.01	13.30	8.75	7.43	6.46	5.72	4.48	3.30	2.64	1.85	0.90	0.14	−0.05
4.6	18.29	13.49	8.85	7.50	6.52	5.76	4.50	3.30	2.63	1.84	0.88	0.13	−0.06
4.7	18.57	13.67	8.95	7.56	6.57	5.80	4.52	3.30	2.62	1.82	0.86	0.11	−0.07
4.8	18.85	13.85	9.04	7.63	6.63	5.84	4.54	3.30	2.61	1.80	0.84	0.09	−0.08
4.9	19.13	14.04	9.13	7.70	6.68	5.88	4.55	3.30	2.60	1.78	0.82	0.08	−0.10
5.0	19.41	14.22	9.22	7.77	6.73	5.92	4.57	3.30	2.60	1.77	0.80	0.06	−0.11
5.1	19.68	14.40	9.31	7.84	6.78	5.95	4.58	3.30	2.59	1.75	0.78	0.05	−0.12
5.2	19.95	14.57	9.40	7.90	6.83	5.99	4.59	3.30	2.58	1.73	0.76	0.03	−0.13
5.3	20.22	14.75	9.49	7.96	6.87	6.02	4.60	3.30	2.57	1.72	0.74	0.02	−0.14
5.4	20.46	14.92	9.57	8.02	6.91	6.05	4.62	3.29	2.56	1.70	0.72	0.00	−0.14
5.5	20.76	15.10	9.66	8.08	6.96	6.08	4.63	3.28	2.55	1.68	0.70	−0.01	−0.15
5.6	21.03	15.27	9.74	8.14	7.00	6.11	4.64	3.28	2.53	1.66	0.67	−0.03	−0.16
5.7	21.31	15.45	9.82	8.21	7.04	6.14	4.65	3.27	2.52	1.65	0.65	−0.04	−0.17
5.8	21.58	15.62	9.91	8.27	7.08	6.17	4.67	3.27	2.51	1.63	0.63	−0.05	−0.18
5.9	21.84	15.78	9.99	8.32	7.12	6.20	4.68	3.26	2.49	1.61	0.61	−0.06	−0.18
6.0	22.10	15.94	10.07	8.38	7.15	6.23	4.68	3.25	2.48	1.59	0.59	−0.07	−0.19
6.1	22.37	16.11	10.15	8.43	7.19	6.26	4.69	3.24	2.46	1.57	0.57	−0.08	−0.19
6.2	22.63	16.28	10.22	8.49	7.23	6.28	4.70	3.23	2.45	1.55	0.55	−0.09	−0.20
6.3	22.89	16.45	10.30	8.54	7.26	6.30	4.70	3.22	2.43	1.53	0.53	−0.10	−0.20
6.4	23.15	16.61	10.38	8.60	7.30	6.32	4.71	3.21	2.41	1.51	0.51	−0.11	−0.21

C_s ＼ $P/\%$	30	40	50	60	70	75	80	85	90	95	97	99	99.9
0.0	0.52	0.25	0.00	−0.25	−0.52	−0.67	−0.84	−1.04	−1.28	−1.64	−1.88	−2.33	−3.09
0.1	0.51	0.24	−0.02	−0.27	−0.53	−0.68	−0.85	−1.04	−1.27	−1.62	−1.84	−2.25	−2.95
0.2	0.50	0.22	−0.03	−0.28	−0.55	−0.69	−0.85	−1.03	−1.26	−1.59	−1.79	−2.18	−2.81
0.3	0.48	0.20	−0.05	−0.30	−0.56	−0.70	−0.85	−1.03	−1.24	−1.55	−1.75	−2.10	−2.67
0.4	0.47	0.19	−0.07	−0.31	−0.57	−0.71	−0.85	−1.03	−1.23	−1.52	−1.70	−2.03	−2.54
0.5	0.46	0.17	−0.08	−0.33	−0.58	−0.71	−0.85	−1.02	−1.22	−1.49	−1.66	−1.96	−2.40
0.6	0.44	0.16	−0.10	−0.34	−0.59	−0.72	−0.85	−1.02	−1.20	−1.45	−1.61	−1.88	−2.27
0.7	0.43	0.14	−0.12	−0.36	−0.60	−0.72	−0.85	−1.01	−1.18	−1.42	−1.57	−1.81	−2.14
0.8	0.41	0.12	−0.13	−0.37	−0.60	−0.73	−0.85	−1.00	−1.17	−1.38	−1.52	−1.74	−2.02
0.9	0.40	0.11	−0.15	−0.38	−0.61	−0.73	−0.85	−0.99	−1.15	−1.35	−1.47	−1.66	−1.90
1.0	0.38	0.09	−0.16	−0.39	−0.62	−0.73	−0.85	−0.98	−1.13	−1.32	−1.42	−1.59	−1.79
1.1	0.36	0.07	−0.18	−0.41	−0.62	−0.74	−0.85	−0.97	−1.10	−1.28	−1.38	−1.52	−1.68
1.2	0.35	0.05	−0.19	−0.42	−0.63	−0.74	−0.84	−0.96	−1.08	−1.24	−1.33	−1.45	−1.58
1.3	0.33	0.04	−0.21	−0.43	−0.63	−0.74	−0.84	−0.95	−1.06	−1.20	−1.28	−1.38	−1.48
1.4	0.31	0.02	−0.22	−0.44	−0.64	−0.73	−0.83	−0.93	−1.04	−1.17	−1.23	−1.32	−1.39
1.5	0.30	0.00	−0.24	−0.45	−0.64	−0.73	−0.82	−0.92	−1.02	−1.13	−1.19	−1.26	−1.31
1.6	0.28	−0.02	−0.25	−0.46	−0.64	−0.73	−0.81	−0.90	−0.99	−1.10	−1.14	−1.20	−1.24
1.7	0.26	−0.03	−0.27	−0.47	−0.64	−0.72	−0.81	−0.89	−0.97	−1.06	−1.10	−1.14	−1.17
1.8	0.24	−0.05	−0.28	−0.48	−0.64	−0.72	−0.80	−0.87	−0.94	−1.02	−1.06	−1.09	−1.11
1.9	0.22	−0.07	−0.29	−0.48	−0.64	−0.72	−0.79	−0.85	−0.92	−0.98	−1.01	−1.04	−1.05
2.0	0.20	−0.08	−0.31	−0.49	−0.64	−0.71	−0.78	−0.84	−0.895	−0.949	−0.970	−0.989	−0.999
2.1	0.19	−0.10	−0.32	−0.49	−0.64	−0.71	−0.76	−0.82	−0.869	−0.914	−0.935	−0.945	−0.952
2.2	0.17	−0.11	−0.33	−0.50	−0.64	−0.70	−0.75	−0.80	−0.844	−0.879	−0.900	−0.905	−0.909
2.3	0.15	−0.13	−0.34	−0.50	−0.64	−0.69	−0.74	−0.78	−0.820	−0.849	−0.865	−0.867	−0.870
2.4	0.13	−0.15	−0.35	−0.51	−0.63	−0.68	−0.72	−0.77	−0.795	−0.820	−0.830	−0.831	−0.833
2.5	0.11	−0.16	−0.36	−0.51	−0.63	−0.67	−0.71	−0.75	−0.772	−0.791	−0.800	−0.800	−0.800
2.6	0.09	−0.17	−0.37	−0.51	−0.62	−0.66	−0.70	−0.73	−0.748	−0.764	−0.769	−0.769	−0.769
2.7	0.08	−0.18	−0.37	−0.51	−0.61	−0.65	−0.68	−0.71	−0.726	−0.736	−0.740	−0.740	−0.741
2.8	0.06	−0.20	−0.38	−0.51	−0.61	−0.64	−0.67	−0.69	−0.702	−0.710	−0.714	−0.714	−0.714
2.9	0.04	−0.21	−0.39	−0.51	−0.60	−0.63	−0.66	−0.67	−0.680	−0.687	−0.690	−0.690	−0.690
3.0	0.03	−0.23	−0.39	−0.51	−0.59	−0.62	−0.64	−0.65	−0.658	−0.665	−0.667	−0.667	−0.667
3.1	0.01	−0.24	−0.40	−0.51	−0.58	−0.60	−0.62	−0.63	−0.639	−0.644	−0.645	−0.645	−0.645
3.2	−0.01	−0.25	−0.40	−0.51	−0.57	−0.59	−0.61	−0.62	−0.621	−0.625	−0.625	−0.625	−0.625
3.3	−0.02	−0.26	−0.40	−0.50	−0.56	−0.58	−0.59	−0.60	−0.604	−0.606	−0.606	−0.606	−0.606
3.4	−0.04	−0.27	−0.41	−0.50	−0.55	−0.57	−0.58	−0.58	−0.587	−0.588	−0.588	−0.588	−0.588

$P/\%$ C_s	30	40	50	60	70	75	80	85	90	95	97	99	99.9
3.5	−0.06	−0.28	−0.41	−0.50	−0.54	−0.55	−0.56	−0.56	−0.570	−0.571	−0.571	−0.571	−0.571
3.6	−0.07	−0.29	−0.41	−0.49	−0.53	−0.54	−0.55	−0.552	−0.555	−0.556	−0.556	−0.556	−0.556
3.7	−0.09	−0.29	−0.42	−0.48	−0.52	−0.53	−0.535	−0.537	−0.540	−0.541	−0.541	−0.541	−0.541
3.8	−0.10	−0.30	−0.42	−0.48	−0.51	−0.52	−0.522	−0.524	−0.525	−0.526	−0.526	−0.526	−0.526
3.9	−0.11	−0.30	−0.41	−0.47	−0.50	−0.506	−0.510	−0.511	−0.512	−0.513	−0.513	−0.513	−0.513
4.0	−0.13	−0.31	−0.41	−0.46	−0.49	−0.495	−0.498	−0.499	−0.500	−0.500	−0.500	−0.500	−0.500
4.1	−0.14	−0.32	−0.41	−0.46	−0.48	−0.484	−0.486	−0.487	−0.488	−0.488	−0.488	−0.488	−0.488
4.2	−0.15	−0.32	−0.41	−0.45	−0.47	−0.473	−0.475	−0.475	−0.476	−0.476	−0.476	−0.476	−0.476
4.3	−0.16	−0.33	−0.41	−0.44	−0.46	−0.462	−0.464	−0.464	−0.465	−0.465	−0.465	−0.465	−0.465
4.4	−0.17	−0.33	−0.40	−0.44	−0.45	−0.453	−0.454	−0.454	−0.455	−0.455	−0.455	−0.455	−0.455
4.5	−0.18	−0.33	−0.40	−0.43	−0.44	−0.444	−0.444	−0.444	−0.444	−0.444	−0.444	−0.444	−0.444
4.6	−0.18	−0.33	−0.40	−0.42	−0.43	−0.435	−0.435	−0.435	−0.435	−0.435	−0.435	−0.435	−0.435
4.7	−0.19	−0.33	−0.39	−0.42	−0.42	−0.426	−0.426	−0.426	−0.426	−0.426	−0.426	−0.426	−0.426
4.8	−0.20	−0.33	−0.39	−0.41	−0.41	−0.417	−0.417	−0.417	−0.417	−0.417	−0.417	−0.417	−0.417
4.9	−0.21	−0.33	−0.38	−0.40	−0.40	−0.408	−0.408	−0.408	−0.408	−0.408	−0.408	−0.408	−0.408
5.0	−0.22	−0.33	−0.379	−0.395	−0.399	−0.400	−0.400	−0.400	−0.400	−0.400	−0.400	−0.400	−0.400
5.1	−0.22	−0.32	−0.374	−0.387	−0.391	−0.392	−0.392	−0.392	−0.392	−0.392	−0.392	−0.392	−0.392
5.2	−0.22	−0.32	−0.369	−0.380	−0.384	−0.385	−0.385	−0.385	−0.385	−0.385	−0.385	−0.385	−0.385
5.3	−0.22	−0.32	−0.363	−0.373	−0.376	−0.377	−0.377	−0.377	−0.377	−0.377	−0.377	−0.377	−0.377
5.4	−0.23	−0.32	−0.358	−0.366	−0.369	−0.370	−0.370	−0.370	−0.370	−0.370	−0.370	−0.370	−0.370
5.5	−0.23	−0.32	−0.353	−0.360	−0.363	−0.364	−0.364	−0.364	−0.364	−0.364	−0.364	−0.364	−0.364
5.6	−0.24	−0.32	−0.349	−0.355	−0.356	−0.357	−0.357	−0.357	−0.357	−0.357	−0.357	−0.357	−0.357
5.7	−0.24	−0.32	−0.344	−0.349	−0.350	−0.351	−0.351	−0.351	−0.351	−0.351	−0.351	−0.351	−0.351
5.8	−0.25	−0.32	−0.339	−0.344	−0.345	−0.345	−0.345	−0.345	−0.345	−0.345	−0.345	−0.345	−0.345
5.9	−0.25	−0.31	−0.334	−0.338	−0.339	−0.339	−0.339	−0.339	−0.339	−0.339	−0.339	−0.339	−0.339
6.0	−0.25	−0.31	−0.329	−0.333	−0.333	−0.333	−0.333	−0.333	−0.333	−0.333	−0.333	−0.333	−0.333
6.1	−0.26	−0.31	−0.325	−0.328	−0.328	−0.323	−0.338	−0.328	−0.328	−0.328	−0.328	−0.328	−0.328
6.2	−0.26	−0.30	−0.320	−0.322	−0.323	−0.323	−0.323	−0.323	−0.323	−0.323	−0.323	−0.323	−0.323
6.3	−0.26	−0.30	−0.315	−0.317	−0.317	−0.317	−0.317	−0.317	−0.317	−0.317	−0.317	−0.317	−0.317
6.4	−0.26	−0.30	−0.311	−0.312	−0.313	−0.313	−0.313	−0.313	−0.313	−0.313	−0.313	−0.313	−0.313

附表 3

χ^2 分 布 表

$$\chi_\alpha^2(n):\ P[\chi^2(n) > \chi_\alpha^2(n)] = \alpha$$

n'	P/%												
	0.995	0.99	0.975	0.95	0.9	0.75	0.5	0.25	0.1	0.05	0.025	0.01	0.005
1	0.0000393	0.0001571	0.0009821	0.0039321	0.02	0.1	0.45	1.32	2.71	3.84	5.02	6.63	7.88
2	0.01	0.02	0.02	0.1	0.21	0.58	1.39	2.77	4.61	5.99	7.38	9.21	10.6
3	0.07	0.11	0.22	0.35	0.58	1.21	2.37	4.11	6.25	7.81	9.35	11.34	12.84
4	0.21	0.3	0.48	0.71	1.06	1.92	3.36	5.39	7.78	9.49	11.14	13.28	14.86
5	0.41	0.55	0.83	1.15	1.61	2.67	4.35	6.63	9.24	11.07	12.83	15.09	16.75
6	0.68	0.87	1.24	1.64	2.2	3.45	5.35	7.84	10.64	12.59	14.45	16.81	18.55
7	0.99	1.24	1.69	2.17	2.83	4.25	6.35	9.04	12.02	14.07	16.01	18.48	20.28
8	1.34	1.65	2.18	2.73	3.4	5.07	7.34	10.22	13.36	15.51	17.53	20.09	21.96
9	1.73	2.09	2.7	3.33	4.17	5.9	8.34	11.39	14.68	16.92	19.02	21.67	23.59
10	2.16	2.56	3.25	3.94	4.87	6.74	9.34	12.55	15.99	18.31	20.48	23.21	25.19
11	2.6	3.05	3.82	4.57	5.58	7.58	10.34	13.7	17.28	19.68	21.92	24.72	26.76
12	3.07	3.57	4.4	5.23	6.3	8.44	11.34	14.85	18.55	21.03	23.34	26.22	28.3
13	3.57	4.11	5.01	5.89	7.04	9.3	12.34	15.98	19.81	22.36	24.74	27.69	29.82
14	4.07	4.66	5.63	6.57	7.79	10.17	13.34	17.12	21.06	23.68	26.12	29.14	31.32
15	4.6	5.23	6.27	7.26	8.55	11.04	14.34	18.25	22.31	25	27.49	30.58	32.8
16	5.14	5.81	6.91	7.96	9.31	11.91	15.34	19.37	23.54	26.3	28.85	32	34.27
17	5.7	6.41	7.56	8.67	10.09	12.79	16.34	20.49	24.77	27.59	30.19	33.41	35.72
18	6.26	7.01	8.23	9.39	10.86	13.68	17.34	21.6	25.99	28.87	31.53	34.81	37.16
19	6.84	7.63	8.91	10.12	11.65	14.56	18.34	22.72	27.2	30.14	32.85	36.19	38.58
20	7.43	8.26	9.59	10.85	12.44	15.45	19.34	23.83	28.41	31.41	34.17	37.57	40
21	8.03	8.9	10.28	11.59	13.24	16.34	20.34	24.93	29.62	32.67	35.48	38.93	41.4
22	8.64	9.54	10.98	12.34	14.04	17.24	21.34	26.04	30.81	33.92	36.78	40.29	42.8
23	9.26	10.2	11.69	13.09	14.85	18.14	22.34	27.14	32.01	35.17	38.08	41.64	44.18
24	9.89	10.86	12.4	13.85	15.66	19.04	23.34	28.24	33.2	36.42	39.36	42.98	45.56
25	10.52	11.52	13.12	14.61	16.47	19.94	24.34	29.34	34.38	37.65	40.65	44.31	46.93
26	11.16	12.2	13.84	15.38	17.29	20.84	25.34	30.43	35.56	38.89	41.92	45.64	48.29
27	11.81	12.88	14.57	16.15	18.11	21.75	26.34	31.53	36.74	40.11	43.19	46.96	49.64

n'	$P/\%$												
	0.995	0.99	0.975	0.95	0.9	0.75	0.5	0.25	0.1	0.05	0.025	0.01	0.005
28	12.46	13.56	15.31	16.93	18.94	22.66	27.34	32.62	37.92	41.34	44.46	48.28	50.99
29	13.12	14.26	16.05	17.71	19.77	23.57	28.34	33.71	39.09	42.56	45.72	49.59	52.34
30	13.79	14.95	16.79	18.49	20.6	24.48	29.34	34.8	40.26	43.77	46.98	50.89	53.67
40	20.71	22.16	24.43	26.51	29.05	33.66	39.34	45.62	51.8	55.76	59.34	63.69	66.77
50	27.99	29.71	32.36	34.76	37.69	42.94	49.33	56.33	63.17	67.5	71.42	76.15	79.49
60	35.53	37.48	40.48	43.19	46.46	52.29	59.33	66.98	74.4	79.08	83.3	88.38	91.95
70	43.28	45.44	48.76	51.74	55.33	61.7	69.33	77.58	85.53	90.53	95.02	100.42	104.22
80	51.17	53.54	57.15	60.39	64.28	71.14	79.33	88.13	96.58	101.88	106.63	112.33	116.32
90	59.2	61.75	65.65	69.13	73.29	80.62	89.33	98.64	107.56	113.14	118.14	124.12	128.3
100	67.33	70.06	74.22	77.93	82.36	90.13	99.33	109.14	118.5	124.34	129.56	135.81	140.17

t 分 布 表

$$t_\alpha(n): P[t(n) > t_\alpha(n)] = \alpha$$

n \ α	0.25	0.1	0.05	0.025	0.01	0.005	0.0025	0.001	0.0005
1	1	3.078	6.314	12.706	31.821	63.657	127.321	318.309	636.619
2	0.816	1.886	2.92	4.303	6.965	9.925	14.089	22.327	31.599
3	0.765	1.638	2.353	3.182	4.541	5.841	7.453	10.215	12.924
4	0.741	1.533	2.132	2.776	3.747	4.604	5.598	7.173	8.61
5	0.727	1.476	2.015	2.571	3.365	4.032	4.773	5.893	6.869
6	0.718	1.44	1.943	2.447	3.143	3.707	4.317	5.208	5.959
7	0.711	1.415	1.895	2.365	2.998	3.499	4.029	4.785	5.408
8	0.706	1.397	1.86	2.306	2.896	3.355	3.833	4.501	5.041
9	0.703	1.383	1.833	2.262	2.821	3.25	3.69	4.297	4.781
10	0.7	1.372	1.812	2.228	2.764	3.169	3.581	4.144	4.587
11	0.697	1.363	1.796	2.201	2.718	3.106	3.497	4.025	4.437
12	0.695	1.356	1.782	2.179	2.681	3.055	3.428	3.93	4.318
13	0.694	1.35	1.771	2.16	2.65	3.012	3.372	3.852	4.221
14	0.692	1.345	1.761	2.145	2.624	2.977	3.326	3.787	4.14
15	0.691	1.341	1.753	2.131	2.602	2.947	3.286	3.733	4.073
16	0.69	1.337	1.746	2.12	2.583	2.921	3.252	3.686	4.015
17	0.689	1.333	1.74	2.11	2.567	2.898	3.222	3.646	3.965
18	0.688	1.33	1.734	2.101	2.552	2.878	3.197	3.61	3.922
19	0.688	1.328	1.729	2.093	2.539	2.861	3.174	3.579	3.883
20	0.687	1.325	1.725	2.086	2.528	2.845	3.153	3.552	3.85
21	0.686	1.323	1.721	2.08	2.518	2.831	3.135	3.527	3.819
22	0.686	1.321	1.717	2.074	2.508	2.819	3.119	3.505	3.792
23	0.685	1.319	1.714	2.069	2.5	2.807	3.104	3.485	3.768
24	0.685	1.318	1.711	2.064	2.492	2.797	3.091	3.467	3.745
25	0.684	1.316	1.708	2.06	2.485	2.787	3.078	3.45	3.725
26	0.684	1.315	1.706	2.056	2.479	2.779	3.067	3.435	3.707
27	0.684	1.314	1.703	2.052	2.473	2.771	3.057	3.421	3.69
28	0.683	1.313	1.701	2.048	2.467	2.763	3.047	3.408	3.674
29	0.683	1.311	1.699	2.045	2.462	2.756	3.038	3.396	3.659
30	0.683	1.31	1.697	2.042	2.457	2.75	3.03	3.385	3.646

n＼α	0.25	0.1	0.05	0.025	0.01	0.005	0.0025	0.001	0.0005
31	0.682	1.309	1.696	2.04	2.453	2.744	3.022	3.375	3.633
32	0.682	1.309	1.694	2.037	2.449	2.738	3.015	3.365	3.622
33	0.682	1.308	1.692	2.035	2.445	2.733	3.008	3.356	3.611
34	0.682	1.307	1.091	2.032	2.441	2.728	3.002	3.348	3.601
35	0.682	1.306	1.69	2.03	2.438	2.724	2.996	3.34	3.591
36	0.681	1.306	1.688	2.028	2.434	2.719	2.99	3.333	3.582
37	0.681	1.305	1.687	2.026	2.431	2.715	2.985	3.326	3.574
38	0.681	1.304	1.686	2.024	2.429	2.712	2.98	3.319	3.566
39	0.681	1.304	1.685	2.023	2.426	2.708	2.976	3.313	3.558
40	0.681	1.303	1.684	2.021	2.423	2.704	2.971	3.307	3.551
50	0.679	1.299	1.676	2.009	2.403	2.678	2.937	3.261	3.496
60	0.679	1.296	1.671	2	2.39	2.66	2.915	3.232	3.46
70	0.678	1.294	1.667	1.994	2.381	2.648	2.899	3.211	3.436
80	0.678	1.292	1.664	1.99	2.374	2.639	2.887	3.195	3.416
90	0.677	1.291	1.662	1.987	2.368	2.632	2.878	3.183	3.402
100	0.677	1.29	1.66	1.984	2.364	2.626	2.871	3.174	3.39
200	0.676	1.286	1.653	1.972	2.345	2.601	2.839	3.131	3.34
500	0.675	1.283	1.648	1.965	2.334	2.586	2.82	3.107	3.31
1000	0.675	1.282	1.646	1.962	2.33	2.581	2.813	3.098	3.3
∞	0.6745	1.2816	1.6449	1.96	2.3263	2.5758	2.807	3.0902	3.2905

附表 5　　　　　　　泊 松 分 布 数 值 表

$$P(K=k)=\frac{\lambda^k}{k!}e^{-\lambda}$$

k	λ							
	0.1	0.2	0.3	0.4	0.5	0.6	0.7	0.8
0	0.904837	0.818731	0.740818	0.67032	0.606531	0.548812	0.496585	0.449329
1	0.090484	0.163746	0.222245	0.268128	0.303265	0.329287	0.34761	0.359463
2	0.004524	0.016375	0.033337	0.053626	0.075816	0.098786	0.121663	0.143785
3	0.000151	0.001092	0.003334	0.00715	0.012636	0.019757	0.028388	0.038343
4	0.000004	0.000055	0.00025	0.000715	0.00158	0.002964	0.004968	0.007669
5		0.000002	0.000015	0.000057	0.000158	0.000356	0.000696	0.001227
6			0.000001	0.000004	0.000013	0.000036	0.000081	0.000164
7					0.000001	0.000003	0.000008	0.000019
8							0.000001	0.000002

k	λ							
	0.9	1	1.5	2	2.5	3	3.5	4
0	0.40657	0.367879	0.22313	0.135335	0.082085	0.049787	0.030197	0.018316
1	0.365913	0.367879	0.334695	0.270671	0.205212	0.149361	0.150091	0.073263
2	0.164661	0.18394	0.251021	0.270671	0.256516	0.224042	0.184959	0.146525
3	0.049398	0.061313	0.12551	0.180447	0.213763	0.224042	0.215785	0.195367
4	0.011115	0.015328	0.047067	0.090224	0.133602	0.168031	0.188812	0.195367
5	0.002001	0.003066	0.01412	0.036089	0.066801	0.100819	0.132169	0.156293
6	0.0003	0.000511	0.00353	0.01203	0.027834	0.050409	0.077098	0.104196
7	0.000039	0.000073	0.000756	0.003437	0.009941	0.021604	0.038549	0.05954
8	0.000004	0.000009	0.000142	0.000859	0.003106	0.008102	0.016865	0.02977
9		0.000001	0.000024	0.000191	0.000863	0.002701	0.006559	0.013231
10			0.000004	0.000038	0.000216	0.00081	0.002296	0.005292
11				0.000007	0.000049	0.000221	0.000730	0.001925
12				0.000001	0.00001	0.000055	0.000213	0.000642
13					0.000002	0.000013	0.000057	0.000197
14						0.000003	0.000014	0.000056
15						0.000001	0.000003	0.000015
16							0.000001	0.000004
17								0.000001

k	λ						
	4.5	5	6	7	8	9	10
0	0.011109	0.006738	0.002479	0.000912	0.000335	0.000123	0.000045
1	0.04999	0.03369	0.014873	0.006383	0.002684	0.001111	0.000454
2	0.112479	0.084224	0.044618	0.022341	0.010735	0.004998	0.00227
3	0.168718	0.140374	0.089235	0.052129	0.028626	0.014994	0.007567
4	0.189808	0.175467	0.133853	0.091226	0.057252	0.033737	0.018917
5	0.170827	0.175467	0.160623	0.127717	0.091604	0.060727	0.037833
6	0.12812	0.146223	0.160623	0.149003	0.122138	0.09109	0.063055
7	0.082363	0.104445	0.137677	0.149003	0.139587	0.117116	0.090079
8	0.046329	0.065278	0.103258	0.130377	0.139587	0.131756	0.112599
9	0.023165	0.036266	0.068838	0.101405	0.124077	0.131756	0.12511
10	0.010424	0.018133	0.041303	0.070983	0.099262	0.11858	0.12511
11	0.004264	0.008242	0.022529	0.045171	0.07219	0.09702	0.113736
12	0.001599	0.003434	0.011264	0.02635	0.048127	0.072765	0.09478
13	0.000554	0.001321	0.005199	0.014188	0.029616	0.050376	0.072908
14	0.000178	0.000472	0.002228	0.007094	0.016924	0.032384	0.052077
15	0.000053	0.000157	0.000891	0.003311	0.009026	0.019431	0.034718
16	0.000015	0.000049	0.000334	0.001448	0.004513	0.01093	0.021699
17	0.000004	0.000014	0.000118	0.000596	0.002124	0.005786	0.012764
18	0.000001	0.000004	0.000039	0.000232	0.000944	0.002893	0.007091
19		0.000001	0.000012	0.000085	0.000397	0.00137	0.003732
20			0.000004	0.00003	0.000159	0.000617	0.001866
21			0.000001	0.00001	0.000061	0.000264	0.000889
22				0.000003	0.000022	0.000108	0.000404
23				0.000001	0.000008	0.000042	0.000176
24					0.000003	0.000016	0.000073
25					0.000001	0.000006	0.000029
26						0.000002	0.000011
27						0.000001	0.000004
28							0.000001
29							0.000001

附表 6　　　　　　　　　　　　相 关 系 数 检 验 表

$n-2$	α 0.05	0.01	$n-2$	α 0.05	0.01
1	0.997	1.000	21	0.413	0.526
2	0.950	0.990	22	0.404	0.515
3	0.877	0.959	23	0.396	0.505
4	0.811	0.917	24	0.388	0.496
5	0.754	0.874	25	0.381	0.487
6	0.707	0.834	26	0.374	0.478
7	0.666	0.798	27	0.367	0.470
8	0.632	0.765	28	0.361	0.463
9	0.602	0.735	29	0.355	0.456
10	0.576	0.708	30	0.349	0.449
11	0.553	0.684	35	0.325	0.418
12	0.532	0.661	40	0.304	0.393
13	0.514	0.641	45	0.288	0.372
14	0.497	0.623	50	0.273	0.354
15	0.482	0.606	60	0.250	0.325
16	0.468	0.590	70	0.232	0.302
17	0.451	0.575	80	0.217	0.283
18	0.444	0.561	90	0.205	0.267
19	0.433	0.549	100	0.195	0.254
20	0.423	0.537	110	0.138	0.181

附表 7

F 分 布 表

$$F_\alpha(n_1, n_2): p\left[F(n_1, n_2) > F_\alpha(n_1, n_2)\right] = \alpha$$

$\alpha = 0.1$

n_2 \ n_1	1	2	3	4	5	6	7	8	9	10	12	15	20	24	30	40	60	120	∞
1	39.863	49.500	53.593	55.833	57.240	58.204	58.906	59.439	59.858	60.195	60.705	61.220	61.740	62.002	62.265	62.529	62.794	63.061	63.328
2	8.526	9.000	9.162	9.243	9.293	9.326	9.349	9.367	9.381	9.392	9.408	9.425	9.441	9.450	9.458	9.466	9.475	9.483	9.491
3	5.538	5.462	5.391	5.343	5.309	5.285	5.266	5.252	5.240	5.230	5.216	5.200	5.184	5.176	5.168	5.160	5.151	5.143	5.134
4	4.545	4.325	4.191	4.107	4.051	4.010	3.979	3.955	3.936	3.920	3.896	3.870	3.844	3.831	3.817	3.804	3.790	3.775	3.761
5	4.060	3.780	3.619	3.520	3.453	3.405	3.368	3.339	3.316	3.297	3.268	3.238	3.207	3.191	3.174	3.157	3.140	3.123	3.105
6	3.776	3.463	3.289	3.181	3.108	3.055	3.014	2.983	2.958	2.937	2.905	2.871	2.836	2.818	2.800	2.781	2.762	2.742	2.722
7	3.589	3.257	3.074	2.961	2.883	2.827	2.785	2.752	2.725	2.703	2.668	2.632	2.595	2.575	2.555	2.535	2.514	2.493	2.471
8	3.458	3.113	2.924	2.806	2.726	2.668	2.624	2.589	2.561	2.538	2.502	2.464	2.425	2.404	2.383	2.361	2.339	2.316	2.293
9	3.360	3.006	2.813	2.693	2.611	2.551	2.505	2.469	2.440	2.416	2.379	2.340	2.298	2.277	2.255	2.232	2.208	2.184	2.159
10	3.285	2.924	2.728	2.605	2.522	2.461	2.414	2.377	2.347	2.323	2.284	2.244	2.201	2.178	2.155	2.132	2.107	2.082	2.055
11	3.225	2.860	2.660	2.536	2.451	2.389	2.342	2.304	2.274	2.248	2.209	2.167	2.123	2.100	2.076	2.052	2.026	2.000	1.972
12	3.177	2.807	2.606	2.480	2.394	2.331	2.283	2.245	2.214	2.188	2.147	2.105	2.060	2.036	2.011	1.986	1.960	1.932	1.904
13	3.136	2.763	2.560	2.434	2.347	2.283	2.234	2.195	2.164	2.138	2.097	2.053	2.007	1.983	1.958	1.931	1.904	1.876	1.846

续表

$\alpha = 0.1$

n_1 \ n_2	1	2	3	4	5	6	7	8	9	10	12	15	20	24	30	40	60	120	∞
14	3.102	2.726	2.522	2.395	2.307	2.243	2.193	2.154	2.122	2.095	2.054	2.010	1.962	1.938	1.912	1.885	1.857	1.828	1.797
15	3.073	2.695	2.490	2.361	2.273	2.208	2.158	2.119	2.086	2.059	2.017	1.972	1.924	1.899	1.873	1.845	1.817	1.787	1.755
16	3.048	2.668	2.462	2.333	2.244	2.178	2.128	2.088	2.055	2.028	1.985	1.940	1.891	1.866	1.839	1.811	1.782	1.751	1.718
17	3.026	2.645	2.437	2.308	2.218	2.152	2.102	2.061	2.028	2.001	1.958	1.912	1.862	1.836	1.809	1.781	1.751	1.719	1.686
18	3.007	2.624	2.416	2.286	2.196	2.130	2.079	2.038	2.005	1.977	1.933	1.887	1.837	1.810	1.783	1.754	1.723	1.691	1.657
19	2.990	2.606	2.397	2.266	2.176	2.109	2.058	2.017	1.984	1.956	1.912	1.865	1.814	1.787	1.759	1.730	1.699	1.666	1.631
20	2.975	2.589	2.380	2.249	2.158	2.091	2.040	1.999	1.965	1.937	1.892	1.845	1.794	1.767	1.738	1.708	1.677	1.643	1.607
21	2.961	2.575	2.365	2.233	2.142	2.075	2.023	1.982	1.948	1.920	1.875	1.827	1.776	1.748	1.719	1.689	1.657	1.623	1.586
22	2.949	2.561	2.351	2.219	2.128	2.060	2.008	1.967	1.933	1.904	1.859	1.811	1.759	1.731	1.702	1.671	1.639	1.604	1.567
23	2.937	2.549	2.339	2.207	2.115	2.047	1.995	1.953	1.919	1.890	1.845	1.796	1.744	1.716	1.686	1.655	1.622	1.587	1.549
24	2.927	2.538	2.327	2.195	2.103	2.035	1.983	1.941	1.906	1.877	1.832	1.783	1.730	1.702	1.672	1.641	1.607	1.571	1.533
25	2.918	2.528	2.317	2.184	2.092	2.024	1.971	1.929	1.895	1.866	1.820	1.771	1.718	1.689	1.659	1.627	1.593	1.557	1.518
26	2.909	2.519	2.307	2.174	2.082	2.014	1.961	1.919	1.884	1.855	1.809	1.760	1.706	1.677	1.647	1.615	1.581	1.544	1.504
27	2.901	2.511	2.299	2.165	2.073	2.005	1.952	1.909	1.874	1.845	1.799	1.749	1.695	1.666	1.636	1.603	1.569	1.531	1.491
28	2.894	2.503	2.291	2.157	2.064	1.996	1.943	1.900	1.865	1.836	1.790	1.740	1.685	1.656	1.625	1.592	1.558	1.520	1.478
29	2.887	2.495	2.283	2.149	2.057	1.988	1.935	1.892	1.857	1.827	1.781	1.731	1.676	1.647	1.616	1.583	1.547	1.509	1.467
30	2.881	2.489	2.276	2.142	2.049	1.980	1.927	1.884	1.849	1.819	1.773	1.722	1.667	1.638	1.606	1.573	1.538	1.499	1.456
31	2.875	2.482	2.270	2.136	2.042	1.973	1.920	1.877	1.842	1.812	1.765	1.714	1.659	1.630	1.598	1.565	1.529	1.489	1.446
32	2.869	2.477	2.263	2.129	2.036	1.967	1.913	1.870	1.835	1.805	1.758	1.707	1.652	1.622	1.590	1.556	1.520	1.481	1.437
33	2.864	2.471	2.258	2.123	2.030	1.961	1.907	1.864	1.828	1.799	1.751	1.700	1.645	1.615	1.583	1.549	1.512	1.472	1.428
34	2.859	2.466	2.252	2.118	2.024	1.955	1.901	1.858	1.822	1.793	1.745	1.694	1.638	1.608	1.576	1.541	1.505	1.464	1.419

续表

$\alpha = 0.1$

n_1 / n_2	1	2	3	4	5	6	7	8	9	10	12	15	20	24	30	40	60	120	∞
35	2.855	2.461	2.247	2.113	2.019	1.950	1.896	1.852	1.817	1.787	1.739	1.688	1.632	1.601	1.569	1.535	1.497	1.457	1.411
36	2.850	2.456	2.243	2.108	2.014	1.945	1.891	1.847	1.811	1.781	1.734	1.682	1.626	1.595	1.563	1.528	1.491	1.450	1.404
37	2.846	2.452	2.238	2.103	2.009	1.940	1.886	1.842	1.806	1.776	1.729	1.677	1.620	1.590	1.557	1.522	1.484	1.443	1.397
38	2.842	2.448	2.234	2.099	2.005	1.935	1.881	1.838	1.802	1.772	1.724	1.672	1.615	1.584	1.551	1.516	1.478	1.437	1.390
39	2.839	2.444	2.230	2.095	2.001	1.931	1.877	1.833	1.797	1.767	1.719	1.667	1.610	1.579	1.546	1.511	1.473	1.431	1.383
40	2.835	2.440	2.226	2.091	1.997	1.927	1.873	1.829	1.793	1.763	1.715	1.662	1.605	1.574	1.541	1.506	1.467	1.425	1.377
41	2.832	2.437	2.222	2.087	1.993	1.923	1.869	1.825	1.789	1.759	1.710	1.658	1.601	1.569	1.536	1.501	1.462	1.419	1.371
42	2.829	2.434	2.219	2.084	1.989	1.919	1.865	1.821	1.785	1.755	1.706	1.654	1.596	1.565	1.532	1.496	1.457	1.414	1.365
43	2.826	2.430	2.216	2.080	1.986	1.916	1.861	1.817	1.781	1.751	1.703	1.650	1.592	1.561	1.527	1.491	1.452	1.409	1.360
44	2.823	2.427	2.213	2.077	1.983	1.913	1.858	1.814	1.778	1.747	1.699	1.646	1.588	1.557	1.523	1.487	1.448	1.404	1.354
45	2.820	2.425	2.210	2.074	1.980	1.909	1.855	1.811	1.774	1.744	1.695	1.643	1.585	1.553	1.519	1.483	1.443	1.399	1.349
46	2.818	2.422	2.207	2.071	1.977	1.906	1.852	1.808	1.771	1.741	1.692	1.639	1.581	1.549	1.515	1.479	1.439	1.395	1.344
47	2.815	2.419	2.204	2.068	1.974	1.903	1.849	1.805	1.768	1.738	1.689	1.636	1.578	1.546	1.512	1.475	1.435	1.391	1.340
48	2.813	2.417	2.202	2.066	1.971	1.901	1.846	1.802	1.765	1.735	1.686	1.633	1.574	1.542	1.508	1.472	1.431	1.387	1.335
49	2.811	2.414	2.199	2.063	1.968	1.898	1.843	1.799	1.763	1.732	1.683	1.630	1.571	1.539	1.505	1.468	1.428	1.383	1.331
50	2.809	2.412	2.197	2.061	1.966	1.895	1.840	1.796	1.760	1.729	1.680	1.627	1.568	1.536	1.502	1.465	1.424	1.379	1.327
60	2.791	2.393	2.177	2.041	1.946	1.875	1.819	1.775	1.738	1.707	1.657	1.603	1.543	1.511	1.476	1.437	1.395	1.348	1.291
80	2.769	2.370	2.154	2.016	1.921	1.849	1.793	1.748	1.711	1.680	1.629	1.574	1.513	1.479	1.443	1.403	1.358	1.307	1.245
120	2.748	2.347	2.130	1.992	1.896	1.824	1.767	1.722	1.684	1.652	1.601	1.545	1.482	1.447	1.409	1.368	1.320	1.265	1.193
240	2.727	2.325	2.107	1.968	1.871	1.799	1.742	1.696	1.658	1.625	1.573	1.516	1.451	1.415	1.376	1.332	1.281	1.219	1.130
∞	2.706	2.303	2.084	1.945	1.847	1.774	1.717	1.670	1.632	1.599	1.546	1.487	1.421	1.383	1.342	1.295	1.240	1.169	1.000

续表

$\alpha = 0.05$

n_2 \ n_1	1	2	3	4	5	6	7	8	9	10	12	15	20	24	30	40	60	120	∞
1	161.448	199.500	215.707	224.583	230.162	233.986	236.768	238.883	240.543	241.882	243.906	245.950	248.013	249.052	250.095	251.143	252.196	253.253	254.314
2	18.513	19.000	19.164	19.247	19.296	19.330	19.353	19.371	19.385	19.396	19.413	19.429	19.446	19.454	19.462	19.471	19.479	19.487	19.496
3	10.128	9.552	9.277	9.117	9.013	8.941	8.887	8.845	8.812	8.786	8.745	8.703	8.660	8.639	8.617	8.594	8.572	8.549	8.526
4	7.709	6.944	6.591	6.388	6.256	6.163	6.094	6.041	5.999	5.964	5.912	5.858	5.803	5.774	5.746	5.717	5.688	5.658	5.628
5	6.608	5.786	5.409	5.192	5.050	4.950	4.876	4.818	4.772	4.735	4.678	4.619	4.558	4.527	4.496	4.464	4.431	4.398	4.365
6	5.987	5.143	4.757	4.534	4.387	4.284	4.207	4.147	4.099	4.060	4.000	3.938	3.874	3.841	3.808	3.774	3.740	3.705	3.669
7	5.591	4.737	4.347	4.120	3.972	3.866	3.787	3.726	3.677	3.637	3.575	3.511	3.445	3.410	3.376	3.340	3.304	3.267	3.230
8	5.318	4.459	4.066	3.838	3.687	3.581	3.500	3.438	3.388	3.347	3.284	3.218	3.150	3.115	3.079	3.043	3.005	2.967	2.928
9	5.117	4.256	3.863	3.633	3.482	3.374	3.293	3.230	3.179	3.137	3.073	3.006	2.936	2.900	2.864	2.826	2.787	2.748	2.707
10	4.965	4.103	3.708	3.478	3.326	3.217	3.135	3.072	3.020	2.978	2.913	2.845	2.774	2.737	2.700	2.661	2.621	2.580	2.538
11	4.844	3.982	3.587	3.357	3.204	3.095	3.012	2.948	2.896	2.854	2.788	2.719	2.646	2.609	2.570	2.531	2.490	2.448	2.404
12	4.747	3.885	3.490	3.259	3.106	2.996	2.913	2.849	2.796	2.753	2.687	2.617	2.544	2.505	2.466	2.426	2.384	2.341	2.296
13	4.667	3.806	3.411	3.179	3.025	2.915	2.832	2.767	2.714	2.671	2.604	2.533	2.459	2.420	2.380	2.339	2.297	2.252	2.206
14	4.600	3.739	3.344	3.112	2.958	2.848	2.764	2.699	2.646	2.602	2.534	2.463	2.388	2.349	2.308	2.266	2.223	2.178	2.131
15	4.543	3.682	3.287	3.056	2.901	2.790	2.707	2.641	2.588	2.544	2.475	2.403	2.328	2.288	2.247	2.204	2.160	2.114	2.066
16	4.494	3.634	3.239	3.007	2.852	2.741	2.657	2.591	2.538	2.494	2.425	2.352	2.276	2.235	2.194	2.151	2.106	2.059	2.010
17	4.451	3.592	3.197	2.965	2.810	2.699	2.614	2.548	2.494	2.450	2.381	2.308	2.230	2.190	2.148	2.104	2.058	2.011	1.960
18	4.414	3.555	3.160	2.928	2.773	2.661	2.577	2.510	2.456	2.412	2.342	2.269	2.191	2.150	2.107	2.063	2.017	1.968	1.917

续表

$\alpha = 0.05$

n_1 / n_2	1	2	3	4	5	6	7	8	9	10	12	15	20	24	30	40	60	120	∞
19	4.381	3.522	3.127	2.895	2.740	2.628	2.544	2.477	2.423	2.378	2.308	2.234	2.155	2.114	2.071	2.026	1.980	1.930	1.878
20	4.351	3.493	3.098	2.866	2.711	2.599	2.514	2.447	2.393	2.348	2.278	2.203	2.124	2.082	2.039	1.994	1.946	1.896	1.843
21	4.325	3.467	3.072	2.840	2.685	2.573	2.488	2.420	2.366	2.321	2.250	2.176	2.096	2.054	2.010	1.965	1.916	1.866	1.812
22	4.301	3.443	3.049	2.817	2.661	2.549	2.464	2.397	2.342	2.297	2.226	2.151	2.071	2.028	1.984	1.938	1.889	1.838	1.783
23	4.279	3.422	3.028	2.796	2.640	2.528	2.442	2.375	2.320	2.275	2.204	2.128	2.048	2.005	1.961	1.914	1.865	1.813	1.757
24	4.260	3.403	3.009	2.776	2.621	2.508	2.423	2.355	2.300	2.255	2.183	2.108	2.027	1.984	1.939	1.892	1.842	1.790	1.733
25	4.242	3.385	2.991	2.759	2.603	2.490	2.405	2.337	2.282	2.236	2.165	2.089	2.007	1.964	1.919	1.872	1.822	1.768	1.711
26	4.225	3.369	2.975	2.743	2.587	2.474	2.388	2.321	2.265	2.220	2.148	2.072	1.990	1.946	1.901	1.853	1.803	1.749	1.691
27	4.210	3.354	2.960	2.728	2.572	2.459	2.373	2.305	2.250	2.204	2.132	2.056	1.974	1.930	1.884	1.836	1.785	1.731	1.672
28	4.196	3.340	2.947	2.714	2.558	2.445	2.359	2.291	2.236	2.190	2.118	2.041	1.959	1.915	1.869	1.820	1.769	1.714	1.654
29	4.183	3.328	2.934	2.701	2.545	2.432	2.346	2.278	2.223	2.177	2.104	2.027	1.945	1.901	1.854	1.806	1.754	1.698	1.638
30	4.171	3.316	2.922	2.690	2.534	2.421	2.334	2.266	2.211	2.165	2.092	2.015	1.932	1.887	1.841	1.792	1.740	1.683	1.622
31	4.160	3.305	2.911	2.679	2.523	2.409	2.323	2.255	2.199	2.153	2.080	2.003	1.920	1.875	1.828	1.779	1.726	1.670	1.608
32	4.149	3.295	2.901	2.668	2.512	2.399	2.313	2.244	2.189	2.142	2.070	1.992	1.908	1.864	1.817	1.767	1.714	1.657	1.594
33	4.139	3.285	2.892	2.659	2.503	2.389	2.303	2.235	2.179	2.133	2.060	1.982	1.898	1.853	1.806	1.756	1.702	1.645	1.581
34	4.130	3.276	2.883	2.650	2.494	2.380	2.294	2.225	2.170	2.123	2.050	1.972	1.888	1.843	1.795	1.745	1.691	1.633	1.569
35	4.121	3.267	2.874	2.641	2.485	2.372	2.285	2.217	2.161	2.114	2.041	1.963	1.878	1.833	1.786	1.735	1.681	1.623	1.558
36	4.113	3.259	2.866	2.634	2.477	2.364	2.277	2.209	2.153	2.106	2.033	1.954	1.870	1.824	1.776	1.726	1.671	1.612	1.547

续表

$\alpha = 0.05$

n_1 / n_2	1	2	3	4	5	6	7	8	9	10	12	15	20	24	30	40	60	120	∞
37	4.105	3.252	2.859	2.626	2.470	2.356	2.270	2.201	2.145	2.098	2.025	1.946	1.861	1.816	1.768	1.717	1.662	1.603	1.537
38	4.098	3.245	2.852	2.619	2.463	2.349	2.262	2.194	2.138	2.091	2.017	1.939	1.853	1.808	1.760	1.708	1.653	1.594	1.527
39	4.091	3.238	2.845	2.612	2.456	2.342	2.255	2.187	2.131	2.084	2.010	1.931	1.846	1.800	1.752	1.700	1.645	1.585	1.518
40	4.085	3.232	2.839	2.606	2.449	2.336	2.249	2.180	2.124	2.077	2.003	1.924	1.839	1.793	1.744	1.693	1.637	1.577	1.509
41	4.079	3.226	2.833	2.600	2.443	2.330	2.243	2.174	2.118	2.071	1.997	1.918	1.832	1.786	1.737	1.686	1.630	1.569	1.500
42	4.073	3.220	2.827	2.594	2.438	2.324	2.237	2.168	2.112	2.065	1.991	1.912	1.826	1.780	1.731	1.679	1.623	1.561	1.492
43	4.067	3.214	2.822	2.589	2.432	2.318	2.232	2.163	2.106	2.059	1.985	1.906	1.820	1.773	1.724	1.672	1.616	1.554	1.485
44	4.062	3.209	2.816	2.584	2.427	2.313	2.226	2.157	2.101	2.054	1.980	1.900	1.814	1.767	1.718	1.666	1.609	1.547	1.477
45	4.057	3.204	2.812	2.579	2.422	2.308	2.221	2.152	2.096	2.049	1.974	1.895	1.808	1.762	1.713	1.660	1.603	1.541	1.470
46	4.052	3.200	2.807	2.574	2.417	2.304	2.216	2.147	2.091	2.044	1.969	1.890	1.803	1.756	1.707	1.654	1.597	1.534	1.463
47	4.047	3.195	2.802	2.570	2.413	2.299	2.212	2.143	2.086	2.039	1.965	1.885	1.798	1.751	1.702	1.649	1.591	1.528	1.457
48	4.043	3.191	2.798	2.565	2.409	2.295	2.207	2.138	2.082	2.035	1.960	1.880	1.793	1.746	1.697	1.644	1.586	1.522	1.450
49	4.038	3.187	2.794	2.561	2.404	2.290	2.203	2.134	2.077	2.030	1.956	1.876	1.789	1.742	1.692	1.639	1.581	1.517	1.444
50	4.034	3.183	2.790	2.557	2.400	2.286	2.199	2.130	2.073	2.026	1.952	1.871	1.784	1.737	1.687	1.634	1.576	1.511	1.438
60	4.001	3.150	2.758	2.525	2.368	2.254	2.167	2.097	2.040	1.993	1.917	1.836	1.748	1.700	1.649	1.594	1.534	1.467	1.389
80	3.960	3.111	2.719	2.486	2.329	2.214	2.126	2.056	1.999	1.951	1.875	1.793	1.703	1.654	1.602	1.545	1.482	1.411	1.325
120	3.920	3.072	2.680	2.447	2.290	2.175	2.087	2.016	1.959	1.910	1.834	1.750	1.659	1.608	1.554	1.495	1.429	1.352	1.254
240	3.880	3.033	2.642	2.409	2.252	2.136	2.048	1.977	1.919	1.870	1.793	1.708	1.614	1.563	1.507	1.445	1.375	1.290	1.170
∞	3.841	2.996	2.605	2.372	2.214	2.099	2.010	1.938	1.880	1.831	1.752	1.666	1.571	1.517	1.459	1.394	1.318	1.221	1.000

习 题 答 案

第二章习题答案

2-1 各命题中，成立的有：(1)、(4)、(5)、(6)、(7)、(8)、(9)、(10)、(11)。
不成立的有：(2)、(3)。

(1) $A \bigcup B = A + B$，$A\bar{B} \bigcup B = A\bar{B} + B$

$$A + B = (A + B)(B + \bar{B}) = AB + A\bar{B} + B = (A+1)B + A\bar{B} = B + A\bar{B} = A\bar{B} \bigcup B = A\bar{B} + B$$

(2) $A \bigcup B = A + B$

$$(A + B) - \bar{A}B = A + B - (1 - A)B = A + B - B + AB = A + AB = A$$

当 $A = \Phi$ 时，$(A + B) - \bar{A}B = \Phi$，$A \bigcup B = A + B$ 成立。

当 $A \neq \Phi$ 时，$(A + B) - \bar{A}B \neq \Phi$，$A \bigcup B = A + B$ 不成立。

(3) 由摩根定律 $\overline{A + B} = \bar{A}\bar{B}$ 得

$$\overline{A \bigcup BC} = \overline{A + BC} = \bar{A}\overline{BC} \neq \bar{A}\bar{B}\bar{C}$$

(4) 由交换律和结合律得

$$(AB)(A\bar{B}) = ABA\bar{B} = AB\bar{B}A = \Phi$$

(5) 由于 $\bar{B} \subset \bar{A}$，故 $A \bigcap \bar{B} = \Phi$，令 $A - AB$ 得

$$A - AB = A(1 - B) = A\bar{B} = A \bigcap \bar{B} = \Phi$$

(6) 由于 $C \subset A$，$AB = A \bigcap B = \Phi$，故

$$BC = (B \bigcap C) \subset (A \bigcap B) = \Phi$$

(7) 由于 $A \subset B$，故 $A\bar{B} = \Phi$，欲证 $\bar{B} \subset \bar{A}$，只需证 $\bar{A}\bar{B} = \bar{B}$。

$$\bar{A}\bar{B} = (1 - A)\bar{B} = \bar{B} - A\bar{B} = \bar{B}$$

(8) 由于 $B \subset A$，故 $AB = B$

$$A \bigcup B = A + B = A + AB = A(1 + B) = A$$

(9) 欲证 $A\bar{B}\bar{C} \subset A \bigcup B$，即证 $(A\bar{B}\bar{C})(A \bigcup B) = A\bar{B}\bar{C}$，由分配律和交换律得

$$(A\bar{B}\bar{C})(A \bigcup B) = A\bar{B}\bar{C}(A + B) = A\bar{B}\bar{C} + A\bar{B}\bar{C}B = A\bar{B}\bar{C}$$

（10）由摩根定律知：$\overline{A+B}=\overline{A}\,\overline{B}$，故

$$\overline{A\bigcup BC}=\overline{A+BC}=\overline{A}\,\overline{BC}$$

（11）由（10）知，$\overline{A\bigcup BC}=\overline{A}\,\overline{BC}$，欲证 $\overline{A\bigcup BC}=C-C(A\bigcup B)$，即证：

$$C-C(A\bigcup B)=C(1-A\bigcup B)=\overline{A\bigcup BC}=\overline{A}\,\overline{BC}$$

2-2　每个人分配房间的过程可以看作是相互独立的试验。

（1）$\dfrac{1}{16}$。

设"三个人分配到同一房间"为事件 A，有 4 种分法，故由等可能事件的概率可知，所求的概率为 $P(A)=C_4^1\left(\dfrac{1}{4}\right)^3=\dfrac{1}{16}$。

（2）$\dfrac{3}{8}$。

设"三人分配到三个不同房间"为事件 B。

3 间房中各有一人的情况，第一个人有 4 种选择，第二个人有 3 种选择，第三个人有 2 种选择，即 $4\times3\times2=24$ 种。

将 3 人以相同的概率分配到 4 间房，三人选哪个房间是没有限制的，总的选法有 $4\times4\times4=64$ 种。故

$$P(B)=\frac{4\times3\times2}{4\times4\times4}=\frac{3}{8}$$

2-3　设"该问题由乙解出"的事件为事件 A，甲先答，答对的概率为 0.4，故甲答错的概率为 $1-0.4=0.6$，甲先答，甲答错，才由乙答，且乙答对的概率为 0.5。故

$$P(A)=0.5\times(1-0.4)=0.3$$

2-4　（1）设"目标被击中"为事件 A，则

$$P(A)=0.1\times0.05+0.7\times0.1+0.2\times0.2=0.115$$

（2）设"击中目标的炮弹是由距目标 2500 处射出"为事件 B，则由条件概率公式得

$$P(B\mid A)=\frac{P(AB)}{P(A)}=\frac{0.05\times0.1}{0.115}=\frac{1}{23}$$

第三章习题答案

3-1 设目标被命中的次数为 X，每次射击相互独立，属于伯努利试验，故命中目标 k 次的概率为

$$P(X=k)=C_5^k(0.6)^k(1-0.6)^{5-k}$$

(1) $P(X=2)=C_5^2(0.6)^2(0.4)^{5-2}=0.2304$

(2) $P(X\geqslant 4)=P(X=4)+P(X=5)=C_5^4(0.6)^4(0.4)^{5-4}+C_5^5(0.6)^5(0.4)^{5-5}=0.33696$

(3) $P(X\leqslant 3)=1-P(X=4)-P(X=5)=1-0.33696=0.66304$

(4) $P(X\geqslant 1)=1-P(X=0)=1-C_5^0(0.6)^0(0.4)^{5-0}=0.98976$

3-2 测量时的偶然误差 X 服从正态分布 $X\sim N(0,4^2)$，其中 $a=0,\sigma=4$，故 $\dfrac{X}{4}\sim N(0,1)$，$\dfrac{X}{4}$ 服从标准正态分布 $N(0,1)$。

(1) 误差绝对值不超过 3 的概率为

$$P(|X|\leqslant 3)=P(-3\leqslant X\leqslant 3)=P\left(-\frac{3}{4}\leqslant\frac{X}{4}\leqslant\frac{3}{4}\right)$$

$$P\left(-\frac{3}{4}\leqslant\frac{X}{4}\leqslant\frac{3}{4}\right)=\varPhi(0.75)-\varPhi(-0.75)=2\varPhi(0.75)-1=2\times0.7642-1=0.5284$$

(2) 3 次测量相互独立，属于伯努利试验，设 3 次测量中误差超过 3 的次数为 X。

则 $P(X=k)=C_3^k(0.5284)^k(1-0.5284)^{3-k}$

设 "3 次测量中，至少有一次误差绝对值不超过 3" 为事件 A。

$$P(A)=P(X\leqslant 2)=C_3^2\times0.5284^2\times0.4716^1+C_3^1\times0.5284\times0.4716^2+C_3^0\times0.5284^3=0.895$$

3-3 由题知，$X\sim N(160,\sigma^2)$，X 服从正态分布，$\mu=160$。故 $\dfrac{X-160}{\sigma}\sim N(0,1)$，$\dfrac{X-160}{\sigma}$ 服从标准正态分布。

$$P(120\leqslant X<200)=P(-40\leqslant X-160\leqslant 40)=P\left(\left|\frac{X-160}{\sigma}\right|\leqslant\frac{40}{\sigma}\right)=0.8$$

$$\varPhi\left(\frac{40}{\sigma}\right)-\varPhi\left(-\frac{40}{\sigma}\right)=0.8$$

$$2\varPhi\left(\frac{40}{\sigma}\right)-1=0.8$$

$$\varPhi\left(\frac{40}{\sigma}\right)=0.9$$

查附表 1 可知，$\varPhi(1.282)\approx0.9$，故 $\dfrac{40}{\sigma}=1.282$，$\sigma=31.2$。

3-4 若随机变量 X、Y 相互独立，则有 $f_{X,Y}(x,y)=f_X(x)f_Y(y)$

$$f_X(x)=\int_0^x 4.8y(2-x)\,\mathrm{d}y=2.4x^2(2-x)$$

$$f_Y(y) = \int_y^1 4.8y(2-x)\,\mathrm{d}x = y(2.4y^2 - 9.6y + 7.2)$$

X 的边缘概率密度函数为

$$f_X(x) = \begin{cases} 2.4x^2(2-x), & 0 \leqslant x \leqslant 1 \\ 0, & \text{其他} \end{cases}$$

Y 的边缘概率密度函数为

$$f_Y(y) = \begin{cases} y(2.4y^2 - 9.6y + 7.2), & 0 \leqslant y \leqslant 1 \\ 0, & \text{其他} \end{cases}$$

由于 $f(x, y) \neq f_X(x) f_Y(y)$，所以 X、Y 不相互独立。

3-5 Copula 函数描述的是变量间的相关性，它实际上是一种将联合分布函数和其对应的边缘分布函数连接起来的函数；二元形式的 Sklar 定理：若 $H(x, y)$ 为联合分布函数，$F(x)$ 和 $G(y)$ 为其边缘分布，则存在唯一的 Copula 函数 C，使得对于 $\forall x, y \in \bar{R}$，有

$$H(x, y) = C(F(x), G(y))$$

如果 F 和 G 是连续的，那么 C 是唯一的。反之，如果 C 是一个 Copula 函数，而 F 和 G 是两个任意的概率分布函数，那么由上式定义的 H 函数一定是一个联合分布函数，且对应的边缘分布刚好就是 F 和 G。

第四章习题答案

4-1 常用水文数据包括水位、流量、降水、蒸发、水温、水质和泥沙等；由于单个水文站点记录的数据只能代表该站址处的水文情况，适用范围较小，对于面积较大的流域，需要布设一系列水文站点获取流域内各点的水文资料，水文站点在地理上形成的分布网称为水文站网；一定时间间隔内所有观测值组成的水文时间序列称为历史水文序列，如日平均流量或小时平均流量。

4-2 对于水文领域而言，由于水文现象是无限连续序列，其从古至今再延长至未来的所有水文数据称为水文数据的总体；样本是指在总体中抽取的一个包含有限数量的随机变量观测值或数据点的子集；样本为总体的一部分，因此样本的分布特征在一定程度上可反映出总体的分布特征，总体的规律可依据样本的规律得到。但因样本也仅仅为总体的一部分，所以用样本分析总体特征会存在一定误差。

4-3 水文资料的"三性审查"指的是审查水文资料的可靠性、一致性以及代表性；由于总体概率分布未知，代表性的鉴别一般只能通过更长的其他相关系列作比较衡量，常用的方法有：①与水文条件相似的参证站比较；②与本区域较长的雨量资料对照。

4-4 该河流年径流总量的累计相对频率曲线如图1所示，由图可以看出，频率为95%对应的年径流总量为11.6亿 m^3，频率为99%对应的年径流总量为12.4亿 m^3。

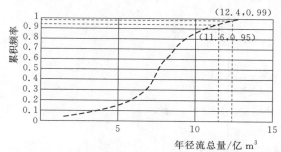

图1 某河流年径流总量的累计相对频率曲线图（1949—1968年）

4-5 （1）该站年降雨量箱型图如图2所示。

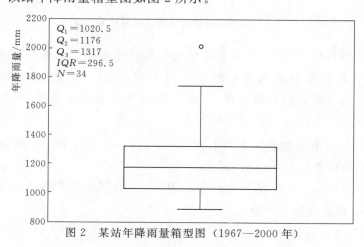

图2 某站年降雨量箱型图（1967—2000年）

（2）该站年降雨量与年径流量呈正相关，相关系数 $r=0.97$，散点图如图 3 所示。

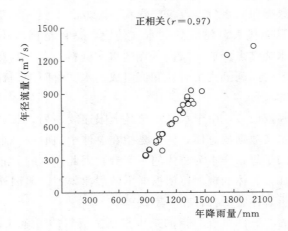

图 3　某站年降雨量与年径流量散点图

（3）该站年降雨量与年径流量的经验 Q－Q 图如图 4 所示。

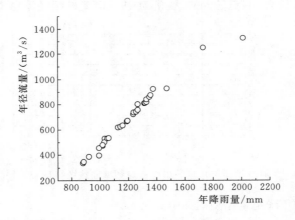

图 4　某站年降雨量与年径流量经验 Q－Q 图

4－6　散点图直接将样本 X 和 Y 原始的数据点绘至图上；而经验分位图需要假设两个样本 X、Y 具有相同的大小，然后通过集合 $\{x_1, x_2, \cdots, x_N\}$ 中的分位数与 $\{y_1, y_2, \cdots, y_N\}$ 的分位数将变量 X 和 Y 重新联系起来，再将 X 和 Y 的配对数据点绘至图上。

4－7　表 4－4 中径流数据样本大小 $N=34$，$\sqrt{N}=5.83$，故 NC 可取 5 或者 6。且样本最大值与最小值的差值 $R=993$，那么：

（1）假设 $NC=5$，则 $R/NC=198.6$，$CW=200$，第 1 类下限取 $250\text{m}^3/\text{s}$，第 5 类上限取 $1350\text{m}^3/\text{s}$，由此绘制直方图 5。

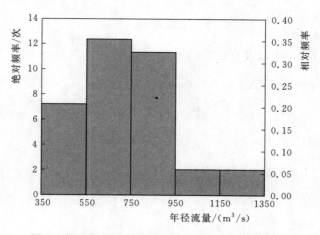

图 5　某站年径流量频率分布直方图（$NC = 5$）

（2）假设 $NC = 6$，则 $R/NC = 165.5$，$CW = 190$，第 1 类下限取 $250\text{m}^3/\text{s}$，第 6 类上限取 $1390\text{m}^3/\text{s}$，由此绘制直方图 6。

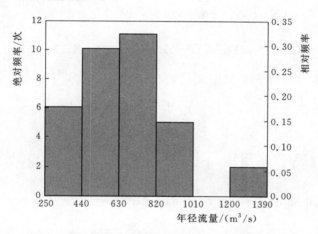

图 6　某站年径流量频率分布直方图（$NC = 6$）

第五章习题答案

5 - 1　**解**：$E(Y_1) = E(2X) = 2E(X)$

$$E(X) = \int_{-\infty}^{+\infty} x f(x)\,\mathrm{d}x = \int_0^{+\infty} x\,\mathrm{e}^{-x}\,\mathrm{d}x = 1$$

$$E(Y_1) = 2E(X) = 2$$

同理：$E(Y_2) = E(\mathrm{e}^{-2X}) = \int_{-\infty}^{+\infty} \mathrm{e}^{-2x} f(x)\,\mathrm{d}x = \int_0^{+\infty} \mathrm{e}^{-3x}\,\mathrm{d}x = \dfrac{1}{3}$

5 - 2　**解**：已知 X_1 与 X_2 相互独立：

$$E(X_1) = \int_{-\infty}^{+\infty} x f_1(x)\,\mathrm{d}x = \int_0^1 2x^2\,\mathrm{d}x = \frac{2}{3}$$

$$E(X_2) = \int_{-\infty}^{+\infty} x f_2(x)\,\mathrm{d}x = \int_5^{+\infty} x\,\mathrm{e}^{5-x}\,\mathrm{d}x = 6$$

$$E(X_2{}^2) = \int_{-\infty}^{+\infty} x^2 f_2(x)\,\mathrm{d}x = \int_5^{+\infty} x^2\,\mathrm{e}^{5-x}\,\mathrm{d}x = 37$$

故　　　　　$E(X_1 + X_2) = E(X_1) + E(X_2) = \dfrac{2}{3} + 6 = \dfrac{20}{3}$

$$E(2X_1 - 3X_2{}^2) = E(2X_1) - 3E(X_2{}^2) = 2E(X_1) - 3E(X_2{}^2) = 2 \times \frac{2}{3} - 3 \times 37 = -\frac{329}{3}$$

5 - 3　**解**：由概率密度函数的定义可知：

$$\int_{-\infty}^{+\infty} \int_{-\infty}^{+\infty} f(x,\ y)\,\mathrm{d}x\,\mathrm{d}y = \int_0^1 \int_0^x k\,\mathrm{d}x\,\mathrm{d}y = 1$$

解得　　　　　　　　　　　$k = 2$

故　　　$E(XY) = \int_{-\infty}^{+\infty} \int_{-\infty}^{+\infty} xy f(x,\ y)\,\mathrm{d}x\,\mathrm{d}y = \int_0^1 \int_0^x 2xy\,\mathrm{d}x\,\mathrm{d}y = \dfrac{1}{4}$

5 - 4　**解**：已知：$E(X) = \int_{-\infty}^{+\infty} x f(x)\,\mathrm{d}x$，$E(X^2) = \int_{-\infty}^{+\infty} x^2 f(x)\,\mathrm{d}x$，$D(X) = E(X^2) -$
$(E(X))^2$

(1)　　　　　　　$E(X) = \int_{-\infty}^{+\infty} x f(x)\,\mathrm{d}x = \int_{a-l}^{a+l} \frac{x}{2l}\,\mathrm{d}x = a$

$$E(X^2) = \int_{-\infty}^{+\infty} x^2 f(x)\,\mathrm{d}x = \int_{a-l}^{a+l} \frac{x^2}{2l}\,\mathrm{d}x = a^2 + \frac{l^2}{3}$$

$$D(X) = E(X^2) - (E(X))^2 = a^2 + \frac{l^2}{3} - a^2 = \frac{l^2}{3}$$

(2)　　　　　　　$E(X) = \int_{-\infty}^{+\infty} x f(x)\,\mathrm{d}x = \int_0^{+\infty} \lambda x\,\mathrm{e}^{-\lambda x}\,\mathrm{d}x = \frac{1}{\lambda}$

$$E(X^2) = \int_{-\infty}^{+\infty} x^2 f(x)\,\mathrm{d}x = \int_0^{+\infty} \lambda x^2\,\mathrm{e}^{-\lambda x}\,\mathrm{d}x = \frac{2}{\lambda^2}$$

$$D(X) = E(X^2) - (E(X))^2 = \frac{2}{\lambda^2} - \frac{1}{\lambda^2} = \frac{1}{\lambda^2}$$

5 - 5　**解**：X 的一阶原点矩为

$$E(X) = \int_{-\infty}^{+\infty} x f(x)\, \mathrm{d}x = \int_{0}^{+\infty} x \mathrm{e}^{-x}\, \mathrm{d}x = 1$$

X 的二阶中心矩为

$$D(X) = E(X^2) - (EX)^2 = \int_{0}^{+\infty} x^2 \mathrm{e}^{-x}\, \mathrm{d}x - 1 = 1$$

X 的三阶中心矩为

$$
\begin{aligned}
E[X - E(X)]^3 &= E(X^3) - 3EX \times E(X^2) + 2(EX)^3 \\
&= E(X^3) - 3E(X^2) + 2 \\
&= \int_{-\infty}^{+\infty} x^3 f(x)\, \mathrm{d}x - 4 \\
&= \int_{0}^{+\infty} x^3 \mathrm{e}^{-x}\, \mathrm{d}x - 4 \\
&= 2
\end{aligned}
$$

5-6 证明：

$$
\begin{aligned}
\mathrm{Cov}(X+Y,\ X+Y) &= E[(X+Y)^2] - [E(X+Y)]^2 \\
&= E(X^2 + 2XY + Y^2) - (EX + EY)^2 \\
&= E(X^2) + 2E(XY) + E(Y^2) - (EX)^2 - 2EXEY - (EY)^2 \\
&= E(X^2) - (EX)^2 + E(Y^2) - (EY)^2 + 2(E(XY) - EXEY) \\
&= DX + DY + 2\mathrm{Cov}(X,\ Y)
\end{aligned}
$$

由定义知：$\rho = \dfrac{\mathrm{Cov}(X,\ Y)}{\sqrt{DX}\,\sqrt{DY}}$，$\mathrm{Cov}(X,\ Y) = \rho \sqrt{DX}\,\sqrt{DY}$

故，$\mathrm{Cov}(X+Y,\ X+Y) = DX + DY + 2\rho \sqrt{DX}\,\sqrt{DY} = \sigma_X^2 + 2\rho\sigma_x\sigma_Y + \sigma_Y^2$

第六章习题答案

6-1　（1）
$$EX = \int_0^1 x f(x) \, \mathrm{d}x = \int_0^1 x(\theta+1) x^\theta \, \mathrm{d}x = \frac{\theta+1}{\theta+2}$$

令 $EX = \bar{X}$ 得：
$$\hat{\theta} = \frac{2\bar{X}-1}{1-\bar{X}}$$

（2）
$$L(x_i; \theta) = \sum_{i=1}^n f(x_i) = (\theta+1)^n \prod_{i=1}^n x_i^\theta$$

两边取对数：$\ln L(x_i; \theta) = n\ln(\theta+1) + \ln \prod_{i=1}^n x_i^\theta = n\ln(\theta+1) + \theta \sum_{i=1}^n \ln x_i$

对 θ 求偏导得：
$$\frac{\partial \ln L}{\partial \theta} = \frac{n}{\theta+1} + \sum_{i=1}^n \ln x_i = 0$$

令 $\dfrac{\partial \ln L}{\partial \theta} = 0$，解得：
$$\hat{\theta} = \frac{n}{\sum\limits_{i=1}^n \ln X_i} - 1$$

6-2　$L(x_i, \lambda) = \prod\limits_{i=1}^n f(x_i, \lambda) = \prod\limits_{i=1}^n (\lambda \alpha e^{-\alpha\lambda x_i} x_i^{\alpha-1}) = (\lambda\alpha)^n e^{-\lambda\alpha \sum\limits_{i=1}^n x_i} \left(\prod\limits_{i=1}^n x_i\right)^{\alpha-1}$

两边取对数：
$$\ln L(\lambda) = n\ln(\lambda\alpha) - \lambda\alpha \sum_{i=1}^n x_i + (\alpha-1) \sum_{i=1}^n \ln x_i$$

对 λ 求偏导得：
$$\frac{\partial \ln L(\lambda)}{\partial \lambda} = \frac{n}{\lambda\alpha} - \alpha \sum_{i=1}^n x_i$$

令 $\dfrac{\partial \ln L(\lambda)}{\partial \lambda} = 0$，解得：
$$\hat{\lambda} = \frac{n}{\alpha^2 \sum\limits_{i=1}^n X_i}$$

6-3　（1）将原始资料按大小次序排列，列入表1中（4）栏。

（2）用公式 $P = \dfrac{m}{n+1} \times 100\%$ 计算经验频率，列入表1中（8）栏，并将 Q 与 P 对应点绘与概率格纸上（图1）。

（3）计算系列的多年平均年最大径流量 $\bar{Q} = \left(\sum\limits_{i=1}^n Q_i\right)/n = 29950/35 = 855.714$（$\mathrm{m}^3/\mathrm{s}$）

（4）根据表中数据，利用公式 $C_v = \sqrt{\dfrac{\sum\limits_{i=1}^n (K_i-1)^2}{n-1}} = \sqrt{\dfrac{13.456}{34}} = 0.629$

表 1　　　　　　　　　　　　　　　年最大洪峰流量频率计算表

资　料			经验频率及统计参数的计算				
年份	年最大洪峰流量 Q_i /(m³/s)	序号	按大小排列的 Q_i /(m³/s)	模比系数 K_i	K_i-1	$(K_i-1)^2$	$p=\dfrac{m}{n+1}$ /%
(1)	(2)	(3)	(4)	(5)	(6)	(7)	(8)
1956	1676	1	2259	2.640	1.640	2.689	3
1957	601	2	1995	2.331	1.331	1.773	6
1958	562	3	1840	2.150	1.150	1.323	8
1959	697	4	1828	2.136	1.136	1.291	11
1960	407	5	1676	1.959	0.959	0.919	14
1961	2259	6	1463	1.710	0.710	0.504	17
1962	402	7	1350	1.578	0.578	0.334	19
1963	777	8	1117	1.305	0.305	0.093	22
1964	614	9	1077	1.259	0.259	0.067	25
1965	490	10	1029	1.203	0.203	0.041	28
1966	990	11	990	1.157	0.157	0.025	31
1967	597	12	980	1.145	0.145	0.021	33
1968	214	13	929	1.086	0.086	0.007	36
1969	196	14	820	0.958	−0.042	0.002	39
1970	929	15	777	0.908	−0.092	0.008	42
1971	1828	16	761	0.889	−0.111	0.012	44
1972	343	17	715	0.836	−0.164	0.027	47
1973	413	18	697	0.815	−0.185	0.034	50
1974	493	19	618	0.722	−0.278	0.077	53
1975	372	20	614	0.718	−0.282	0.080	56
1976	214	21	601	0.702	−0.298	0.089	58
1977	1117	22	597	0.698	−0.302	0.091	61
1978	618	23	571	0.667	−0.333	0.111	64
1979	820	24	562	0.657	−0.343	0.118	67
1980	715	25	540	0.631	−0.369	0.136	69
1981	1350	26	493	0.576	−0.424	0.180	72
1982	761	27	490	0.573	−0.427	0.183	75
1983	980	28	413	0.483	−0.517	0.268	78
1984	1029	29	407	0.476	−0.524	0.275	81
1985	1463	30	402	0.470	−0.530	0.281	83

资 料			经验频率及统计参数的计算				
年份	年最大洪峰流量 Q_i /(m³/s)	序号	按大小排列的 Q_i /(m³/s)	模比系数 K_i	K_i-1	$(K_i-1)^2$	$p=\dfrac{m}{n+1}$ /%
(1)	(2)	(3)	(4)	(5)	(6)	(7)	(8)
1986	540	31	372	0.435	−0.565	0.320	86
1987	1077	32	343	0.401	0.599	0.359	89
1988	571	33	214	0.250	−0.750	0.562	92
1989	1995	34	214	0.250	−0.750	0.562	94
1990	1840	35	196	0.229	−0.771	0.594	97
总计	29950		29950	35.000	0.000	13.456	

（5）选定 $C_V=0.6$，并假定 $C_S=2C_V=1$，查找附表 2，利用公式 $Q_p=\bar{x}(C_V\varPhi_p+1)=K_p\bar{Q}$ 得到相应于各种频率的 Q_p 值，如表 2 中（3）栏。绘制得到频率曲线图，见图 1。

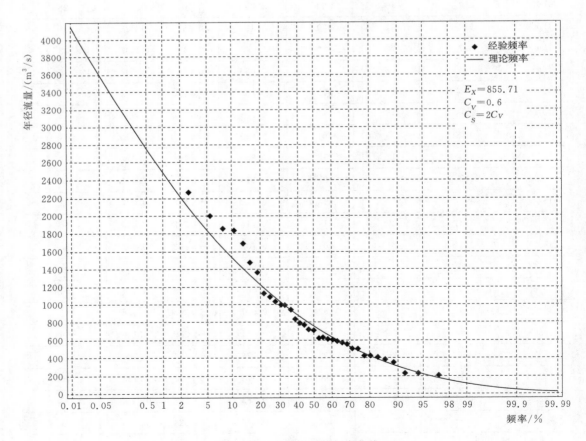

图 1　第一次配线后的频率曲线

表 2 频率曲线选配计算表

频率 $P/\%$	第一次配线 $Q=855.714\mathrm{m}^3/\mathrm{s}$ $C_V=0.6$ $C_S=2C_V=1.2$		第二次配线 $Q=855.714\mathrm{m}^3/\mathrm{s}$ $C_V=0.65$ $C_S=2.5C_V=1.625$	
	K_p	Q_p	K_p	Q_p
(1)	(2)	(3)	(4)	(5)
1	2.89	2473.01	3.21	2746.84
5	1.54	1317.80	2.27	1942.47
10	1.40	1198.00	1.86	1591.63
20	1.24	1061.09	1.44	1232.23
50	0.97	830.04	0.83	710.24
75	0.78	667.46	0.53	453.53
90	0.64	547.66	0.36	308.06
95	0.56	479.20	0.30	256.71
99	0.44	376.51	0123	196.81

（6）由图 2 可看出，上述曲线头部偏低，故需增大 C_V。选定 $C_V=0.65$，$C_S=2.5C_V=$

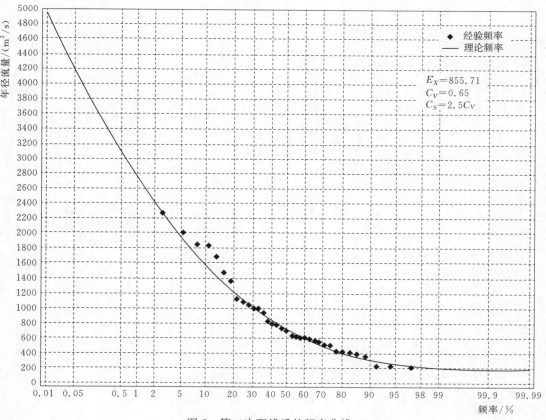

图 2　第二次配线后的频率曲线

1.625，再次进行配线得到相应于各种频率的 Q_p 值，如表 2 中（5）栏，绘制频率曲线图，见图 2。该线与经验点据配合较好，即取为最后采用的频率曲线。

（7）由图 2 可知，当 $P=2\%$ 时，$Q_p=2400\text{m}^3/\text{s}$。

第七章习题答案

7-1 水文数据样本中元素的相关性、非均匀性和非平稳性可能会导致样本出现非随机性。具体原因包括两种：一是自然原因，主要与气候波动、地震和其他灾害有关；二是人为原因，主要与土地利用变化、上游大型水库的建设以及人类活动引起的气候变化有关。

7-2 对于一般的样本，都可以使用 U_1 和 U_2 的最小值 U 作为统计量，其中 $U_1 = R_1 - \dfrac{N_1(N_1+1)}{2}$，$U_2 = R_2 - \dfrac{N_2(N_2+1)}{2}$。

对于可以分为 N_1 和 N_2 均大于 20 的两个子样本的数据样本，可采用标准化检验统计量作为统计量，其表示为 $T = \dfrac{U - E[U]}{\sqrt{\mathrm{Var}[U]}}$，式中 $E[U] = \dfrac{N_1 N_2}{2}$，$\mathrm{Var}[U] = \dfrac{N_1 N_2(N_1+N_2+1)}{12}$。

7-3 Wald-Wolfowitz 检验的标准化检验统计量表达式是 $T = \dfrac{R - E[R]}{\sqrt{\mathrm{Var}[R]}}$，其中 $E[R]$ 表示统计量 R 的均值，$\mathrm{Var}[R]$ 表示 R 的方差。

7-4 斯皮尔曼秩相关系数检验的基本思想是：水文要素时间序列 X_t 中的线性或非线性单调趋势可以通过序列 X_t 的排序 m_t 和其相应时间指标 $T_t(T_t=1, 2, 3, \cdots, N)$ 之间的相关程度来确定。

7-5 χ^2 检验的检验步骤为①建立原假设 H_0 和备择假设 H_1；②计算实际频数和理论频数；③根据实际频数和理论频数计算样本 χ^2 值；④根据自由度和显著性水平 α 找出对应 χ^2 的临界值 χ_α^2，若 χ^2 值大于临界值 χ_α^2，则说明原假设不成立，接受备择假设，相反，若 χ^2 小于临界值 χ_α^2，则接受原假设。

7-6 （1）与 χ^2 检验只能用于大样本的情形不同，K-S 的临界数值表是对于 D_n 的精确分布得出的，可用于小样本。

（2）K-S 检验对两样本的经验分布函数的位置和形状参数的差异都很敏感，易于比较两样本。

（3）K-S 检验利用统计量 D_n 进行假设检验，检验过程简便且直观。

7-7 $\qquad\qquad\qquad H_0: p=0, \quad H_1: p \neq 0$

由 $\alpha = 0.05$，根据自由度 $n-2=13$，查附表 6 得 $r_\alpha = 0.514$。

因为 $|r| = 0.63 > 0.514$，所以拒绝原假设 $p=0$，即该流域的年径流量与年降水量是显著相关的。

7-8 设原假设为随机变量 X 服从正态分布，总组数 $k=11$，计算每组的理论频数 np_i，并计算卡方值为 4.63，由 $\alpha = 0.05$，自由度 $v=11-2-1=8$，查 χ^2 分布表（附表 3）得 $\chi_\alpha^2 = 15.51$，因为 $4.63 < 15.51$，所以接受原假设，即可以认为随机变量 X 服从正态分布。

7-9 （a）随机性假设检验。

每年的洪峰流量随时间的变化曲线图如图 7-4 所示。通过查看图 7-4，可以计算出转折点的数量为 $p=53$，有 27 个波谷和 26 个波峰。且由于样本容量 $N=73$，根据式（7-3）和式（7-4）计算出 $E[p]$ 和 Var $[p]$ 的估计值分别为 47.33 和 12.66。再将这些值代入式（7-5）中，可计算出标准化检验统计量的估计值 $\hat{T}=1.593$。在显著性水平 $\alpha=0.05$ 时，检验统计量的临界值为 $Z_{0.025}=1.96$。由于 $|\hat{T}|<Z_{0.025}$，故不拒绝 H_0，即有证据表明观察到的数据是从总体中随机抽样的。

（b）独立性假设检验。

表 7-15 第六列列出了每个洪峰 X_t 与全样本平均值 $\bar{x}=102.69\text{m}^3/\text{s}$ 之间的差异。这些是通过式（7-6）计算 Wald-Wolfowitz 检验统计量的主要值。计算结果是 $R=14645.00$。表 7-15 还给出了 $s_2=1188516.11$，$s_4=443633284532.78$，把它们代入式（7-7）和式（7-8）得到 $E[R]$ 和 Var$[R]$ 的估计值，分别为 -16507.17 和 13287734392。将这些值代入式（7-9），估计的标准化检验统计量 $\hat{T}=0.270$。在显著性水平 $\alpha=0.05$ 上，检验统计量的临界值为 $z_{0.975}=1.96$。因此，$|\hat{T}|<z_{0.975}$，故不拒绝原假设 H_0，且样本数据是独立的。

（c）一致性假设的检验。

表 7-15 的第四列列出了每个洪峰流量对应的排序数 m_t，这是通过式（7-10）和式（7-11）计算的 Mann-Whitney 检验统计量的基本值。再求子样本 1 中 36 个点的排序之和 $R1=1247.5$。测试统计量是 $V1$ 和 $V2$ 之间最小的值，在本例中 $V1=581.5$，$V2=750.5$，$V=\min\{V1, V2\}$。把 $R1$ 和 V 代入式（7-12）和式（7-13）中，计算出 $E[V]$ 和 Var$[V]$ 的估计值分别等于 666 和 8214。再将这些值代入式（7-14）中，则标准化测试统计量估计值为 $\hat{T}=-0.932$。在显著性水平 $\alpha=0.05$ 时，检验统计量的临界值为 $Z_{0.025}=1.96$。由于 $|\hat{T}|<Z_{0.025}$，故不拒绝观察到的样本数据具有一致性的原假设。

（d）检验无单调趋势的平稳性假设。

表 7-15 的第四列列出了排序顺序 m_t，第二列列出了排序顺序 T_t，通过式（7-15）和式（7-16）计算 Spearman 检验的检验统计量。估计的 Spearman 的相关系数 $r_s=0.0367$。在式（7-16）中，估计的检验统计量是 $t_{0.975, 71}=1.994$。在显著性水平 $\alpha=0.05$ 下，检验统计量的临界值为 $t_{0.975, 71}=1.994$。因此，$|\hat{T}|<t_{0.975, 71}$，故不拒绝原假设 H_0，即相对于时间上的单调趋势，观测样本数据是平稳的。

第八章习题答案

8-1　A 站为自变量系列 x，B 站为因变量系列 y。

$$\bar{x} = 91.9 \qquad \bar{y} = 71.5$$

$$r = \frac{\sum\limits_{i=1}^{n}(x_i - \bar{x})(y_i - \bar{y})}{\sqrt{\sum\limits_{i=1}^{n}(x_i - \bar{x})^2}\sqrt{\sum\limits_{i=1}^{n}(y_i - \bar{y})^2}} = 0.870$$

$$S_y = \sqrt{\frac{1}{n}\sum\limits_{i=1}^{n}(y_i - \bar{y})^2} = 52.1 \qquad S_x = \sqrt{\frac{1}{n}\sum\limits_{i=1}^{n}(x_i - \bar{x})^2} = 61.6$$

$$y - \bar{y} = r\frac{S_y}{S_x}(x - \bar{x})$$

$$y - 71.5 = 0.870 \times \frac{52.1}{61.6}(x - 91.9)$$

$$y = r\frac{S_y}{S_x}(x - \bar{x}) = 0.736x - 8.5$$

$$x = 69, \ y = 42.3$$

$$x = 36, \ y = 20$$

8-2

根据公式

$$\boldsymbol{\beta} = (\boldsymbol{X}^{\mathrm{T}}\boldsymbol{X})^{-1}\boldsymbol{X}^{\mathrm{T}}\boldsymbol{Y} = \begin{pmatrix} -1.82 \\ 0.24 \\ 0.80 \end{pmatrix}$$

$$y = \beta_0 + \beta_1 x_1 + \beta_2 x_2 = -1.82 + 0.24x_1 + 0.80x_2$$

当 $x_1 = 24.66\mathrm{m}$，$x_2 = 19.20\mathrm{m}$ 时，$y = 19.46$

8-3

$$\boldsymbol{\beta} = (\boldsymbol{X}^{\mathrm{T}}\boldsymbol{X})^{-1}\boldsymbol{X}^{\mathrm{T}}\boldsymbol{Y} = \begin{pmatrix} 43.6 \\ 1.87 \\ -0.094 \\ 0.16 \end{pmatrix}$$

$$y = \beta_0 + \beta_1 x_1 + \beta_2 x_2 + \beta_3 x_3 = 43.6 + 18.7x_1 - 0.094x_2 + 0.16x_3$$

第九章习题答案

9-1 随机过程的统计特征主要有：均值函数、方差函数、均方差函数、离差系数函数、偏态系数函数、协方差函数、相关系数函数等。其中均值函数表示随机过程的平均水平。方差函数和均方差函数表示随机过程相对其均值函数的绝对偏离程度。离差系数函数表示随机过程相对其均值函数的相对偏离程度。偏态系数函数表示随机过程相对其均值函数两边的对称程度。协方差函数表示随机过程在两个时间之间相对其均值的同向变化程度。协方差函数和相关系数函数均表示随机过程在两个时间之间的线性相关程度。

9-2 基于平稳随机过程的定义，平稳随机过程的均值函数、方差函数、均方差函数、离差系数函数、偏态系数函数、协方差函数和相关系数函数均平稳，即平稳随机过程的均值函数、方差函数、均方差函数、离差系数函数和偏态系数函数与时间 t 无关，平稳随机过程的协方差函数和相关系数函数与时间无关，只与时间间隔 τ 有关。同时平稳随机过程具有各态历经性，即在样本资料足够大时，样本统计特征能够代表平稳随机过程的统计特征。

9-3 三次模拟年径流量对应的月径流量见表1。

表 1　　　　　　　　　　三次模拟年径流量对应的月径流量表　　　　　　　　　单位：亿 m³

模拟次数	1	2	3
模拟年径流量	145	360	780
1月径流量	8.2857	7.9121	9.8734
2月径流量	6.2143	9.8901	7.8987
3月径流量	8.2857	12.8571	21.7215
4月径流量	11.3929	19.7802	26.6582
5月径流量	16.5714	56.3736	17.7722
6月径流量	5.1786	29.6703	156.0000
7月径流量	13.4643	42.5275	114.5316
8月径流量	18.6429	73.1868	24.6835
9月径流量	27.9643	51.4286	225.1139
10月径流量	13.4643	17.8022	140.2025
11月径流量	8.2857	19.7802	21.7215
12月径流量	7.2500	18.7912	13.8228

9-4 根据水文站 1969—2018 年共 50 年的汛期旬流量资料计算各年汛期洪水总量序列，然后对汛期洪水总量序列进行频率分析计算。根据矩法估计均值 W_{mean}、离差系数 C_V、偏态系数 C_S，并以优化适线法按离差平方和最小准则优化统计参数，该水文站汛期洪水总量频率计算成果如图 1 所示。

该水文站偏态系数 $C_S > 0.5$，因此，采用舍选法进行水文站年径流量序列的随机模拟，模拟大量的服从均值为 191.0157 亿 m³、离差系数为 0.55、偏态系数为 1.40 的 P-Ⅲ型分布的汛期洪水总量序列，以满足采用相关解集模型得到随机模拟的汛期旬流量序列的

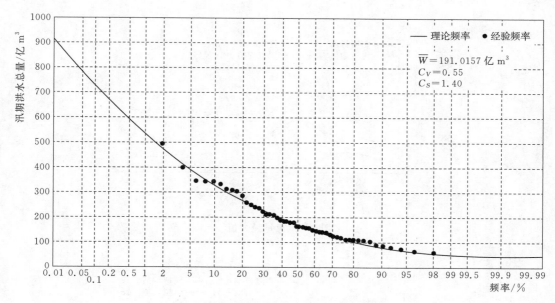

图 1 水文站汛期洪水总量频率计算成果

需求。根据相关解集模型随机模拟一般步骤，建立相关解集模型。

（1）原始序列中心化处理。根据实测汛期洪水总量和汛期旬流量资料计算汛期平均洪水总量和各旬平均流量，并根据式（9-53）对汛期洪水总量序列和汛期旬流量序列进行中心化处理。

（2）相关解集模型参数估计。首先根据中心化处理后的汛期洪水总量序列和旬流量序列，计算汛期洪水总量序列方差矩阵 $E(\boldsymbol{XX}^{\mathrm{T}})$、旬流量序列和汛期洪水总量序列协方差矩阵 $E(\boldsymbol{YX}^{\mathrm{T}})$、汛期洪水总量序列和旬流量序列协方差矩阵 $E(\boldsymbol{XY}^{\mathrm{T}})$、旬流量序列方差矩阵 $E(\boldsymbol{YY}^{\mathrm{T}})$。然后根据式（9-37）计算参数矩阵 $\boldsymbol{A}$，根据式（9-41）计算参数矩阵 $\boldsymbol{BB}^{\mathrm{T}}$，并采用正交矩阵法，根据式（9-44）计算参数矩阵 $\boldsymbol{B}$，最后根据式（9-43）计算参数矩阵 $\boldsymbol{\varepsilon}$ 的偏态系数矩阵 $\boldsymbol{C}_S^E$。

（3）相关解集模型随机模拟。首先根据实测汛期洪水总量序列统计参数，采用服从 P-Ⅲ型分布随机序列模拟方法，模拟大量的汛期洪水总量序列，然后再模拟大量的独立随机序列 $\boldsymbol{\varepsilon}$，独立随机序列 $\boldsymbol{\varepsilon}$ 由 12 个元素组成，且每个元素均服从均值为 0、方差为 1、偏态系数为 $C_{S,k}$（$k=1,2,\cdots,12$）的 P-Ⅲ型分布，最后根据式（9-29）计算汛期洪水总量序列对应的旬流量序列。

（4）模拟序列去中心化处理。并根据式（9-54）对随机模型得到的汛期洪水总量序列和旬流量序列进行去中心化处理。

根据相关生成长度为 50 年的汛期旬流量序列 1000 个，采用短序列法进行实用性检验，统计 50 年汛期各旬流量的最大值、最小值、平均值、均方差、离差系数和偏态系数，再计算 1000 个各旬流量上述统计参数的平均值及对应标准差 σ，采用 2σ 检验标准进行检验，检验成果如图 2～图 7 所示。

从图 2～图 7 可以看出，基于相关解集模型随机模拟得到的汛期旬流量序列的最大值、

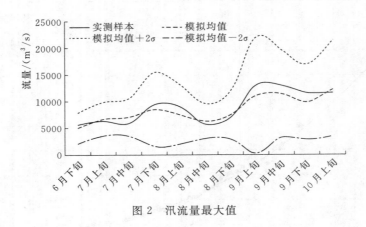

图 2　汛流量最大值

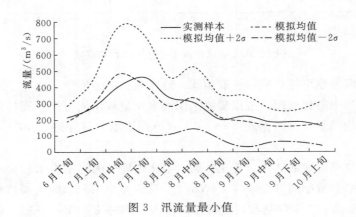

图 3　汛流量最小值

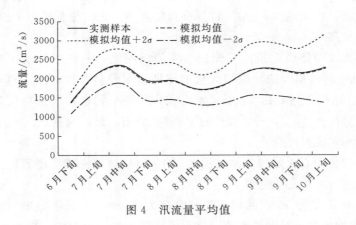

图 4　汛流量平均值

最小值、平均值、均方差、离差系数和偏态系数均在 2σ 检验标准以内，这说明基于相关解集模型随机模拟的汛期旬流量序列和实测汛期旬流量序列的统计特征基本一致，建立的相关解集模型能够被用来进行汛期旬流量的随机模拟。

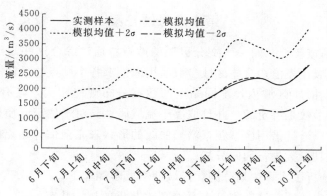

图 5   汛流量均方差

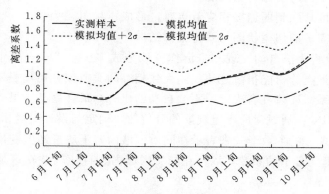

图 6   汛流量离差系数

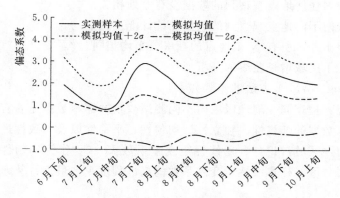

图 7   汛流量偏态系数

第十章习题答案

10-1 首先确定属于"同一水文分区"的站点；通过综合这些站点的观测资料得到有关水文参数的区域代表值；这些区域参数值用来推求各个站点的设计洪水。

10-2 在一个同质区域内，不同站点的数据分布规律相同，具有相同的形状参数，但各个站点的比例系数是特定的，并且取决于流域属性。对于位于同质区域内没有水文资料的站点，假设可以通过借用区域频率增长曲线的形状来完全估计站点的概率分布，同时根据集水区属性对其参数进行回归分析。

10-3 聚类分析层次算法划分同质区域的主要步骤如下：

（1）移除网络中的所有边，得到有 n 个孤立节点的初始状态。

（2）计算网络中每对节点的相似度。

（3）根据相似度从强到弱连接相应节点对，形成树状图。

（4）根据实际需求横切树状图，获得集群结构。

10-4 聚类分析无法自动发现和告诉你应该分成多少个类——属于非监督类分析方法；同时期望通过聚类分析能很清楚地找到大致相等的类或细分市场是不现实的；样本聚类，变量之间的关系需要研究者决定；不会自动给出一个最佳聚类结果等（仅供参考）。

10-5 （1）RBQ：通过对应于重现期的分位数，确定与设计变量相关的回归模型。

（2）RBP：用单一的参数形式来表示在同质区域内若干测量站上变量的概率分布。

（3）IFB：计算无量纲的系数，以便在同质区域内进行比较并在区域范围内进行综合分析。

10-6 （1）在该区域内任何地点观察到的数据均分布均匀。

（2）在该区域内任何地点观察到的数据没有序列相关。

（3）在该区域内不同地点观察到的数据在统计上是独立的。

（4）除缩放因子外，所有 N 个地点的频率分布均相同。

（5）正确指出了区域增长曲线的分析形式。

10-7 Hsking-Wallis 方法的步骤如下：

（1）数据审查：检查同一地理区域内不同测站收集的样本数据是否存在粗大或系统性错误，分别对样本数据的随机性、独立性、均匀性、平稳性以及一致性进行测试。

（2）水文相似性区域辨识：利用线性矩变差系数 $L-C_v$ 作为均匀性检验测度，计算每一次模拟的水文分区的样本线性矩变差系数的离散程度 V，最后计算水文分区的非均匀性测度。

（3）选择合适的区域频率分布线型：结合实际情况，选择拟合效果最佳的分布函数。

（4）估计区域频率分布：先对每个站点的洪峰系列无因次化，然后对每个站点，分别估计出该站 q 系列的前三阶样本线性矩，再由此求出区域线性矩，最后根据区域线性矩估计分布函数参数。

10-8 Hosking-Wallis 方法结合了指标洪水方法与线性矩估计法。由于线性矩法对洪水系列中的极值远远没有常规矩法那么敏感，故 Hosking-Wallis 方法求得的洪水频率曲线参数的估计值要更加稳健。

第十一章习题答案

11-1　多维联合分布的构建方法可归结为三类：多元概率分布函数方法、非参数方法和 Copula 方法。

11-2　Copula 函数描述的是变量间的相关性，它实际上是一种将联合分布函数和其对应的边缘分布函数连接起来的函数；二元形式的 Sklar 定理：若 $H(x,y)$ 为联合分布函数，$F(x)$ 和 $G(y)$ 为其边缘分布，则存在唯一的 Copula 函数 C，使得对于 $\forall x$，$y \in R$，有

$$H(x,y) = C(F(x), G(y))$$

如果 F 和 G 是连续的，那么 C 是唯一的。反之，如果 C 是一个 Copula 函数，而 F 和 G 是两个任意的概率分布函数，那么由上式定义的 H 函数一定是一个联合分布函数，且对应的边缘分布刚好就是 F 和 G。

11-3　水文领域中几种常用的 Copula 函数包括 Archimedean Copula 函数、椭圆 Copula 函数、Plackett Copula 函数以及经验 Copula 函数。二维的经验 Copula 函数的定义式为

$$C_n\left(\frac{i}{n}, \frac{j}{n}\right) = \frac{a}{n}$$

式中：a 表征了样本 (x, y, z) 中 $x \leqslant x_i$，$y \leqslant y_j$，$z \leqslant z_k$ 的数目；x_i、y_j 和 z_k，$1 \leqslant i, j, k \leqslant n$ 是顺序统计量。

11-4　Sklar 定理对 d 维 Copula 函数的描述为

令 F 为一个 d 维的概率分布函数，其边缘分布为：F_{X_1}，F_{X_2}，$\cdots$，F_{X_d}，当 $x \in R^d$，存在一个 d 维的 Copula 函数，使得

$$F(x_1, x_2, \cdots, x_d) = C(F_{X_1}(X_1), F_{X_2}(X_2), \cdots, F_{X_d}(X_d))$$

如果 F_{X_1}，F_{X_2}，$\cdots$，F_{X_d} 是连续分布函数，那么 Copula 函数 C 是唯一确定的。反之，Copula 函数 C 在 $\mathrm{Ran}F_{X_1} \times \mathrm{Ran}F_{X_1} \times \cdots \times \mathrm{Ran}F_{X_d}$ 上（Ran 表示值域）唯一确定。

11-5　Kendall 秩相关系数具有如下性质：

(1) 在单递增调变换下，Kendall 秩相关系数保持不变。

(2) 当两个变量完全独立时，Kendall 秩相关系数为 0。

(3) 当两个变量完全正相关时，Kendall 秩相关系数为 1。

(4) 当两个变量完全负相关时，Kendall 秩相关系数为 -1。

11-6　通过对 Copula 函数的拟合检验，可以确定选定的 Copula 函数是否合适，能否描述变量之间的相关性结构。